飞思考试中心
Fecit Examination Center

National Computer Rank Examination

全国计算机等级考试

上机考试题库

——二级C++

全国计算机等级考试命题研究中心 编著

飞思教育产品研发中心
未来教育教学与研究中心 联合监制

電子工業出版社
Publishing House of Electronics Industry
北京·BEIJING

内容简介

本书依据教育部考试中心最新发布的《全国计算机等级考试考试大纲》，在最新上机真考题库的基础上编写而成。本书在编写过程中，编者充分考虑等级考试考生的实际特点，并根据考生的学习规律进行科学、合理的安排。达标篇、优秀篇的优化设计，充分节省考生的备考时间。

全书共4部分，主要内容包括：上机考试指南、上机考试试题、参考答案及解析，以及2009年9月典型上机真题。

本书配套光盘在设计的过程中充分体现了人性化的特点，其主体包括两部分内容：上机和笔试。通过配套软件的使用，考生可以提前熟悉上机考试环境及考试流程，提前识上机真题之“庐山真面目”。

本书可作为全国计算机等级考试培训和自学用书，尤其适用于考生在考前冲刺使用。

图书在版编目（CIP）数据

全国计算机等级考试上机考试题库. 二级C++ / 全国计算机等级考试命题研究中心编著.—北京：电子工业出版社，2010.1

（飞思考试中心）

ISBN 978-7-121-09608-2

I. 全… II.全… III.①电子计算机－水平考试－习题②C语言－程序设计－水平考试－习题

IV.TP3-44

中国版本图书馆CIP数据核字（2009）第174390号

责任编辑：田　蕾

印　　刷：涿州市京南印刷厂

装　　订：涿州市桃园装订有限公司

出版发行：电子工业出版社

北京市海淀区万寿路173信箱　邮编：100036

开　　本：880×1230　1/16　印张：12　字数：484千字

印　　次：2010年1月第1次印刷

印　　数：4 000册　　定价：24.80元（含光盘1张）

凡所购买电子工业出版社图书有缺损问题，请向购买书店调换。若书店售缺，请与本社发行部联系，联系及邮购电话：（010）88254888。

质量投诉请发邮件至zlts@phei.com.cn，盗版侵权举报请发邮件至dbqq@phei.com.cn。

服务热线：（010）88258888。

如何顺利通过上机考试

“全国计算机等级考试”在各级考试中心、各级考试专家和各考点的精心培育下，现已得到社会各界的广泛认可，并有了很高的知名度和权威性。除四级外各级考试均用上机，而上机考试一直令许多考生望而却步，如何能顺利通过上机考试呢？

全国计算机等级考试专业研究机构——未来教育教学与研究中心历时 8 年，累计对两万余名考生的备考情况进行了跟踪研究，通过对最新考试大纲、命题规律、历年真题的分析，结合考生复习规律和备考习惯，在原有 7 次研发修订的基础上，对本书又进行了大规模修订和再研发，希望能帮助考生高效通过上机考试。

1. 真考题库，不断更新

本书源自最新真考题库，同时收录了历年更新题目，最大范围地覆盖了真考试题。

2. 达标篇、优秀篇

达标篇：覆盖上机考试的所有考点和题型，适合学练结合，使考生掌握绝大部分上机题的解法；通过“达标篇”内容的学习，考生可以基本掌握真考题库中 90%试题的解法，有效避免题海战术。

优秀篇：比达标篇题目稍难，覆盖所有考点和题型，适合以练为主，查漏补缺；若熟练掌握“优秀篇”的内容，则考生已经可以顺利通过上机考试了。

3. 模拟考试、智能评分、考试题库

登录、抽题、答题、交卷与真考一模一样，评分系统、评分原理与真考完全相同，让考生在真考环境下综合训练、模拟考试。模拟考试系统采用考试题库试题，考试中原题出现率高，且提供详细的试题解析和标准答案，学习笔记等辅助功能亦可使复习事半功倍。

“师傅领进门，修行在个人”，大量考生备考实例表明：只要结合“3S 学习法”的优化思路，合理使用好本书及智能考试模拟软件，就能轻松地通过上机考试。

丛书编委会

目　录

第一部分　上机考试指南

第二部分　上机考试试题

第三部分　参考答案及解析

第一部分

Part 1

上机考试指南

报　名

考生须携带身份证（户口本、军人身份证件或军官证皆可）及两张一寸免冠照片，到就近考点报名。填写报名信息，缴纳报名费，并领取一份考试通知单

领取准考证

一般在考前一个月左右，考生需携带上述的相关证件，以及考试通知单到考点换取准考证，注意，要现场核对身份信息，有问题还可以修改

模拟考试

一般在考前一周左右，考生可以携带上述证件和准考证到考点参加模拟考试，考生最好不要错过

正式考试

携带上述证件、2B铅笔、蓝（黑）色签字笔、橡皮等考试工具在指定时间到达考点

成绩查询

按照准考证背面的提示，在指定时间（一般为考后一个月左右）查询成绩，查询方式有多种，考生届时要多关注网上的相关信息，或与考点联系

领取证书

查询考试成绩通过后，考生须与考点联系，在指定的时间，携带上述相关证件到考点领取证书，并须交纳证书费用

1.1　考试命题说明

1.1.1　二级公共基础知识考试大纲

基 本 要 求

(1)掌握算法的基本概念。

(2)掌握基本数据结构及其操作。

(3)掌握基本排序和查找算法。

(4)掌握逐步求精的结构化程序设计方法。

(5)掌握软件工程的基本方法,具有初步应用相关技术进行软件开发的能力。

(6)掌握数据库的基本知识,了解关系数据库的设计。

考 试 内 容

1. 基本数据结构与算法

(1)算法的基本概念;算法复杂度的概念和意义(时间复杂度与空间复杂度)。

(2)数据结构的定义:数据的逻辑结构与存储结构,数据结构的图形表示,线性结构与非线性结构的概念。

(3)线性表的定义;线性表的顺序存储结构及其插入与删除运算。

(4)栈和队列的定义;栈和队列的顺序存储结构及其基本运算。

(5)线性单链表、双向链表与循环链表的结构及其基本运算。

(6)树的基本概念;二叉树的定义及其存储结构;二叉树的前序、中序和后序遍历。

(7)顺序查找与二分法查找算法;基本排序算法(交换类排序,选择类排序,插入类排序)。

2. 程序设计基础

(1)程序设计方法与风格。

(2)结构化程序设计。

(3)面向对象的程序设计方法,对象、属性及继承与多态性。

3. 软件工程基础

(1)软件工程基本概念,软件生命周期概念,软件工具与软件开发环境。

(2)结构化分析方法,数据流图,数据字典,软件需求规格说明书。

(3)结构化设计方法,总体设计与详细设计。

(4)软件测试的方法,白盒测试与黑盒测试,测试用例设计,软件测试的实施,单元测试、集成测试和系统测试。

(5)程序的调试:静态调试与动态调试。

4. 数据库设计基础

(1)数据库的基本概念:数据库、数据库管理系统、数据库系统。

(2)数据模型,实体联系模型及 E-R 图,从 E-R 图导出关系数据模型。

(3)关系代数运算,包括集合运算及选择、投影、连接运算,数据库规范化理论。

(4)数据库设计方法和步骤:需求分析、概念设计、逻辑设计和物理设计的相关策略。

考 试 方 式

(1)公共基础知识的考试方式为笔试,与 C ++ 语言程序设计(C 语言程序设计、Java 语言程序设计、Visual Basic 语言程序设计、Visual FoxPro 数据库程序设计、Access 数据库程序设计或 Delphi 语言程序设计)的笔试部分合为一张试卷。公共基础知识部分占全卷的 30 分。

(2)公共基础知识有10道选择题和5道填空题。

1.1.2　二级C++语言程序设计考试大纲

基 本 要 求

(1)熟悉C++语言的基本语法规则。

(2)熟练掌握有关类与对象的相关知识。

(3)能够阅读和分析C++程序。

(4)能够采用面向对象的编程思路和方法编写应用程序。

(5)能熟练使用Visual C++6.0集成开发环境编写和调试程序。

考 试 内 容

1. C++语言概述

(1)了解C++语言的基本符号。

(2)了解C++语言的词汇(保留字、标识符、常量、运算符、标点符号等)。

(3)掌握C++程序的基本框架(结构程序设计框架、面向对象程序设计框架等)。

(4)能够使用Visual C++6.0集成开发环境编辑、编译、运行与调试程序。

2. 数据类型、表达式和基本运算

(1)掌握C++数据类型(基本类型,指针类型)及其定义方法。

(2)了解C++的常量定义(整型常量,字符常量,逻辑常量,实型常量,地址常量,符号常量)。

(3)掌握变量的定义与使用方法(变量的定义及初始化,全局变量,局部变量)。

(4)掌握C++运算符的种类、运算优先级和结合性。

(5)熟练掌握C++表达式类型及求值规则(赋值运算,算术运算符和算术表达式,关系运算符和关系表达式,逻辑运算符和逻辑表达式,条件运算,指针运算,逗号表达式)。

3. C++的基本语句

(1)掌握C++的基本语句,如赋值语句、表达式语句、复合语句、输入、输出语句和空语句等。

(2)用if语句实现分支结构。

(3)用switch语句实现多分支选择结构。

(4)用for语句实现循环结构。

(5)用while语句实现循环结构。

(6)用do…while语句实现循环结构。

(7)转向语句(goto, continue, break和return)。

(8)掌握分支语句和循环语句的各种嵌套使用。

4. 数组、指针与引用

(1)掌握一维数组的定义、初始化和访问,了解多维数组的定义、初始化和访问。

(2)了解字符串与字符数组。

(3)熟练掌握常用字符串函数(strlen, strcpy, strcat, strcmp, strstr等)。

(4)指针与指针变量的概念,指针与地址运算符,指针与数组。

(5)引用的基本概念,引用的定义与使用。

5. 掌握函数的有关使用

(1)函数的定义方法和调用方法。

(2)函数的类型和返回值。

(3)形式参数与实在参数,参数值的传递。

(4)变量的作用域、生存周期和存储类别(自动,静态,寄存器,外部)。

(5)递归函数。

(6)函数重载。

(7)内联函数。

(8)带有默认参数值的函数。

6. 熟练掌握类与对象的相关知识

(1)类的定义方式、数据成员、成员函数及访问权限(public, private, protected)。

(2)对象和对象指针的定义与使用。

(3)构造函数与析构函数。

(4)静态数据成员与静态成员函数的定义与使用方式。

(5)常数据成员与常成员函数。

(6)this 指针的使用。

(7)友元函数和友元类。

(8)对象数组与成员对象。

7. 掌握类的继承与派生知识

(1)派生类的定义和访问权限。

(2)继承基类的数据成员与成员函数。

(3)基类指针与派生类指针的使用。

(4)虚基类。

8. 了解多态性概念

(1)虚函数机制的要点。

(2)纯虚函数与抽象基类,虚函数。

(3)了解运算符重载。

9. 模板

(1)简单了解函数模板的定义和使用方式。

(2)简单了解类模板的定义和使用方式。

10. 输入输出流

(1)掌握 C ++ 流的概念。

(2)能够使用格式控制数据的输入输出。

(3)掌握文件的 I/O 操作。

考 试 方 式

(1)笔试:90 分钟,满分 100 分,其中含公共基础知识部分的 30 分。

(2)上机操作:90 分钟,满分 100 分。

上机操作包括:基本操作、简单应用、综合应用。

1.2　上机考试指导

1.2.1　考试纪律

(1)考生在上机考试时,应在规定的考试时间提前30分钟报到,交验准考证和身份证(军人身份证或户口本),同时抽签决定上机考试的工作站号(或微机号)。

(2)考生提前5分钟进入机房,坐在由抽签决定的工作站号(或微机号)上,不允许乱坐位置。

(3)不得擅自登录与自己无关的考号。

(4)不得擅自复制或删除与自己无关的目录和文件。

(5)考生不得在考场中交头接耳、大声喧哗。

(6)未到10分钟不得离开考场。

(7)迟到10分钟者取消考试资格。

(8)考试中计算机出现故障、死机、死循环、电源故障等异常情况(即无法进行正常考试时),应举手示意与监考人员联系,不得擅自关机。

(9)考生答题完毕后应立即离开考场,不得干扰其他考生答题。

1.2.2　考试环境

1. 硬件环境

上机考试系统所需要的硬件环境,见表1-1。

表1-1　硬件环境

主 机	1GHz 相当或以上
内 存	512MB 以上(含512MB)
显 卡	SVGA 彩显
硬盘空间	500MB 以上可供考试使用的空间(含500MB)

2. 软件环境

上机考试系统所需要的软件环境,见表1-2。

表1-2　软件环境

操作系统	中文版 Windows XP
上机环境	Microsoft Visual C++ 6.0 和 MSDN 6.0

1.2.3　操作步骤

人成长的过程,也是一个参加考试的过程,小时候的考试自不必说了,等我们长大一点,计算机的应用程度更是今非昔比——在英语等级考试、其他科目的考试中,人们都已经用计算机(微机)来操作、答题。应该说侥幸的是,其他科目的考试都是用鼠标简单地单击A,B,C,D就可以完成任务,很难出错。

但C++语言程序设计考试,已经算是够专业的考试了,从简单到复杂的编程改错部分、计算机编译部分、文件保存部分等,都是要用到熟练的操作技能,同时,我们还要保证,每一个部分都不能出错,否则,很有可能前功尽弃!

是不是有点担心了?没有关系,读完本部分,你依然可以谈笑风生。

现在我们就从考生拿到准考证的时说起——

首先,等待考试日子的来临,这是废话。

然后，等待时间，进入考场、对号入座，其实本部分后面部分就是在阐述“对号入座”以后的事情。我们按如下步骤进行：

(1)当你坐在符合自己学号的电脑前时，考试系统的电脑屏幕会出现如图 1-1 所示的界面。

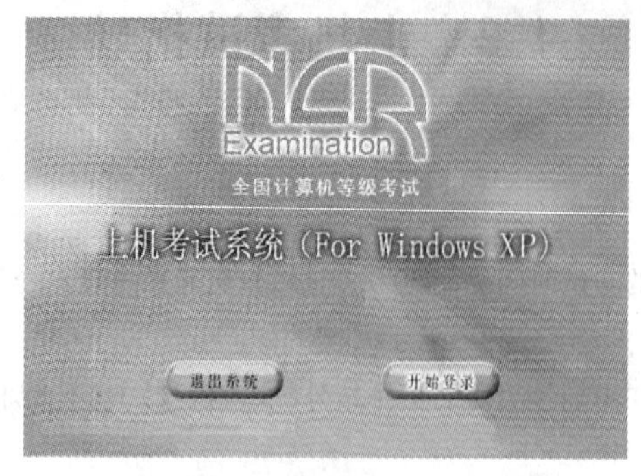

图 1-1　计算机上机考试登录界面

(2)单击【开始登录】按钮，进入信息登录界面，填写准考证号，如果填写错误，系统会弹出如图 1-2 所示的警告画面。

图 1-2　警告画面

(3)不用说你也知道，警告一出现，肯定有错误，单击【确定】按钮，返回信息登录界面，重新填写，当填写正确后，回车，屏幕显示如图 1-3 所示的界面。

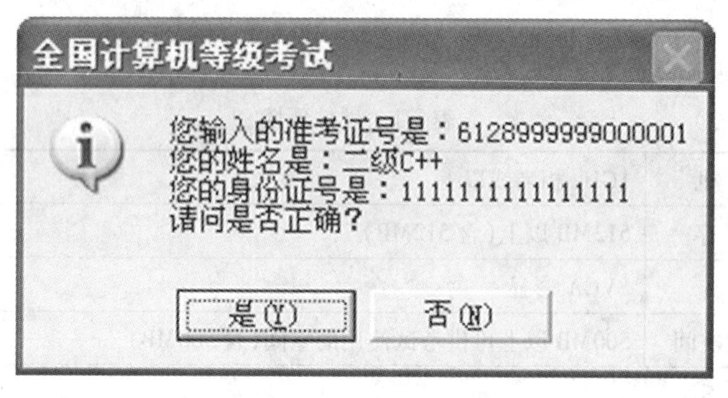

图 1-3　系统校对验证信息的正确性

图 1-3 显示了一个考生最基本的验证信息，包括以下几项：准考证号、身份证号、考生姓名，如果不相符合请单击【否】按钮重复上步的操作。直到信息验证完全正确。

(4)在图 1-3 中，得到肯定的验证信息后，单击【是】按钮。

(5)此时，我们已经基本完成了考生身份验证的全部程序，稍等片刻系统抽题完成，如图 1-4 所示。

(6)单击【开始答题并计时】按钮，系统最后进入如图 1-5 所示的考试主界面。

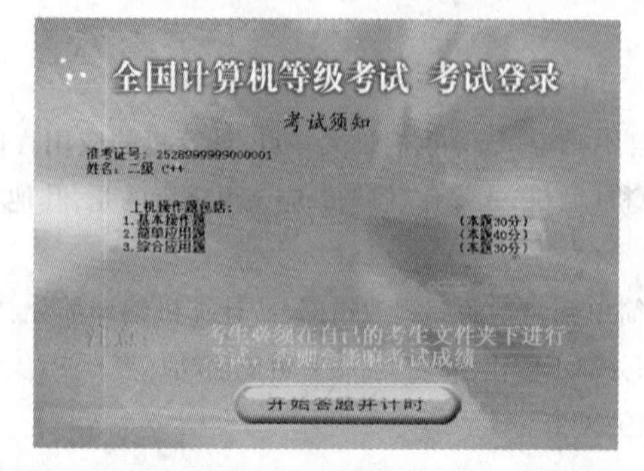

图 1-4　考试系统界面

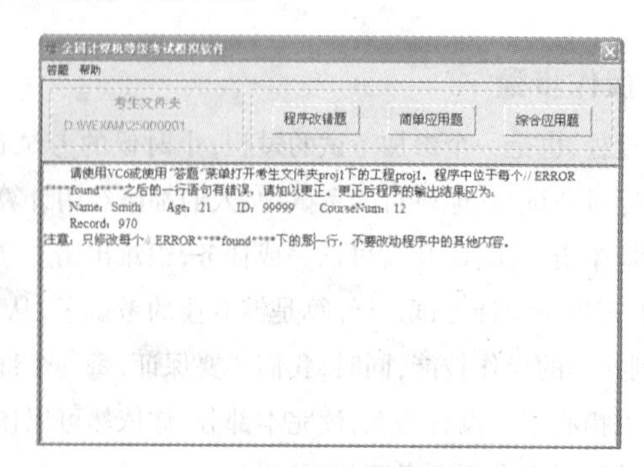

图 1-5　考试系统主界面

1.3　Visual C ++ 6.0 使用简介

C ++是一种编译型的高级程序设计语言,使用它来开发程序的步聚一般包括:编辑(Edit)、编译(Compile)、链接(link)、执行(Execute)和调试(Debug)。

Visual C ++6.0(以下简称 VC6)的集成开发环境主要由标题栏、菜单栏、工具栏、项目工作区窗口、源程序编辑窗口、输出窗口和状态栏组成。

VC6 引入了项目和工作的概念。

(1)项目(Project)是开发一个程序时需要的所有文件的集合。VC6 中用文件目录的形式来组织项目。

(2)工作区(Workspace)是进行项目组织的工作空间。利用项目工作区窗口可以观察和存取项目的各个组成部分。在 VC6 中一个工作区可以包含多个项目。工作区中的各项目之间一般是有一定关系的,如每个项目都是一个应用系统的子系统。

当使用 VC6 来编写标准 C ++程序时,应选择"Win32 控制台程序"(Win32 Console Application)作为项目类型。下面是在 VC6 的集成开发环境中进行 C ++编程的一般方法。

1. 第一步:创建项目

首先,启动 VC6,进入如图 1-6 所示的集成开发环境。然后,按照下面的步骤创建一个新的项目。

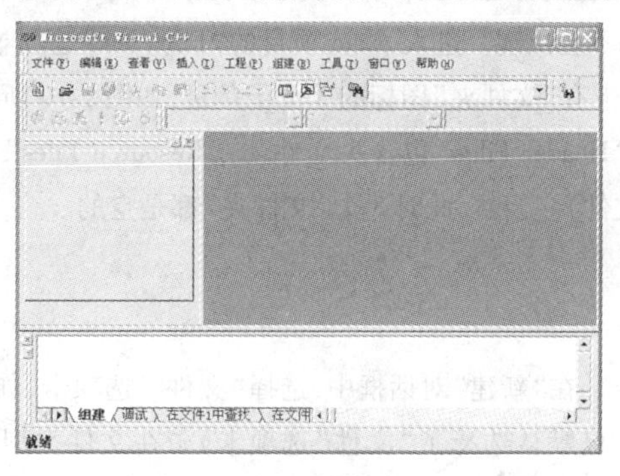

图 1-6　集成开发环境

(1)打开【文件】菜单,选择【新建】命令,出现如图 1-7 所示的"新建"对话框,选择"工程"选择卡(默认情况下已进入此选项卡),在项目类型列表框中选择"Win32 Console Application"(Win32 控制台程序),在右侧的"位置"编辑框中输入新建项目的所在目录(例如,C:\)。在"工程"编辑框中输入新建项目的名称,这里不妨将本项目取名为 exam。其他选项均接受默认设置不改变,然后单击【确定】按钮,出现"Win32 Console Application Step 1 of 1"对话框,如图 1-8 所示。

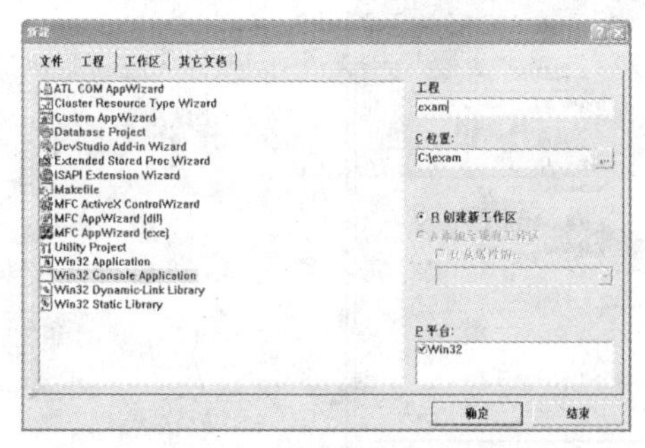

图 1-7　"新建"对话框

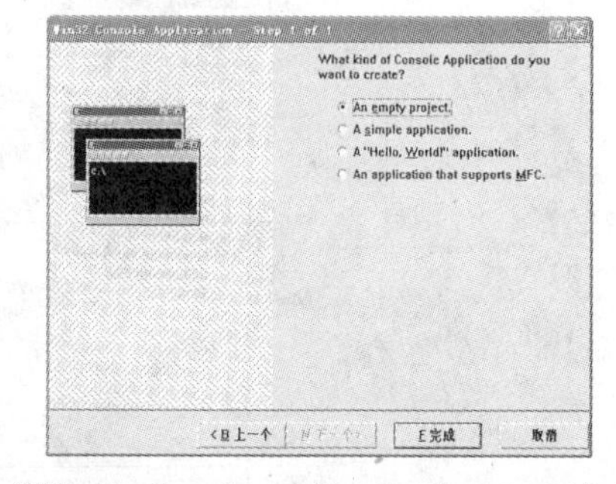

图 1-8　"Win 32 Console Application Step 1 of 1"对话框

(2)在"Win32 Console Application Step 1 of 1"对话框中,VC6 会向用户询问"创建什么类型的控制台程序?"(What kind of Console Application do you want to create?),默认情况下已选择了" An Empty Project"(一个空项目)单选按钮,因此不必更改。单击【完成】按钮,出现"New Project Information"对话框,这是一个关于新建项目信息的简单报表。如果所列信息正确无误,可以单击【确定】按钮。这个 exam 项目的创建工作便完成了。

这时,VC6 会在目录 C:\中新建一个名为 exam 的文件夹,并将项目文件 exam. dsp 和工作区文件 exam. dsw 保存到此文件夹中。接下来, VC6 会把新建项目 exam 加载到集成开发环境中,同时激活项目工作区窗口,如图 1-9 所示。

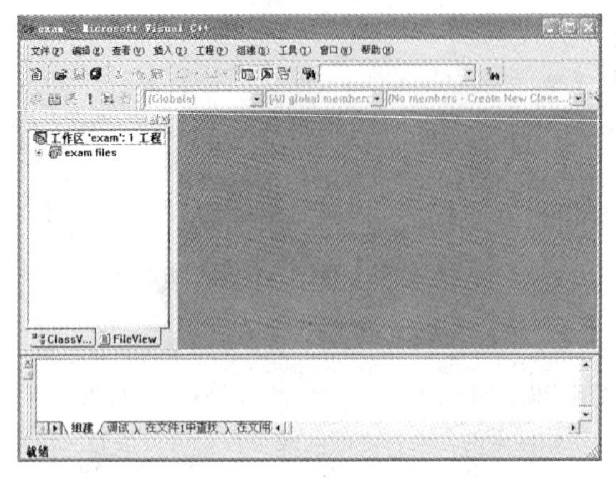

图 1-9　激活项目工作区窗口

项目工作区窗口由两个选项卡组成,它们分别叫做"ClassView"(类视图)和"FileView"(文件视图)。"ClassView"和"FileView"中的条目都被组织成树型结构。"ClassView"用于显示 C++程序中类的层次结构和全局对象列表。"FileView"用于显示组成整个 C++程序的文件结构。由于还没有为 exam 项目创建任何源程序文件,如果此时单击"ClassView"中"exam classes"条目左侧的"+"号,什么内容都不会出现。进入 exam 项目的"FileView"选项卡,单击"exam files"条目左侧的"+"号,会出现带有"文件夹"图标的 3 个子条目,如图 1-10 所示。其中"Source Files"包含源程序文件. cpp,"Header Files"包含头文件. h,"Resource Files"包含资源文件(标准 C++程序中不使用资源文件)。当然,此时 3 个"文件夹"都是空的。

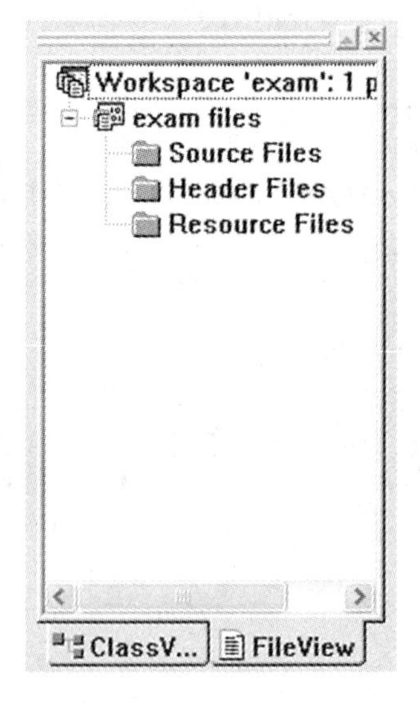

图 1-10　出现 3 个子条目

2. 第二步:输入源程序

(1)创建 exam. h 文件

打开【文件】菜单,选择【新建】命令。在"新建"对话框中,选择"文件"选项卡,如图1-11 所示(按上面的步骤进行到这里时,VC6 已默认选择了"文件"选项卡)。在文件类型列表框中,选择"C/C++Header File"(C/C++头文件),选中"添加工程"复选框,表示将新建的文件添加到当前项目 exam 中。确认在项目下拉列表框中选择了 exam 项目。在"文件"编辑框中,输入文件名 exam. h,接受"目录"编辑框中对新建文件存放位置的默认选择 C:\exam,然后单击【确定】按钮。这时,在集成开发环境的源程序编辑区会出现一个标题为 exam. h 的窗口(若看不到窗口标题,可单击菜单栏右侧的还原按钮)。输入代码后,打开【文件】菜单,选择【保存】命令,将文件进行保存。

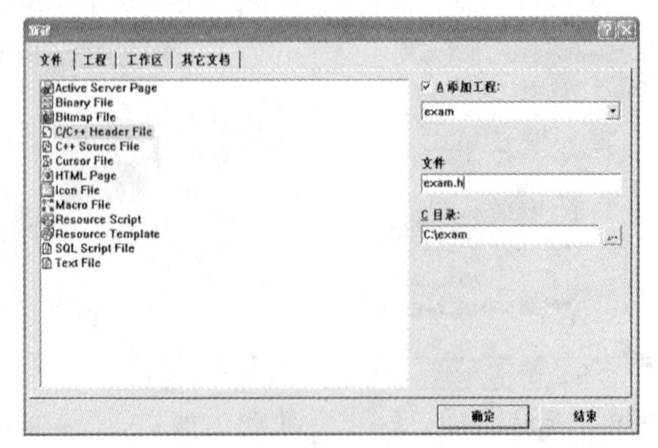

图 1-11　"新建"对话框

(2)创建 exam. cpp 文件

打开【文件】菜单,选择【新建】命令。在"新建"对话框中,选择"文件"选项卡。在文件类型列表中,选择"C++ Source

File”(C++源程序文件)。在“文件”编辑框中,输入文件名 exam. cpp,单击【确定】按钮。输入代码后,打开【文件】菜单,选择【保存】命令,将文件进行保存。

(3)创建 main. cpp 文件

打开【文件】菜单,选择【新建】命令。在“新建”对话框中,选择“文件”选项卡,在文件类型列表框中,选择“C++Source File”(C++源程序文件)。在“文件”编辑框中,输入文件名 main. cpp,单击【确定】按钮。输入代码后,打开【文件】菜单,选择【保存】命令,将文件进行保存。

3. 第三步:编译、链接和运行

(1)编译

在“FileView”中,双击“exam. cpp”文件所对应的条目,VC6 会将“exam. cpp”文件显示在源程序编辑窗口中,打开【编译】菜单,选择【exam. cpp】命令(也可以单击工具栏按钮或使用快捷键【Ctrl+F7】)对源程序文件“exam. cpp”进行编译。如果程序代码输入正确无误,VC6 会在输出窗口中产生如图 1-12 所示的编译信息,这说明已成功地生成了目标文件“exam. obj”。接下来,在“FileView”中,双击“main. cpp”文件所对应的条目,按照同样的方法编译程序文件“main. cpp”,生成目标文件“main. obj”。

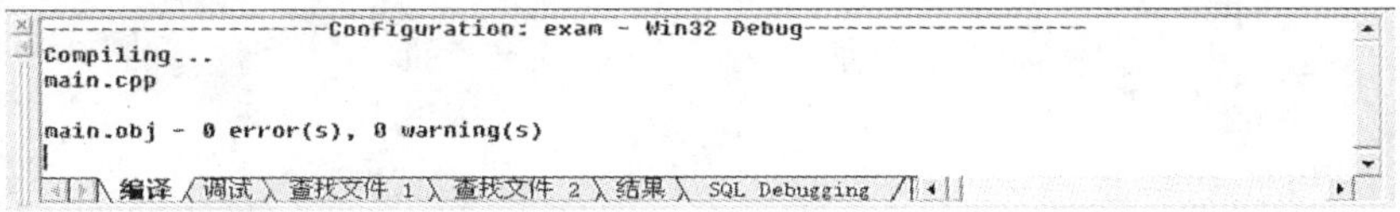

--------------------Configuration: exam - Win32 Debug--------------------
Compiling...
main.cpp
main.obj - 0 error(s), 0 warning(s)
编译
调试
查找文件 1
查找文件 2
结果
SQL Debugging

图 1-12　编译信息

(2)链接

打开【编译】菜单,选择【构建 exam. exe】命令(也可以单击工具栏按钮或使用快捷键【F7】)对目标文件进行链接。VC6 会在输出窗口中产生如图 1-13 的链接信息,这说明已成功地生成了可执行文件“exam. exe”。

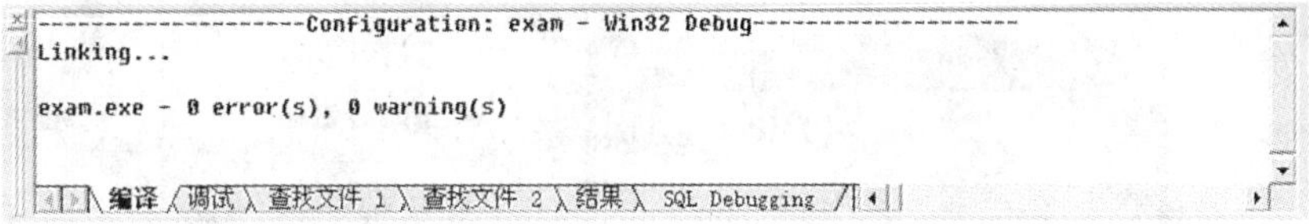

--------------------Configuration: exam - Win32 Debug--------------------
Linking...
exam.exe - 0 error(s), 0 warning(s)
编译
调试
查找文件 1
查找文件 2
结果
SQL Debugging

图 1-13　链接信息

(3)运行

打开【编译】菜单,选择【执行 exam. exe】命令(也可以单击工具栏按钮或使用快捷键【Ctrl+F5】)来执行程序“exam. exe”。这时,VC6 会弹出一个控制台命令行窗口,其中显示程序的运行结果,如图 1-14 所示。用户可以按下键盘上的任意键来关闭此窗口。

"C:\exam\Debug\exam.exe"
Hello!
Press any key to continue

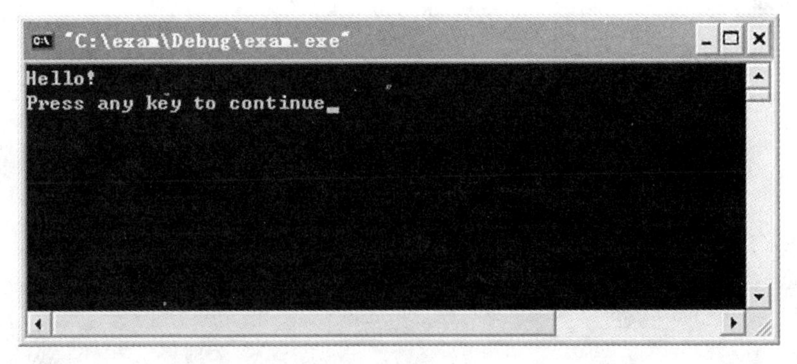

图 1-14　运行结果

经过上述步骤,一个标准 C++程序的编写工作完成了。这时,可以选择【文件】菜单中的【关闭工作区】命令来关闭 exam 项目工作区,然后单击标题栏最左端的“关闭”按钮,退出 VC6 集成开发环境。

在没有退出 VC6 集成开发环境的情况下,如果需要修改源程序文件,可立即进行编辑,再重新编译、链接和运行即可。如果已经退出了集成开发环境，又想对源程序文件进行修改，则可以再次启动 VC6，选择【文件】菜单中的【打开工作区】命令来打开需要修改的项目工作区。

① 启动 VC6，打开【文件】菜单，选择【打开工作区】命令，会出现“打开工作区”对话框，浏览磁盘中的文件和文件夹，找到并双击 exam. dsw 文件。这时 VC6 会将 exam 项目的工作区加载到集成开发环境中。

② 在项目工作区窗口的“ FileView”选项卡中，双击“main. cpp”文件所对应的条目，VC6 将在源程序编辑窗口中打开“main. cpp”文件。找到主函数 main，对其进行修改。

如果这时还需要对其他项目进行修改，可以选择【文件】菜单中的【Close Workspace】命令来关闭 exam 项目的工作区，然后按照同样的方法打开需要修改的项目工作区。

在 VC6 中使用工具栏按钮对程序进行调试是一种方便的操作方法。首先要确保如图 1-15 所示的“调试”工具栏是可见的。如果没有发现此工具栏，可以在其他工具栏上没有被按钮占据的空闲位置单击鼠标右键，弹出如图 1-16 所示的快捷菜单，选择其中的【调试】选项，这时，“Debug”工具栏就会出现在集成开发环境中。

图 1-15　“调试”工具栏

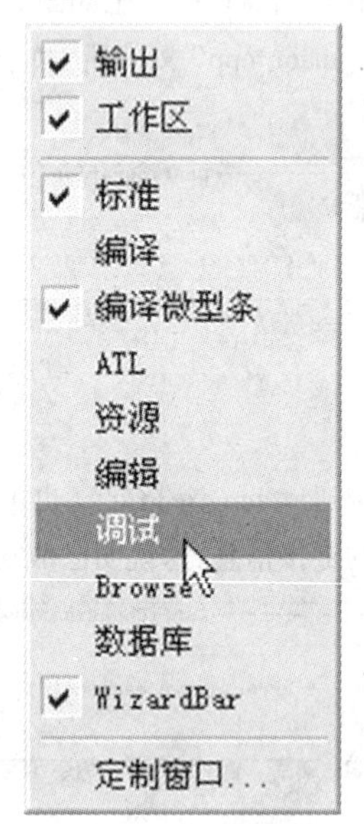

图 1-16　快捷菜单

VC6 提供的基本调试手段主要包括：设置断点、执行到断点、执行到光标、单步执行和观察变量。

第二部分

Part 2

上机考试试题

目前市场上绝大多数上机参考书都提供大量的题目，受此误导，很多考生深陷题海战术之中不能自拔，走进考场之后感觉题目似曾相识，做起来却全无思路，最终导致在上机考试中折戟沉沙。

本部分在深入研究上机真考题库的基础上，对上机考试的题型和考点加以总结。按考点分布、考试题型和题目难度，将上机考试试题分为“达标篇”和“优秀篇”两部分，使考生不再迷失于题海，帮助考生在更短的时间内，投入更少的精力，顺利通过上机考试。

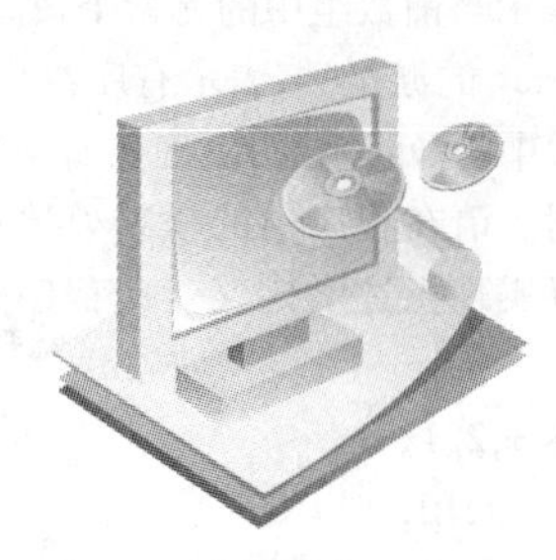

2.1 达标篇

内容说明：覆盖上机考试90%的考点和题型。适合学练结合，掌握绝大部分上机题的解法

学习目的：通过“达标篇”内容的学习，可以基本掌握真考题库中90%试题的解法，有效避免题海战术，顺利通过上机考试

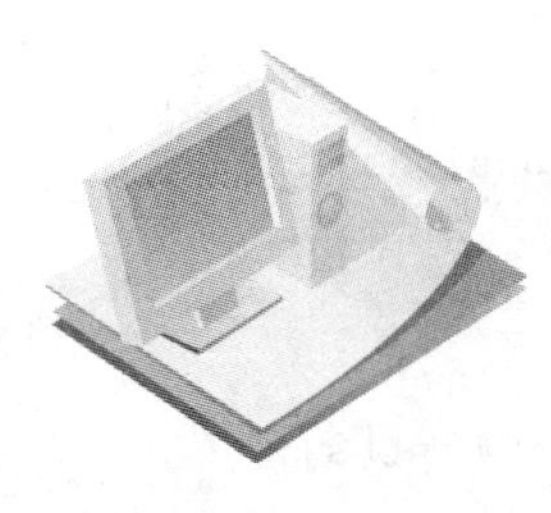

2.2 优秀篇

内容说明：题目较难，覆盖所有考点和题型，适合基础较好的考生练习

学习目的：通过本篇的练习，可以巩固提高所学到的知识，保证过关万无一失

2.1 达 标 篇

第 1 套　上机考试试题

一、程序改错题

请使用 VC6 或使用【答题】菜单打开考生文件夹 proj1 下的工程 proj1,该工程中含有一个源程序文件 proj1. cpp。其中位于每个注释"//ERROR　**** found **** "之后的一行语句有错误。请改正这些错误,使程序的输出结果为:1 2 3 4 5 6 7 8 9 10

注意:只能修改注释"//ERROR **** found **** "的下一行语句,不要改动程序中的其他内容。

```
1  // proj1.cpp
2  #include <iostream>
3  using namespace std;
4
5  class MyClass {
6  public:
7    MyClass(int len)
8    {
9      array = new int[len];
10     arraySize = len;
11     for(int i = 0; i < arraySize; i ++)
12       array[i] = i +1;
13   }
14
15   ~MyClass()
16   {
17 // ERROR ********** found**********
18     delete array[i];
19   }
20
21   void Print() const
22   {
23   for(int i = 0; i < arraySize; i ++)
24 // ERROR ********** found**********
25     cin << array[i] <<'';
26
27     cout << endl;
28   }
29 private:
30   int * array;
31   int arraySize;
32 };
33 int main()
34 {
35 // ERROR ********** found**********
36   MyClass obj;
37
38   obj.Print();
39   return 0;
40 }
```

二、简单应用题

请使用 VC6 或使用【答题】菜单打开考生文件夹 proj2 下的工程 proj2,此工程中声明的 Array 是一个表示数组的类。一个 Array 对象可以包含多个整型元素。Array 的成员说明如下:

成员函数 add 用于向数组的末尾添加一个元素;

成员函数 get 用于获取数组中指定位置的元素;

数据成员 a 表示实际用于存储数据的整型数组;

数据成员 size 表示数组的容量,数组中的元素个数最多不能超过 size;

数据成员 num 表示当前数组中的元素个数。

SortedArray 是 Array 的派生类,表示有序数组。SortedArray 重新定义了 Array 中的 add 函数,以确保有序数组中的元素始终按照升序排列。请在程序中的横线处填写适当的代码,然后删除横线,以实现上述类定义。此程序的正确输出结果应为:

10,9,8,7,6,5,4,3,2,1,

1,2,3,4,5,6,7,8,9,10,

注意:只在横线处填写适当的代码,不要改动程序中的其他内容,也不要删除或移动"// **** found **** "。

```
1  #include <iostream>
2  using namespace std;
3
4  class Array {
5  public:
6    Array(unsigned int s)
7    {
8      size = s;
9      num = 0;
10     a = new int[s];
11   }
12
13   virtual ~Array() { delete[] a;  }
14   virtual void add(int e)
15   {
16     if (num < size) {
17 //********** found**********
18       __________
```

```
19        num ++;
20      }
21    }
22
23    int get(unsigned int i) const
24    {
25      if (i < size)
26        return a[i];
27      return 0;
28    }
29
30  protected:
31    int * a;
32    unsigned int size, num;
33  };
34
35  class SortedArray : public Array {
36  public:
37  //********** found**********
38     SortedArray (unsigned  int  s)  :
39  _________{ }
40
41    virtual void add(int e)
42    {
43      if (num >= size)
44        return;
45      int i=0, j;
46      while (i < num) {
47        if (e < a[i]) {
48          for (j = num; j > i; j--) {
49  //********** found**********
50          _________;
51          }
52  //********** found**********
53          _________;
54          break;
55        }
56        i ++;
57      }
58
59      if (i == num)
60        a[i] = e;
61      num ++;
62    }
63  };
64
65  void fun(Array& a)
66  {
67    int i;
68    for (i = 10; i >= 1; i--) {
69      a.add(i);
70    }
71    for (i = 0; i < 10; i++) {
72      cout << a.get(i) << ", ";
73    }
74    cout << endl;
75  }
76
77  int main()
78  {
79    Array a(10);
80    fun(a);
81    SortedArray sa(10);
82    fun(sa);
83    return 0;
84  }
```

三、综合应用题

请使用VC6或使用【答题】菜单打开考生目录proj3下的工程文件proj3，此工程包含一个源程序文件proj3.cpp，其中定义了用于表示二维向量的类MyVector；程序应当显示(6,8)。但程序中有缺失部分，请按照以下提示，把缺失部分补充完整：

(1)在// **1**　**** found ****　的下方是构造函数的定义，它用参数提供的坐标对 x 和 y 进行初始化。

(2)在// **2**　**** found ****　的下方是减法运算符函数定义中的一条语句。两个二维向量相减生成另一个二维向量：其 X 坐标等于两向量 X 坐标之差，其 Y 坐标等于两向量 Y 坐标之差。

(3)在// **3**　**** found ****　的下方，语句的功能是使变量 $v3$ 获得新值，它等于向量 $v1$ 与向量 $v2$ 之和。

注意：只在指定位置编写适当代码，不要改动程序中的其他内容，也不要删除或移动“**** found ****”。

```
1   // proj3.cpp
2   #include <iostream>
3   using std::ostream;
4   using std::cout;
5   using std::endl;
6
7   class MyVector{  //表示二维向量的类
8     double x;  //X坐标值
9     double y;  //Y坐标值
10  public:
11    MyVector(double i=0.0 , double j =
    0.0);    //构造函数
12    MyVector operator + ( MyVector j);
    //重载运算符+
13    friend MyVector operator - ( MyVec-
    tor i, MyVector j);  //重载运算符-
14    friend ostream& operator << ( ostream&
    os, MyVector v);  //重载运算符<<
```

```
15  };
16  //**1**  ********** found**********
17  ________(double i , double j): x(i),
    y(j){}
18  MyVector MyVector::operator + ( MyVec-
    tor j) {
19    return MyVector(x+j.x, y+j.y);
20  }
21  MyVector operator - ( MyVector i,
    MyVector j)
22  {//**2**  ********** found**********
23    return MyVector(________);
24  }
25
26  ostream& operator << ( ostream& os,
    MyVector v){
27    os << '(' << v.x << ',' << v.y << ')';
    //输出向量 v 的坐标
28    return os;
29  }
30  int main()
31  {
32    MyVector v1(2,3), v2(4,5), v3;
33  //**3**  ********** found**********
34    v3 =________;
35    cout << v3 << endl;
36    return 0;
37  }
```

第2套　上机考试试题

一、程序改错题

请使用 VC6 或使用【答题】菜单打开考生文件夹 proj1 下的工程 proj1，此工程中含有一个源程序文件 proj1. cpp。其中位于每个注释"// ERROR **** found ****"之后的一行语句存在错误。请改正这些错误，使程序的输出结果为：

Constructor called.

The value is 10

Max number is 20

Destructor called.

注意：只能修改注释"// ERROR **** found ****"的下一行语句，不要改动程序中的其他内容。

```
1   // proj1.cpp
2   #include <iostream>
3   using namespace std;
4
5   class MyClass {
6   public:
7   // ERROR ********** found**********
8     void MyClass(int i)
9     { value = i; cout << "Constructor
    called." << endl; }
10
11    int Max(int x, int y) { return x>y ?
    x : y; } // 求两个整数的最大值
12
13  // ERROR ********** found**********
14    int Max(int x, int y, int z = 0)
15  // 求三个整数的最大值
16    {
17      if (x > y)
18        return x>z ? x : z;
19      else
20        return y>z ? y : z;
21    }
22
23    int GetValue() const { return value; }
24
25    ~MyClass() { cout << "Destructor
    called." << endl; }
26
27  private:
28    int value;
29  };
30
31  int main()
32  {
33    MyClass obj(10);
34
35  // ERROR ********** found**********
36    cout << "The value is " << value()
    << endl;
37    cout << "Max number is " << obj.Max
    (10,20) << endl;
38    return 0;
39  }
```

二、简单应用题

请使用 VC6 或使用【答题】菜单打开考生文件夹 proj2 下的工程 proj2，该工程中含有一个源程序文件 proj2. cpp，请将堆栈类的定义补充完整。使程序的输出结果为：

The element of stack are:4　　3　　2　　1

注意：请勿修改主函数 main 和其他函数中的任何内容，只在横线处编写适当代码，不要改动程序中的其他内容，也不要删除或移动"// **** found ****"。

```
1   //proj2.cpp
2   #include <iostream>
3   using namespace std;
4   const int Size=5;
5   class Stack;
```

```
6   class Item
7   {
8   public:
9   //******** found********
10    Item(const int& val):_________{}
    //构造函数  对 item 进行初始化
11  private:
12    int item;
13    Item*  next;
14    friend class Stack;
15  };
16  class Stack
17  {
18  public:
19    Stack():top(NULL){}
20    ~Stack();
21    int Pop();
22    void Push(const int&);
23  private:
24    Item * top;
25  };
26  Stack::~Stack()
27  {
28    Item * p=top,* q;
29    while(p!=NULL)
30    {
31    q=p->next;
32  //******** found********
33    _________;  //释放 p 所指向的节点
34    p=q;
35    }
36  }
37  int Stack::Pop()
38  {
39    Item*  temp;
40    int ret;
41  //******** found********
42    _________;  //使 temp 指向栈顶节点
43    ret=top->item;
44    top=top->next;
45    delete temp;
46    return ret;
47  }
48  void Stack::Push(const int& val)
49  {
50    Item*  temp=new Item(val);
51  //******** found********
52    _________;  //使新节点的 next 指针指
  向栈顶数据
53    top=temp;
54  }
55  int main()
56  {
57    Stack s;
58    for(int i=1;i<Size;i++)
59      s.Push(i);
60    cout<<"The element of stack are: ";
61    for(i=1;i<Size;i++)
62      cout<<s.Pop()<<'\t';
63    return 0;
64  }
```

三、综合应用题

请使用 VC6 或使用【答题】菜单打开考生文件夹 proj3 下的工程文件 proj3，此工程中包含一个源程序文件 proj3.cpp，其中定义了用于表示平面坐标系中的点的类 MyPoint 和表示矩形的类 MyRectangle；程序应当显示：

(0,2)(2,2)(2,0)(0,0)4

但程序中有缺失部分，请按照以下提示，把缺失部分补充完整：

(1)在// ** 1 ** **** found **** 的下方是构造函数的定义，它用参数提供的左上角和右下角的坐标对 up_left 和 down_right 进行初始化。

(2)在// ** 2 ** **** found **** 的下方是成员函数 getDownLeft 的定义中的一条语句。函数 getDownLeft 返回用 MyPoint 对象表示的矩形的左下角。

(3)在// ** 3 ** **** found **** 的下方是成员函数 area 的定义，它返回矩形的面积。

注意：只在指定位置编写适当代码，不要改动程序中的其他内容，也不要删除或移动“ **** found **** ”。

```
1   // proj3.cpp
2   #include<iostream>
3   using namespace std;
4   class MyPoint{ //表示平面坐标系中的点的类
5     double x;
6     double y;
7   public:
8     MyPoint (double x,double y){this->
  x=x;this->y=y;}
9     double getX()const{ return x;}
10    double getY()const{ return y;}
11    void show()const{ cout<<'('<<x<
  <','<<y<<')';}
12  };
13  class MyRectangle{  //表示矩形的类
14    MyPoint up_left;  //矩形的左上角顶点
15    MyPoint down_right;  //矩形的右下角顶点
16  public:
17    MyRectangle(MyPoint upleft,MyPoint
  downright);
```

```
18  MyPoint getUpLeft()const{ return up_left;}  //返回左上角坐标
19  MyPoint getDownRight () const{ return down_right;}  //返回右下角坐标
20  MyPoint getUpRight()const;  //返回右上角坐标
21  MyPoint getDownLeft () const;  //返回左下角坐标
22  double area()const;  //返回矩形的面积
23  };
24  //** 1** ********** found**********
25  MyRectangle::          MyRectangle(_________):
26        up_left(p1),down_right(p2){}
27  MyPoint MyRectangle::getUpRight()const
28  {
29    return MyPoint(down_right.getX(), up_left.getY());
30  }
31  MyPoint MyRectangle:: getDownLeft ( ) const
32  {
33  //** 2** ********** found**********
34    return MyPoint(_________);
35  }
36  //** 3** ********** found**********
37  _________ area()const
38  {
39    return (getUpLeft().getX() - getDownRight().getX())* (getDownRight().getY() - getUpLeft().getY());
40  }
41  int main( )
42  {
43    MyRectangle r(MyPoint(0,2),MyPoint(2,0));
44    r.getUpLeft().show();
45    r.getUpRight().show();
46    r.getDownRight().show();
47    r.getDownLeft().show();
48    cout << r.area() <<endl;
49    return 0;
50  }
```

第3套　上机考试试题

一、程序改错题

请使用 VC6 或使用【答题】菜单打开考生文件夹 proj1 下的工程 proj1,该工程含有一个源程序文件 proj1. cpp。其中位于每个注释"// ERROR　**** found ****"之后的一行语句存在错误。请改正这些错误,使程序的输出结果为:

The value is 10

注意:只修改注释"// ERROR　**** found ****"的下一行语句,不要改动程序中的其他内容。

```
1   // proj1.cpp
2   #include <iostream>
3   using namespace std;
4   class MyClass {
5     int value;
6   public:
7   // ERROR ******** found********
8     void MyClass(int val) : value(val)
9   {}
10    int GetValue() const { return value; }
11    void SetValue(int val);
12  };
13  // ERROR ******** found********
14  inline void SetValue(int val) { value
15  = val; }
16  int main()
17  {
18    MyClass obj(0);
19    obj.SetValue(10);
20  // ERROR ******** found********  下列语句功能是输出 obj 的成员 value 的值
21    cout << "The value is " << obj.value << endl;
22    return 0;
23  }
```

二、简单应用题

请使用 VC6 或使用【答题】菜单打开考生文件夹 proj2 下的工程 proj2,此工程包含有一个源程序文件 proj2. cpp,其中定义了 Stack 类和 ArrayStack 类。

Stack 是一个用于表示数据结构"栈"的类,栈中的元素是字符型数据。Stack 为抽象类,它只定义了栈的用户接口,如下所示:

公有成员函数	功能
push	入栈:在栈顶位置添加一个元素
pop	退栈:取出并返回栈顶元素

ArrayStack 是 Stack 的派生类,它实现了 Stack 定义的接口。ArrayStack 内部使用动态分配的字符数组作为栈元素的存储空间。数据成员 maxSize 表示的是栈的最大容量,top 用于记录栈顶的位置。成员函数 push 和 pop 分别实现具体的入栈和退栈操作。

请在程序中的横线处填写适当的代码,然后删除横线,以实现上述功能。此程序的正确输出结果应为:

a,b,c

c,b,a

注意:只在指定位置编写适当代码,不要改动程序中的其他内容,也不要删除或移动"// **** found **** "。

```
1  // proj2.cpp
2  #include <iostream>
3  using namespace std;
4  class Stack {
5  public:
6    virtual void push(char c) = 0;
7    virtual char pop() = 0;
8  };
9
10 class ArrayStack : public Stack {
11   char * p;
12   int maxSize;
13   int top;
14 public:
15   ArrayStack(int s)
16   {
17     top = 0;
18     maxSize = s;
19 //******** found********
20     p =_________;
21   }
22   ~ArrayStack()
23   {
24 //******** found********
25   _________;
26   }
27   void push(char c)
28   {
29     if (top == maxSize) {
30       cerr << "Overflow! \n";
31       return;
32   }
33 //******** found********
34   _________;
35     top ++;
36   }
37   char pop()
38   {
39     if (top == 0) {
40       cerr << "Underflow! \n";
41       return '\0';
42   }
43   top --;
44 //******** found********
45   _________;
46   }
47 };
48 void f(Stack& sRef)
49 {
50   char ch[] = {'a', 'b', 'c'};
51   cout << ch[0] << ", " << ch[1] <<
     ", " << ch[2] << endl;
52   sRef.push(ch[0]); sRef.push(ch
     [1]); sRef.push(ch[2]);
53   cout << sRef.pop() << ", ";
54   cout << sRef.pop() << ", ";
55   cout << sRef.pop() << endl;
56 }
57 int main()
58 {
59   ArrayStack as(10);
60   f(as);
61   return 0;
62 }
```

三、综合应用题

请使用VC6或使用【答题】菜单打开考生目录proj3下的工程文件proj3,此工程中包含一个源程序文件proj3. cpp,补充编制C ++程序proj3. cpp,其功能是读取文本文件in. dat中的全部内容,将文本存放到doc类的对象myDoc中。然后将myDoc中的字符序列反转,并输出到文件out. dat中。文件in. dat的长度不大于1000字节。

要求:

补充编制的内容写在// ********** 333 **********与// ********** 66666 **********两行之间。实现将myDoc中的字符序列反转,并将反转后的序列在屏幕上输出。不得修改程序的其他部分。

注意:程序最后已将结果输出到文件out. dat中,输出函数writeToFile已经给出并且调用。

```
1  // proj3.cpp
2  #include <iostream>
3  #include <fstream>
4  #include <cstring>
5  using namespace std;
6
7  class doc
8  {
9  private:
10   char * str; //文本字符串首地址
11   int length; //文本字符个数
12 public:
13 //构造函数,读取文件内容,用于初始化新对
   象,filename是文件名字符串首地址
14   doc(char * filename);
15   void reverse(); //将字符序列反转
16   ~doc();
17   void writeToFile(char * filename);
18 };
19 doc::doc(char * filename)
20 {
```

```
21    ifstream myFile(filename);
22    int len =1001,tmp;
23    str =new char[len];
24    length =0;
25    while((tmp =myFile.get())!=EOF)
26    {
27      str[length ++] =tmp;
28    }
29    str[length] ='\0';
30    myFile.close();
31  }
32  void doc::reverse(){
33  // 将数组 str 中的 length 个字符中的第一个字符与最后一个字符交换,第二个字符与倒数第二个
34  // 字符交换……
35  //************* 333***********
36
37
38  //************* 666***********
39  }
40
41  doc:: ~doc()
42  {
43    delete [] str;
44  }
45  void  doc::  writeToFile  ( char  * filename)
46  {
47    ofstream outFile(filename);
48    outFile << str;
49    outFile.close();
50  }
51  void main()
52  {
53    doc myDoc("in.dat");
54    myDoc.reverse();
55    myDoc.writeToFile("out.dat");
56  }
```

第 4 套　上机考试试题

一、程序改错题

请使用 VC6 或使用【答题】菜单打开考生文件夹 proj1 下的工程 proj1,此工程包含有一个源程序文件 proj1. cpp。其中位于每个注释"//ERROR　**** found ****"之后的一行语句存在错误。请改正这些错误,使程序的输出结果为:

(4,4)

注意:只修改注释"// ERROR　**** found ****"的下一行语句,不要改动程序中的其他内容。

```
1   // proj1.cpp
2   #include <iostream>
3   using namespace std;
4   class Point {
5   public:
6   // ERROR ******** found********
7     Point(double x, double y) _x(x), _y(y) {}
8     double GetX() const { return _x; }
9     double GetY() const { return _y; }
10  // ERROR ******** found********
11    void Move (double xOff, double yOff) const
12    { _x + = xOff; _y + = yOff; }
13  protected:
14    double _x, _y;
15  };
16  int main()
17  {
18    Point pt(1.5, 2.5);
19    pt.Move(2.5, 1.5);
20  // ERROR ******** found********  以下语句输出 pt 成员_x 和_y 的值
21    cout << '(' << pt._x << ',' << pt._y << ')' << endl;
22    return 0;
23  }
```

二、简单应用题

请使用 VC6 或使用【答题】菜单打开考生文件夹 proj2 下的工程 proj2,此工程包含有一个源程序文件 proj2. cpp。其中定义了 Base1 类、Base2 类和 Derived 类。

Base1 是一个抽象类,其类体中声明了纯虚函数 Show。Base2 类的构造函数负责动态分配一个字符数组,并将形参指向的字符串复制到该数组中,复制功能要求通过调用 strcpy 函数来实现。Derived 类以公有继承方式继承 Base1 类,以私有继承方式继承 Base2 类。在 Derived 类的构造函数的成员初始化列表中调用 Base 类的构造函数。

请在程序中的横线处填写适当的代码,然后删除横线,以完成 Base1、Base2 和 Derived 类的功能。此程序的正确输出结果应为:

I'm a derived class.

注意:只在指定位置编写适当代码,不要改动程序中的其他内容,也不要删除或移动"// **** found **** "。

```
1   // proj2.cpp
2   #include <iostream>
3   #include <cstring>
4   using namespace std;
5   class Base1 {
6   public:
```

```
7   //******** found******** 下列语句需要声明纯虚函数 Show
8     _________;
9   };
10
11  class Base2 {
12  protected:
13    char * _p;
14    Base2(const char * s)
15    {
16      _p = new char[strlen(s)+1];
17  //******** found******** 下列语句将形参指向的字符串常量复制到该类的字符数组中
18    _________;
19    }
20    ~Base2() { delete [] _p; }
21  };
22
23  //******** found******** Derived类公有继承Base1,私有继承Base2类
24  class Derived :_________{
25  public:
26  //******** found******** 以下构造函数调用Base2类构造函数
27    Derived(const char * s) :_________
28    { }
29    void Show()
30    { cout << _p << endl; }
31  };
32
33  int main()
34  {
35    Base1 * pb = new Derived("I'm a derived class.");
36    pb->Show();
37    delete pb;
38     return 0;
39  }
```

三、综合应用题

请使用VC6或使用【答题】菜单打开考生目录proj3下的工程文件proj3,此工程包含一个源程序文件proj3.cpp,其功能是从文本文件in.dat中读取全部整数,将整数序列存放到intArray类的对象myArray中,然后对整数序列按非递减排序,最后由函数writeToFile选择序列中的部分数据输出到文件out.dat中。文件in.dat中的整数个数不大于300个。

要求:

补充编制的内容写在// ********** 333 ********** 与// ******** 666 ******** 两行之间。实现对整数序列按非递减排序,并将排序结果在屏幕上输出。不得修改程序的其他部分。

注意:程序最后已将结果输出到文件out.dat中。输出函数writeToFile已经给出并且调用。

```
1   // proj3.cpp
2   #include <iostream>
3   #include <fstream>
4   #include <cstring>
5   using namespace std;
6
7   class intArray
8   {
9   private:
10    int * array; //整数序列首地址
11    int length; //序列中的整数个数
12  public:
13    //构造函数,从文件中读取数据用于初始化新对象。参数是文件名
14    intArray(char * filename);
15    void sort(); //对整数序列按非递减排序
16     ~intArray();
17    void writeToFile(char * filename);
18  };
19
20  intArray::intArray(char * filename)
21  {
22    ifstream myFile(filename);
23    int len=300;
24    array=new int[len];
25    length=0;
26    while(myFile >> array[length++]);
27    length--;
28    myFile.close();
29  }
30
31  void intArray::sort(){
32  //************* 333***********
33  //************* 666***********
34  }
35
36  intArray::~intArray()
37  {
38    delete [] array;
39  }
40
41  void intArray:: writeToFile (char *
42  filename)
43  {
44    int step=0;
45    ofstream outFile(filename);
46     for (int i = 0; i < length; i = i +
    step)
```

```
47    {
48      outFile << array[i] << endl;
49      step ++;
50    }
51    outFile.close();
52  }
53
54  void main()
55  {
56    intArray myArray("in.dat");
57    myArray.sort();
58    myArray.writeToFile("out.dat");
59  }
```

第5套　上机考试试题

一、程序改错题

请使用 VC6 或使用【答题】菜单打开考生文件夹 proj1 下的工程 proj1，此工程中含有一个源程序文件 proj1. cpp。其中位于每个注释"// ERROR　********* found **********"之后的一行语句存在错误。请改正这些错误，使程序的输出结果为：

NUM = 0

Value = 1

注意：只修改注释"// ERROR　**** found ****"的下一行语句，不要改动程序中的其他内容。

```
1   // proj1.cpp
2   #include <iostream>
3   using namespace std;
4   class MyClass {
5     int _i;
6     friend void Increment(MyClass& f);
7   public:
8     const int NUM;
9   // ERROR ******** found********
10    MyClass(int i =0) { NUM = 0;
11      _i = i;
12    }
13    int GetValue() const { return _i; }
14  };
15  // ERROR ******** found********
16  void Increment() { f._i ++; }
17  int main()
18  {
19    MyClass obj;
20  // ERROR ******** found********
21    MyClass::Increment(obj);
22    cout << "NUM = " << obj.NUM << endl
23       << "Value = " << obj.GetValue() <<
    endl;
24    return 0;
25  }
```

二、简单应用题

请使用 VC6 或使用【答题】菜单打开考生文件夹 proj2 下的工程 proj2，此工程包含一个源程序文件 proj2. cpp。其中定义了 Score 类。

Score 是一个用于管理考试成绩的类。其中，数据成员 _s指向存储成绩的数组，_n 表示成绩的个数；成员函数 Sort 使用冒泡排序法将全部成绩按升序进行排列。

请在程序中的横线处填写适当的代码，然后删除横线，以实现 Score 类的成员函数 Sort。

注意：只在指定位置编写适当代码，不要改动程序中的其他内容，也不要删除或移动"// **** found ****"。

```
1   // proj2.cpp
2   #include <iostream>
3   #include <cstdlib>
4   #include <ctime>
5   using namespace std;
6   class Score {
7   public:
8     Score(double * s, int n) : _s(s), _n
    (n) {}
9     double GetScore(int i) const { re-
    turn _s[i]; }
10    void Sort();
11  private:
12    double * _s;
13    int _n;
14  };
15  void Score::Sort()
16  {
17  //******** found********
18    for (int i = 0; i < _n-1; _________
    _)
19  //******** found********
20      for (int j = _________; j > i; j --)
21        if ( _s[j] < _s[j-1] )
22        {    // 交换 _s[j] 和 _s[j-1]
23          double t = _s[j];
24  //******** found********
25          _________;
26  //******** found********
27          _________;
28        }
29  }
30
31  int main()
32  {
33    const int NUM = 10;
34    double s[NUM];
35    srand(time(0));
```

```
39	    for (int i =0; i <NUM; i ++)
40	      s[i] = double(rand())/RAND_MAX
	* 100;
41	    Score ss(s, NUM);
42	    ss.Sort();
43	    for (int j =0; j <NUM; j ++)
44	      cout << ss.GetScore(j) << endl;
45	    return 0;
46	}
```

三、综合应用题

请使用VC6或使用【答题】菜单打开考生文件夹proj3下的工程prog3,其中声明了ValArray类,该类在内部维护一个动态分配的整型数组。ValArray类的复制构造函数应实现对象的深层复制。请编写ValArray类的复制构造函数。在main函数中给出了一组测试数据,此种情况下程序的输出应该是:

ValArray v1 = {1,2,3,4,5}

ValArray v2 = {2,2,2,2,2}

要求:

补充编制的内容写在// ******* 333 ******* 与// ******** 666 ******** 之间。不要修改程序的其他部分。

注意:

相关文件包括:main. cpp、ValArray. h。

程序最后调用writeToFile函数,使用另一组不同的测试数据,将不同的运行结果输出到文件out. dat中。输出函数writeToFile已经编译为obj文件。

```
1	//ValArray.h
2	#include <iostream>
3	using namespace std;
4	class ValArray {
5	  int* v;
6	  int size;
7	public:
8	  ValArray (const int* p, int n) :
	size(n)
9	  {
10	    v = new int[size];
11	    for (int i = 0; i < size; i ++)
12	      v[i] = p[i];
13	  }
14	  ValArray(const ValArray& other);
15	  ~ValArray() { delete [] v; }
16	  void setElement(int i, int val)
17	  {
18	    v[i] =val;
19	  }
20	  void print(ostream& out) const
21	  {
22	    out << '{';
23	    for (int i = 0; i < size -1; i ++)
24	      out << v[i] << ", ";
25	      out << v[size -1] << '}';
26	  }
27	};
28	
29	void writeToFile(const char * );
```

```
1	//main.cpp
2	#include "ValArray.h"
3	
4	ValArray:: ValArray (const ValArray&
	other)
5	{
6	//******** 333********
7	
8	
9	//******** 666********
10	}
11	
12	int main()
13	{
14	  const int a[] = { 1, 2, 3, 4, 5 };
15	  ValArray v1(a, 5);
16	  ValArray v2(v1);
17	
18	  for (int i =0; i <5; i ++)
19	    v2.setElement(i,2);
20	  cout << "ValArray v1 = ";
21	  v1.print(cout);
22	  cout << endl;
23	  cout << "ValArray v2 = ";
24	  v2.print(cout);
25	  cout << endl;
26	  writeToFile("");
27	  return 0;
28	}
```

第6套　上机考试试题

一、程序改错题

请使用VC6或使用【答题】菜单打开考生文件夹proj1下的工程proj1,此工程中含有一个源程序文件proj1. cpp。其中位于每个注释"// ERROR　**** found **** "之后的一行语句存在错误。请改正这些错误,使程序的输出结果为:

The value is:10

注意:只修改注释"// ERROR　**** found **** "的下一行语句,不要改动程序中的其他内容。

```
1  // proj1.cpp
2  #include <iostream>
3  using namespace std;
4  class Member {
5  // ERROR ******** found********
6  private:
7    Member(int val) : value(val) {}
8    int value;
9  };
10 class MyClass {
11   Member _m;
12 public:
13 // ERROR ******** found********
14   MyClass(int val) {}
15   int GetValue() const { return _m.value; }
16 };
17 int main()
18 {
19   MyClass * obj = new MyClass(10);
20 // ERROR ******** found******** 下列语句输出 obj 指向类中的 value 值
21   cout << "The value is: " << obj.GetValue() << endl;
22   delete obj;
23   return 0;
24 }
```

二、简单应用题

请使用VC6或使用【答题】菜单打开考生文件夹proj2下的工程proj2,该工程中含有一个源程序文件proj2.cpp,其中定义了CharShape类、Triangle类和Rectangle类。

CharShape是一个抽象基类,它表示由字符组成的图形(简称字符图形),纯虚函数Show用于显示不同字符图形的相同操作接口。Triangle和Rectangle是CharShape的派生类,它们分别用于表示字符三角形和字符矩形,并且都定义了成员函数Show,用于实现各自的显示操作。程序的正确输出结果应为:

```
*
***
*****
*******
########
########
########
```

请阅读程序,分析输出结果,然后根据以下要求在横线处填写适当的代码并删除横线。

(1)将Triangle类的成员函数Show补充完整,使字符三角形的显示符合输出结果。

(2)将Rectangle类的成员函数Show补充完整,使字符矩形的显示符合输出结果。

(3)为类外函数fun添加合适的形参。

注意:只在指定位置编写适当代码,不要改动程序中的其他内容,也不要删除或移动“// **** found **** ”。

```
1  // proj2.cpp
2  #include <iostream>
3  using namespace std;
4  class CharShape {
5  public:
6    CharShape(char ch) : _ch(ch) {};
7    virtual void Show() = 0;
8  protected:
9    char _ch; // 组成图形的字符
10 };
11 class Triangle : public CharShape {
12 public:
13   Triangle(char ch, int r) : CharShape(ch), _rows(r) {}
14   void Show();
15 private:
16   int _rows; // 行数
17 };
18 class Rectangle: public CharShape {
19 public:
20   Rectangle (char ch, int r, int c): CharShape(ch),_rows(r), _cols(c) {}
21   void Show();
22 private:
23   int _rows, _cols; // 行数和列数
24 };
25 void Triangle::Show() // 输出字符组成的三角形
26 {
27   for (int i = 1; i <= _rows; i++) {
28 //******** found********
29   for (int j = 1; j <=_______; j++)
30     cout << _ch;
31   cout << endl;
32   }
33 }
34 void Rectangle::Show() // 输出字符组成的矩形
35 {
36 //******** found********
37   for (int i = 1; i <=_______; i++)
38 {
39 //******** found********
40     for (int j = 1; j <= _______; j++)
41       cout << _ch;
42     cout << endl;
```

```
43    }
44  }
45
46  //******** found******** 为 fun 函数添加形参
47  void fun(_________) { cs.Show(); }
48  int main()
49  {
50    Triangle tri('* ', 4);
51    Rectangle rect('#', 3, 8);
52    fun(tri);
53    fun(rect);
54    return 0;
55  }
```

三、综合应用题

请使用 VC6 或使用【答题】菜单打开考生目录 proj3 下的工程文件 proj3,此工程中包含一个源程序文件 proj3. cpp,其功能是从文本文件 in. dat 中读取全部整数,将整数序列存放到 intArray 类的对象中,然后建立另一对象 myArray,将对象内容赋值给 myArray。类 intArray 重载了"＝"运算符。程序中给出了一个测试数据文件 input,不超过 300 个的整数。程序的输出是:

10

11

13

16

20

要求:

补充编制的内容写在// ********** 333 ********** 与// ******** 666 ******** 之间。实现重载赋值运算符函数,并将赋值结果在屏幕输出。格式不限。不得修改程序的其他部分。

注意:程序最后将结果输出到文件 out. dat 中。输出函数 writeToFile 已经编译为 obj 文件,并且在本程序中调用。

```
1   //intArray.h
2   class intArray
3   {
4   private:
5     int * array;
6     int length;
7   public:
8     intArray(char * filename);
9     intArray();
10    intArray & operator = (const intArray & src);
11    ~intArray();
12    void show();
13  };
14  void writeToFile(const char * path);
```

```
1   //main.cpp
2   #include <iostream>
3   #include <fstream>
4   #include <cstring>
5   #include "intArray.h"
6   using namespace std;
7
8   intArray::intArray()
9   {
10    length=10;
11    array=new int[length];
12  }
13
14  intArray::intArray(char * filename)
15  {
16    ifstream myFile(filename);
17    array=new int[300];
18    length=0;
19    while(myFile>>array[length++])
20    length--;
21    myFile.close();
22  }
23
24  intArray& intArray::operator=(const intArray & src)
25  {
26    if(array!=NULL) delete [] array;
27    length = src.length;
28    array = new int [length];
29  //************* 333***********
30
31
32  //************* 666***********
33    return * this;
34  }
35
36  intArray::~intArray()
37  {
38    delete [] array;
39  }
40
41  void intArray::show()
42  {
43    int step=0;
44    for(int i=0; i<length; i=i+step)
45    {
46      cout<<array[i]<<endl;
47      step++;
48    }
49  }
```

```
50  void main()
51  {
52    intArray * arrayP = new intArray("
    input.dat");
53    intArray myArray;
54    myArray = * arrayP;
55    (* arrayP).show();
56    delete arrayP;
57
58    writeToFile("");
59  }
```

第7套　上机考试试题

一、程序改错题

请使用 VC6 或使用【答题】菜单打开考生文件夹 proj1 下的工程 proj1，此工程中含有一个源程序文件 proj1. cpp。其中位于每个注释“// ERROR　**** found ****”之后的一行语句存在错误。请改正这些错误，使程序的输出结果为：

This object is no. 1

注意：只修改注释“// ERROR　**** found ****”的下一行语句，不要改动程序中的其他内容。

```
1   //proj1.cpp
2   #include <iostream>
3   using namespace std;
4   class MyClass
5   {
6   public:
7     MyClass():count(0) { cout << "This ob-
    ject is "; }
8   // ERROR ******** found********
9     void Inc() const
10    { cout << "no. " << ++count << endl; }
11  private:
12  // ERROR ******** found********
13    int count = 0;
14  };
15  int main()
16  {
17    MyClass * obj = new MyClass;
18  // ERROR ******** found********
19    * obj.Inc();
20    return 0;
21  }
```

二、简单应用题

请使用 VC6 或使用【答题】菜单打开考生文件夹 proj2 下的工程 proj2，此工程中含有一个源程序文件 proj2. cpp。函数 char * GetNum(char * src,char * buf)从 src 开始扫描下一个数字字符序列，并将其作为一个字符串取出放入字符串空间 buf 中。函数返回扫描的终止位置，如果返回 NULL 表示没有扫描到数字字符序列。

运行程序时，如果输入的一行字符序列是

ABC012XYZ378MN274WS

则输出为：

Digit string 1 is 012

Digit string 2 is 378

Digit string 3 is 274

注意：只在横线处编写适当代码，不要删除或移动“// **** found ****”。

```
1   //proj2.cpp
2   #include <iostream>
3   using namespace std;
4   char * GetNum(char * src, char * buf)
5   {
6     while(* src!='\0')
7     {
8       if(isdigit(* src)) break;
9       src ++;
10    }
11    if(* src =='\0')
12  //******** found********
13    __________;
14    while(* src!='\0'&& isdigit(* src))
15    {
16  //******** found********
17       __________;
18       buf ++;
19       src ++;
20    }
21    * buf ='\0';
22    return src;
23  }
24  int main()
25  {
26    char str[100], digits[20];
27    cin.getline(str,100);
28    char * p = str;
29    int i =1;
30    while((p = GetNum(p, digits))!= NULL)
31    {
32      cout << "Digit string " << i << " is
    " << digits << endl;
33  //******** found********
34      __________;
35    }
36    return 0;
37  }
```

三、综合应用题

请使用 VC6 或使用【答题】菜单打开考生目录 proj3 下

的工程文件 proj3，该文件中定义了用于表示日期的类 Date、表示人员的类 Person 和表示职员的类 Staff；程序应当显示：

张小丽 123456789012345

但程序中有缺失部分，请按以下提示把缺失部分补充完整：

（1）在// ** 1 ** **** found **** 的下方是析构函数定义中的语句，它释放两个指针成员所指向的动态空间。

（2）在// ** 2 ** **** found **** 的下方是 rename 函数中的一个语句，它使指针 name 指向申请到的足够容纳字符串 new_name 的空间。

（3）在// ** 3 ** **** found **** 的下方是构造函数定义的一个组成部分，其作用是利用参数表中前几个参数对基类 Person 进行初始化。

注意：只在指定位置编写适当代码，不要改动程序中的其他内容，也不要删除或移动"**** found ****"。填写的内容必须在一行中完成，否则评分将产生错误。

```
1   //proj3.cpp
2   #include <iostream>
3   using namespace std;
4   class Person
5   {
6     char * idcardno;  //用动态空间存储的身份证号
7     char * name;  //用动态空间存储的姓名
8     bool ismale;  //性别:true 为男,false 为女
9   public:
10    Person(const char * pid, const char * pname, bool pmale);
11     ~Person() {
12  //** 1**  ********** found**********
13    ______________;
14    }
15    const char * getIDCardNO() const{ return idcardno; }
16    const char * getName()const{ return name; }
17    void rename(const char * new_name);
18    bool isMale()const{ return ismale;}
    };
19  class Staff: public Person
20  {
21    char * department;
22    double salary;
23  public:
24    Staff(const char * id_card_no, const char * p_name, bool is_male, const char * dept, double sal);
25     ~Staff(){ delete []department; }
26    const char * getDepartment()const{ return department; }
27    void setDepartment(const char * d);
28    double getSalary() const { return salary; }
29    void setSalary(double s){ salary=s;
30  }
31  };
32  Person::Person(const char * id_card_no, const char * p_name, bool is_male):ismale(is_male)
33  {
34    idcardno=new char[strlen(id_card_no)+1];
35    strcpy(idcardno,id_card_no);
36    name=new char[strlen(p_name)+1];
37    strcpy(name,p_name);
38  }
39  void Person::rename(const char * new_name)
40  {
41    delete []name;
42  //** 2**  ********** found**********
43    ______________;
44    strcpy(name,new_name);
45  }
46  Staff::Staff(const char * id_card_no, const char * p_name, bool is_male,
47  //** 3**  ********** found**********
48    const char * dept, double sal):_______
48  {
50    department=new char[strlen(dept)+1];
51    strcpy(department,dept);
52    salary=sal;
53  }
54  void Staff::setDepartment(const char * dept)
55  {
56    delete []department;
57    department=new char[strlen(dept)+1];
58    strcpy(department,dept);
59  }
60  int main()
61  {
62    Staff Zhangsan("123456789012345","张三",false,"人事部",1234.56);
63    Zhangsan.rename("张小丽");
64    cout << Zhangsan.getName() << Zhangsan.getIDCardNO() <<endl;
65    return 0;
66  }
```

第 8 套　上机考试试题

一、程序改错题

请使用 VC6 或使用【答题】菜单打开考生文件夹 proj1 下的工程 proj1，此工程包含一个源程序文件 proj1. cpp。文件中将表示数组元素个数的常量 Size 定义为 4，并用 int 类型对类模板进行了实例化。文件中位于每个注释"// ERROR **** found **** "之后的一行语句存在错误。请改正这些错误，使程序的输出结果为：

1　2　3　4

注意：模板参数名用 T。只修改注释"// ERROR ******** found ******** "的下一行语句，不要改动程序中的其他内容。

```
1  //proj1.cpp
2  #include <iostream>
3  using namespace std;
4  // 将数组元素个数 Size 定义为 4
5  // ERROR ******** found********
6  const int Size;
7  template <typename T>
8  class MyClass
9  {
10 public:
11   MyClass(T * p)
12   {
13   for(int i =0;i <Size;i ++)
14     array[i] =p[i];
15   }
16   void Print();
17 private:
18   T array[Size];
19 };
20
21 template <typename T>
22 // ERROR ******** found********
23 void MyClass::Print()
24 {
25   for(int i =0;i <Size;i ++)
26     cout <<array[i] <<'\t';
27 }
28
29 int main()
30 {
31   int intArray[Size] ={1,2,3,4};
32 // ERROR ******** found********
33   MyClass <double> obj(intArray);
34   obj.Print();
35   cout <<endl;
36   return 0;
37 }
```

二、简单应用题

请使用 VC6 或使用【答题】菜单打开考生文件夹 proj2 下的工程 proj2。该工程中包含一个程序文件 main. cpp，其中有"书"类 Book 及其派生出的"教材"类 TeachingMaterial 的定义，还有主函数 main 的定义。请在程序中// ******** found ******** 下的横线处填写适当的代码，然后删除横线，以实现上述类定义和函数定义。此程序的正确输出结果应为：

教 材 名：C ++ 语言程序设计

页　　数：299

作　　者：张三

相关课程：面向对象的程序设计

注意：只能在横线处填写适当的代码，不要改动程序中的其他内容，也不要删除或移动"// **** found **** "。

```
1  #include <iostream>
2  using namespace std;
3  class Book{  //"书"类
4    char * title;  //书名
5    int num_pages;  //页数
6    char * writer;  //作者姓名
7  public:
8    Book(const char * the_title, int pa-
   ges, const char * the_writer):num_pa-
9  ges(pages){
10    title=new char[strlen(the_title) +1];
11    strcpy(title,the_title);
12    //********** found**********
13    ______________
14    strcpy(writer,the_writer);
15   }
16   //********** found**********
17   ~Book(){______________}
18   int numOfPages()const{ return num_
   pages;}  //返回书的页数
19    const char * theTitle()const{ re-
   turn title;}  //返回书名
20    const char * theWriter()const{ re-
   turn writer;}  //返回作者名
21 };
22 class TeachingMaterial: public Book{
23 //"教材"类
24   char * course;
25 public:
26   TeachingMaterial(const char * the_
   title, int pages, const char * the_
   writer, const char * the_course)
27 //********** found**********
28    :______________{
29     course = new char [ strlen (the_
   course) +1];
30     strcpy(course,the_course);
```

```
31    }
32    ~TeachingMaterial(){ delete []course;
33  }
34    const char * theCourse() const{ return course;}  //返回相关课程的名称
35  };
36  int main(){
37    TeachingMaterial a_book("C ++语言程序设计", 299, "张三", "面向对象的程序设计");
38    cout << "教 材 名:" << a_book.theTitle() << endl
39      << "页   数:" << a_book.numOfPages() << endl
40      << "作   者:" << a_book.theWriter() << endl
41    //********** found**********
42      << "相关课程:" << __________;
43    cout << endl;
44    return 0;
45  }
```

三、综合应用题

请使用 VC6 或使用【答题】菜单打开考生目录 proj3 下的工程文件 proj3,其中定义了用于表示特定数制的数的模板类 Number 和表示一天中的时间的类 TimeOfDay;程序应当显示:

01:02:03.004

06:04:06.021

但程序中有缺失部分,请按照以下的提示,把缺失部分补充完整:

(1)在// ** 1 ** **** found **** 的下方是一个定义数据成员 seconds 的语句,seconds 用来表示"秒"。

(2)在// ** 2 ** **** found **** 的下方是函数 advanceSeconds 中的一个语句,它使时间前进 k 秒。

(3)在// ** 3 ** **** found **** 的下方是函数 advance 中的一个语句,它确定增加 k 后 n 的当前值和进位,并返回进位。例如,若 n 的当前值是表示时间的 55 分,增加 10 分钟后当前值即变为 5 分,进位为 1(即 1 小时)。

注意:只在指定位置编写适当代码,不要改动程序中的其他内容,也不要删除或移动" **** found **** "。填写的内容必须在一行中完成,否则评分将产生错误。

```
1   //proj3.cpp
2   #include <iostream>
3   #include <iomanip>
4   using namespace std;
5   template <int base>   //数制为 base 的数
6   class Number
7   {
8     int n;  //存放数的当前值
9   public:
10    Number(int i):n(i){}  //i 必须小于 base
11    int advance(int k);  //当前值增加 k 个单位
12    int value() const{ return n; }  //返回数的当前值
13  };
14  class TimeOfDay{
15  public:
16    Number<24> hours;   //小时(0~23)
17    Number<60> minutes;   //分(0~59)
18  //** 1** ********** found**********
19    __________;  //秒(0~59)
20    Number<1000> milliseconds;  //毫秒(0~999)
21    TimeOfDay(int h=0, int m=0, int s=0, int milli=0)
22    :hours(h), minutes(m), seconds(s), milliseconds(milli){}
23    void advanceMillis(int k){ advanceSeconds(milliseconds.advance(k)); }  //前进 k 毫秒
24    void advanceSeconds(int k)  //前进 k 秒
25    {
26  //** 2** ********** found**********
27    ______________;
28    }
29    void advanceMinutes(int k){ advanceHour(minutes.advance(k)); }  //前进 k 分钟
30    void advanceHour(int k){ hours.advance(k); }  //前进 k 小时
31    void show() const{  //按"小时:分:秒.毫秒"的格式显示时间
32    int c=cout.fill('0');  //将填充字符设置为'0'
33    cout << setw(2) << hours.value() <<':'  //显示小时
34      << setw(2) << minutes.value() <<':'  //显示分
35      << setw(2) << seconds.value() <<'.'  //显示秒
36      << setw(3) << milliseconds.value();  //显示毫秒
37    cout.fill(c);  //恢复原来的填充字符
38    }
39  };
40  template <int base>
41  int Number<base>::advance(int k)
42  {
43    n+=k;  //增加 k 个单位
44    int s=0;  //s 用来累计进位
```

```
45  //** 3**  ********** found**********
46    while(n >= base)__________//n 到达或超过 base 即进位
47    return s;  //返回进位
48  }
49  int main()
50  {
51    TimeOfDay time(1,2,3,4);  //初始时间:1 小时 2 分 3 秒 4 毫秒
52    time.show();  //显示时间
53    time.advanceHour(5);  //前进 5 小时
54    time.advanceSeconds(122);  //前进 122 秒(2 分零 2 秒)
55    time.advanceMillis(1017);  //前进 1017 毫秒(1 秒零 17 毫秒)
56    cout << endl;
57    time.show();  //显示时间
58    cout << endl;
59    return 0;
60  }
```

第 9 套　上机考试试题

一、程序改错题

请使用 VC6 或使用【答题】菜单打开考生文件夹 proj1 下的工程 proj1,此工程包含一个源程序文件 proj1.cpp。其中位于每个注释"// ERROR **** found ****"之后的一行语句存在错误。请改正这些错误,使程序的输出结果为:You are right.

注意:只修改注释"// ERROR **** found ****"的下一行语句,不要改动程序中的其他内容。

```
1   // proj1.cpp
2   #include <iostream>
3   using namespace std;
4   class MyClass
5   {
6   public:
7     MyClass(int x):number(x) {}
8   // ERROR  ********** found**********
9      ~MyClass(int x) {}
10  // ERROR  ********** found**********
11    void Judge(MyClass &obj);
12  private:
13    int number;
14  };
15  void Judge(MyClass &obj)
16  {
17    if(obj.number ==10)
18      cout << "You are right." << endl;
19    else
20      cout << "Sorry" << endl;
21  }
22  int main()
23  {
24  // ERROR  ********** found**********
25    MyClass object;
26    Judge(object);
27    return 0;
28  }
```

二、简单应用题

请使用 VC6 或使用【答题】菜单打开考生文件夹 proj2 下的工程 proj2,此工程中包含一个头文件 shape. h,其中包含了类 Shape、Point 和 Triangle 的声明;包含程序文件 shape. cpp,其中包含了类 Triangle 的成员函数和其他函数的定义;还包含程序文件 proj2. cpp,其中包含测试类 Shape、Point 和 Triangle 的程序语句。请在程序中的横线处填写适当的代码并删除横线,以实现上述功能。此程序的正确输出结果应为:

此图形是一个抽象图形,周长 =0,面积 =0

此图形是一个三角形,周长 =6.82843,面积 =2

注意:只能在横线处填写适当的代码,不要改动程序中的其他内容,也不要删除或移动"// **** found ****"。

```
1   //shape.h
2   class Shape{
3   public:
4     virtual double perimeter() const { return 0; }  //返回形状的周长
5     virtual double area()const { return 0; }  //返回形状的面积
6     virtual const char* name()const { return "抽象图形"; }  //返回形状的名称
7   };
8   class Point{  //表示平面坐标系中的点的类
9     double x;
10    double y;
11  public:
12  //********** found**********
13    Point (double x0,double y0):__________
14  { }//用 x0、y0 初始化数据成员 x、y
15    double getX()const{ return x;}
16    double getY()const{ return y;}
17  };
18  class Triangle: public Shape{
19  //********** found**********
20    ________________;
21  //定义 3 个私有数据成员
22  public:
23    Triangle(Point p1, Point p2, Point p3):point1(p1),point2(p2),point3(p3){}
24    double perimeter()const;
```

```
25    double area()const;
26    const char*  name()const{ return "三角形"; }
27  };
```

```
1   //shape.cpp
2   #include "shape.h"
3   #include <cmath>
4   double length(Point p1,Point p2)
5   {
6     return sqrt((p1.getX() - p2.getX())*(p1.getX() - p2.getX()) + (p1.getY() - p2.getY())* (p1.getY() - p2.getY()));
7   }
8   double Triangle::perimeter()const
9   {//一个 return 语句,它利用 length 函数计算并返回三角形的周长
10  //********** found**********
11    ________;
12  }
13
14  double Triangle::area()const
15  {
16    double s=perimeter()/2.0;
17    return sqrt(s* (s - length(point1,point2))*
18          (s - length(point2,point3))*
19          (s - length(point3,point1)));
20  }
```

```
1   //proj2.cpp
2   #include "shape.h"
3   #include <iostream>
4   using namespace std;
5
6   //********** found**********
7   ______________// show 函数的函数头(函数体以前的部分)
8   {
9     cout << "此图形是一个" << shape.name() << ", 周长 = " << shape.perimeter() << ", 面积 = " << shape.area() << endl;
10  }
11
12  int main( )
13  {
14    Shape s;
15    Triangle tri(Point(0,2),Point(2,0),Point(0,0));
16    show(s);
17    show(tri);
18    return 0;
19  }
```

三、综合应用题

请使用【答题】菜单命令或直接用 VC6 打开考生文件夹下的工程 proj3,其中声明的是一个人员信息类,补充编制程序,使其功能完整。在 main 函数中给出了一组测试数据,此种情况下程序的输出应该是:Zhang　20　Tsinghua。

注意:只能在函数 address_change 的 // ******** 333 ******** 和// ******** 666 ******** 之间填入若干语句,不要改动程序中的其他内容。

程序最后将结果输出到文件 out. dat 中。输出函数 writeToFile 已经编译为 obj 文件,并且在本程序中调用。

```
1   //proj3.h
2   #include <iostream>
3   #include <string>
4   using namespace std;
5   class Person{
6       char name[20];
7       int age;
8       char*  address;
9     public:
10      Person(){ age=0;address=0; }
11      void name_change(char * _name);
12  //名字修改函数
13      void age_change(int _age);
14  //年龄修改函数
15      void address_change(char*  _add);
16  //地址修改函数
17      void info_display();
18  //人员信息显示
19       ~Person();
20  //析构函数
21  };
22  void writeToFile(const char * path);
```

```
1   proj3.cpp
2   #include <iostream>
3   #include <string>
4   #include"proj3.h"
5   using namespace std;
6
7   void Person::name_change(char* _name)
8   {
9     strcpy(name, _name);
10  }
11  void Person::age_change(int _age)
```

```
12  {
13    age = _age;
14  }
15  void Person::address_change(char* _
    add)
16  {
17    if (address!= NULL) delete [ ] ad-
    dress;
18  //******** 333********
19
20
21  //******** 666********
22  }
23  void Person::info_display(){
24     cout << name << '\t'
25       << age << '\t';
26    if(address!=NULL)
27      cout << address << endl;
28     cout << endl;
29  }
30  Person::~Person(){
31    if(address!=NULL)
32      delete[] address;
33  }
34  void main()
35  {
36     Person p1;
37     p1.name_change("Zhang");
38     p1.age_change(20);
39     p1.address_change("Tsinghua Uni-
    versity");
40     p1.address_change("Tsinghua");
41     p1.info_display();
42     writeToFile("");
43  }
```

第 10 套　上机考试试题

一、程序改错题

请使用 VC6 或使用【答题】菜单打开考生文件夹 proj1 下的工程 proj1，此工程中包含一个源程序文件 main.cpp，其中有类 Book（"书"）和主函数 main 的定义。程序中位于每个// ERROR **** found **** 下的语句行有错误，请加以改正。改正后程序的输出结果应该是：

书名：C ++ 语句程序设计　总页数：299

已把"C ++ 语言程序设计"翻到第 50 页

已把"C ++ 语言程序设计"翻到第 51 页

已把"C ++ 语言程序设计"翻到第 52 页

已把"C ++ 语言程序设计"翻到第 51 页

已把书合上。

当前页：0

注意：只修改每个// ERROR **** found **** 下的那一行，不要改动程序中的其他内容。

```
1   #include <iostream>
2   using namespace std;
3   class Book{
4     char * title;
5     int num_pages; //页数
6     int cur_page; //当前打开页面的页码,0
    表示书未打开
7   public:
8   // ERROR ********** found**********
9     Book(const char * theTitle, int pa-
    ges) num_pages(pages)
10    {
11       title = new char[strlen(theTi-
    tle)+1];
12       strcpy(title,theTitle);
13       cout << endl << "书名:" << title
14         << " 总页数:" << num_pages;
15    }
16    ~Book(){ delete []title; }
17    bool isClosed()const{ return cur_page
    ==0;}  //书合上时返回 true,否则返回 false
18    bool isOpen()const{ return ! isClosed
    ();}  //书打开时返回 true,否则返回 false
19    int numOfPages()const{ return num_
    pages;}  //返回书的页数
20    int currentPage()const{ return cur_
    page;}  //返回打开页面的页码
21    // ERROR ********** found**********
22    void openAtPage(int page_no) const
    {  //把书翻到指定页
23    cout << endl;
24    if(page_no < 1  || page_no > num_pa-
    ges) {
25       cout << "无法翻到第 " << cur_page
    << " 页。";
26       close();
27    }
28    else {
29      cur_page = page_no;
30      cout << "已把“" << title << "”翻到第
    " << cur_page << " 页";
31       }
32    }
33    void openAtPrevPage(){ openAtPage
    (cur_page -1); } //把书翻到上一页
34    void openAtNextPage(){ openAtPage
    (cur_page +1); } //把书翻到下一页
35    void close(){  //把书合上
```

```
36    cout << endl;
37    if(isClosed())
38      cout << "书是合上的。";
39    else{
40  // ERROR ********** found**********
41      num_pages = 0;
42      cout << "已把书合上。";
43    }
44    cout << endl;
45    }
46  };
47  int main(){
48    Book book("C ++ 语言程序设计", 299);
49    book.openAtPage(50);
50    book.openAtNextPage();
51    book.openAtNextPage();
52    book.openAtPrevPage();
53    book.close();
54    cout << "当前页:" << book.current-
    Page() << endl;
65    return 0;
56  }
```

二、简单应用题

请使用 VC6 或使用【答题】菜单打开考生文件夹 proj2 下的工程 proj2。此工程中包含一个源程序文件 main. cpp,其中有"房间"类 Room 及其派生出的"办公室"类 Office 的定义,还有主函数 main 的定义。请在程序中// **** found **** 下的横线处填写适当的代码并删除横线,以实现上述类定义。此程序的正确输出结果应为:

办公室房间号:308

办公室长度:5.6

办公室宽度:4.8

办公室面积:26.88

办公室所属部门:会计科

注意:只能在横线处填写适当的代码,不要改动程序中的其他内容,也不要删除或移动//" **** found **** "。

```
1   #include < iostream >
2   using namespace std;
3   class Room{   //"房间"类
4     int room_no;  //房间号
5     double length;  //房间长度(m)
6     double width;  //房间宽度(m)
7   public:
8     Room(int the_room_no, double the_
    length, double the_width): room_no
    (the_room_no), length(the_length),
    width(the_width){}
9     int theRoomNo()const{ return room_no;
10  }
11  //返回房间号
12    double theLength() const { return
    length; }  //返回房间长度
13    double theWidth() const { return
    width; }  //返回房间宽度
14    //********** found**********
15    double theArea() const {__________}
    //返回房间面积(矩形面积)
16  };
17  class Office: public Room{  //"办公室"类
18    char * depart;  //所属部门
19  public:
20    Office(int the_room_no, double the_
    length, double the_width, const char
    * the_depart)
21  //********** found**********
22    :_____________{
23      depart = new char[strlen(the_de-
    part) +1];
24  //********** found**********
25      strcpy(_______________);
26    }
27    ~Office(){ delete []depart; }
28    const char * theDepartment()const{
    return depart; } //返回所属部门
29  };
30  int main(){
31    //********** found**********
32    Office _______________;
33    cout << "办公室房间号:" << an_office.
    theRoomNo() << endl
34        << "办公室长度:" << an_office.the-
    Length() << endl
35        << "办公室宽度:" << an_office.the-
    Width() << endl
36        << "办公室面积:" << an_office.
    theArea() << endl
37        << "办公室所属部门:" << an_office.
    theDepartment() << endl;
38    return 0;
39  }
```

三、综合应用题

请使用 VC6 或使用【答题】菜单打开考生文件夹 proj3 下的工程文件 proj3。本题创建一个小型字符串类,字符串长度不超过100。程序文件包括 proj3. h、proj3. cpp、writeToFile. obj。补充完成重载赋值运算符函数,完成深复制功能。

屏幕上输出的正确结果应该是:

Hello!

Happy new year!

要求:

补充编制的内容写在// ********** 333 ********** 与// ********** 666 ********** 两行之间。不得修改程序的其他部分。

注意：

程序最后调用 writeToFile 函数，使用另一组不同的测试数据，将不同的运行结果输出到文件 out. dat 中。输出函数 writeToFile 已经编译为 obj 文件。

```
1  //proj3.h
2  #include <iostream>
3  #include <iomanip>
4  using namespace std;
5  class MiniString
6  {
7    public:
8      friend ostream &operator << ( ostream &output, const MiniString &s ) //重载流插入运算符
9      { output << s.sPtr; return output; }
10     friend istream &operator >> ( istream &input, MiniString &s ) //重载流提取运算符
11     { char temp[100]; // 用于输入的临时数组
12       temp[0] = '\0'; // 初始为空字符串
13       input >> setw( 100 ) >> temp;
14       int inLen = strlen(temp); //输入字符串长度
15       if( inLen != 0)
16       {
17         s.length = inLen; //赋长度
18         if ( s.sPtr!= 0) delete [ ]s.sPtr; // 避免内存泄漏
19         s.sPtr = new char[s.length + 1];
20         strcpy( s.sPtr, temp ); // 如果 s 不是空指针,则复制内容
21       }
22       else s.sPtr[0] = '\0'; // 如果 s 是空指针,则为空字符串
23       return input;
24     }
25     void modString ( const char * string2 ) // 更改字符串内容
26     {
27       if ( string2 != 0 ) // 如果 string2 不是空指针,则复制内容
28       {
29         if (strlen(string2)!=length)
30         {
31           length=strlen(string2);
32           delete []sPtr;
33           sPtr = new char [length + 1]; // 分配内存
34         }
35         strcpy( sPtr, string2 );
36       }
37       else sPtr [0] = '\0'; // 如果 string2 是空指针,则为空字符串
38     }
39     MiniString& operator=(const MiniString &otherString);
40     MiniString ( const char * s = "" ):length(( s != 0 ) ? strlen( s ) : 0 )// 构造函数
41     {
42       sPtr=0;
43       if (length!=0)
44         setString( s );
45     }
46     ~MiniString()// 析构函数
47     { delete [] sPtr;}
48   private:
49     int length; // 字符串长度
50     char * sPtr; // 指向字符串起始位置
51     void setString ( const char * string2 ) // 辅助函数
52     {
53       sPtr = new char [strlen(string2) + 1]; // 分配内存
54       if ( string2 != 0 ) strcpy( sPtr, string2 ); // 如果 string2 不是空指针,则复制内容
55       else sPtr [0] = '\0'; // 如果 string2 是空指针,则为空字符串
56     }
57 };
```

```
1  //proj3.cpp
2  #include <iostream>
3  #include <iomanip>
4  using namespace std;
5  #include "proj3.h"
6
7  MiniString& MiniString:: operator =
8  (const MiniString &otherString)
9  {//重载赋值运算符函数。提示:可以调用辅助函数 setString
10 //************* 333**********
11
12
```

```
13  //************* 666**********
14  }
15
16  int main()
17  {
18    MiniString str1("Hello!"), str2;
19    void writeToFile(const char * );
20    str2=str1; //使用重载的赋值运算符
21    str2.modString("Happy new year!");
22    cout << str1 <<'\n';
23    cout << str2 <<'\n';
24    writeToFile("");
25    return 0;
26  }
```

第11套　上机考试试题

一、程序改错题

请使用VC6或使用【答题】菜单打开考生文件夹proj1下的工程proj1，此工程中含有一个源程序文件proj1.cpp。其中位于每个注释“//ERROR　**** found ****”之后的一行语句存在错误。请改正这些错误，使程序的输出结果为：

Constructor called.

The value is 10

Copy constructor called.

The value is 10

Destructor called.

Destructor called.

注意：只修改注释“// ERROR　**** found ****”的下一行语句，不要改动程序中的其他内容。

```
1   // proj1.cpp
2   #include <iostream>
3   using namespace std;
4
5   class MyClass {
6   public:
7   // ERROR ********** found**********
8     MyClass(int i)
9       { value = i; cout << "Construc-
    tor called." << endl; }
10
11  // ERROR ********** found**********
12    MyClass(const MyClass p)
13    {
14       value=p.value;
15         cout << " Copy constructor
    called." << endl;
16    }
17
18    void Print()
19      { cout << "The value is " << val-
    ue << endl; }
20
21  // ERROR ********** found**********
22    void ~MyClass()
23      { cout << "Destructor called."
      << endl; }
24  private:
25    int value;
26  };
27
28  int main()
29  {
30    MyClass obj1;
31    obj1.Print();
32    MyClass obj2(obj1);
33    obj2.Print();
34    return 0;
35  }
```

二、简单应用题

请使用VC6或使用【答题】菜单打开考生文件夹proj2下的工程proj2，其中有矩阵基类MatrixBase、矩阵类Matrix和单位阵UnitMatrix的定义，还有main函数的定义。请在横线处填写适当的代码并删除横线，以实现上述类定义。此程序的正确输出结果应为：

1 2 3 4 5

2 3 4 5 6

3 4 5 6 7

1 0 0 0 0 0

0 1 0 0 0 0

0 0 1 0 0 0

0 0 0 1 0 0

0 0 0 0 1 0

0 0 0 0 0 1

注意：只能在横线处填写适当的代码，不要改动程序中的其他内容，也不要删除或移动“// **** found ****”。

```
1   #include <iostream>
2   using namespace std;
3   //矩阵基础类，一个抽象类
4   class MatrixBase{
5     int rows, cols;
6   public:
7     MatrixBase (int rows, int cols):
    rows(rows), cols(cols){}
8     int getRows()const{ return rows; }
    //矩阵行数
9     int getCols()const{ return cols; }
    //矩阵列数
```

```
10      virtual double getElement(int r, int c)const=0; //取第 i 个元素的值
11      void show()const{ //分行显示矩阵中所有元素
12        for(int i=0; i<rows; i++){
13          cout<<endl;
14          for(int j=0; j<cols; j++)
15  //********** found**********
16            cout<<__________<<" ";
17        }
18      }
19  };
20  //矩阵类
21  class Matrix: public MatrixBase{
22    double * val;
23  public:
24  //********** found**********
25    Matrix(int rows, int cols, double m[]=NULL): __________{
26  //********** found**********
27      val=__________;
28      for(int i=0; i<rows* cols; i++)
29        val[i]=(m==NULL? 0.0 : m[i]);
30    }
31    ~Matrix(){ delete []val; }
32    double getElement(int r, int c)const{ return val[r* getCols()+c]; }
33  };
34  //单位阵(主对角线元素都是 1,其余元素都是 0 的方阵)类
35  class UnitMatrix: public MatrixBase{
36  public:
37    UnitMatrix(int rows): MatrixBase(rows, rows){}
38  //单位阵行数列数相同
39    double getElement(int r, int c)
40  const{
41  //********** found**********
42      if(__________) return 1.0;
43      return 0.0;
44    }
45  };
46  int main(){
47    MatrixBase * m;
48    double d[][5]={{1,2,3,4,5},{2,3,4,5,6},{3,4,5,6,7}};
49    m=new Matrix(3,5,(double * )d);
50    m->show();
51    delete m;
52    cout<<endl;
53    m=new UnitMatrix(6);
54    m->show();
55    delete m;
56    return 0;
57  }
```

三、综合应用题

请使用 VC6 或使用【答题】菜单打开考生文件夹 proj3 下的工程 proj3,其中声明的 DataList 类,是一个用于表示数据表的类。DataList 的重载运算符函数 operator +,其功能是求当前数据表与另一个相同长度的数据表之和;即它返回一个数据表,其每个元素等于相应两个数据表对应元素之和。请编写这个 operator + 函数。程序的正确输出应该是:

两个数据表:
1,2,3,4,5,6
3,4,5,6,7,8

两个数据表之和:
4,6,8,10,12,14

要求:

补充编制的内容写在// ******** 333 ******** 与// ******** 666 ******** 之间,不得修改程序的其他部分。

注意:程序最后将结果输出到文件 out.dat 中。输出函数 writeToFile 已经编译为 obj 文件,并且在本程序中调用。

```
1   //DataList.h
2   #include <iostream>
3   using namespace std;
4   class DataList{ //数据表类
5     int len;
6     double * d;
7   public:
8     DataList(int len, double data[] = NULL);
9     DataList(DataList &data);
10    int length()const{ return len; }
11    double getElement(int i)const{ return d[i]; }
12    DataList operator + (const DataList& list)const; //两个数据表求和
13    void show()const; //显示数据表
14  };
15  void writeToFile(char *, const DataList&);
```

```
1   //main.cpp
2   #include "DataList.h"
3   DataList::DataList(int len, double data[]):len(len){
4     d=new double[len];
5     for(int i=0; i<len; i++)
```

```
6      d[i] = (data == NULL ? 0.0 : data[i]);
7    }
8    DataList::DataList(DataList &data):len(data.len){
9      d=new double[len];
10     for(int i=0; i<len; i++)
11     d[i]=data.d[i];
12   }
13   DataList DataList::operator +(const
14   DataList& list)const{ //两个数据表求和
15     double * dd = new double [list.length()];
16     //******** 333********
17
18
19     //******** 666********
20     return DataList(list.length(),dd);
21   }
22   void DataList::show()const{ //显示数据表
23     for(int i=0; i<len-1; i++)
24     cout<<d[i]<<", ";
25       cout<<d[len-1]<<endl;
26   }
27   int main(){
28     double s1[]={1,2,3,4,5,6};
29     double s2[]={3,4,5,6,7,8};
30     DataList list1(6,s1), list2(6,s2);
     //定义两个数据表对象
31     cout<<"两个数据表:"<<endl;
32     list1.show();
33     list2.show();
34     cout<<endl<<"两个数据表之和: "<<
     endl;
35     (list1+list2).show();
36     writeToFile("", list1+list2);
37     return 0;
38   }
```

第12套　上机考试试题

一、程序改错题

请使用VC6或使用【答题】菜单打开考生文件夹proj1下的工程proj1,其中有枚举DOGCOLOR、狗类Dog和主函数main的定义。程序中位于每个//ERROR ****found****下的语句行有错误,请加以改正。改正后程序的输出结果应该是:

There is a white dog named Hoho.

There is a black dog named Haha.

There is a motley dog named Hihi.

注意:只修改每个//ERROR ****found****下的那一行,不要改动程序中的其他内容。

```
1    #include<iostream>
2    using namespace std;
3    //狗的颜色:黑、白、黄、褐、花、其他
4    enum DOGCOLOR{BLACK, WHITE, YELLOW,
     BROWN, PIEBALD, OTHER};
5    class Dog{ //狗类
6      DOGCOLOR color;
7      char name[20];
8      static int count;
9    public:
10     Dog(char name[], DOGCOLOR color){
11       strcpy(this->name,name);
12   // ERROR ********** found**********
13       strcpy(this->color,color);
14     }
15     DOGCOLOR getColor() const{ return
     color; }
16   // ERROR ********** found**********
17       const char* getName() const{ return * name; }
18       const char * getColorString()
     const{
19         switch(color){
20           case BLACK: return "black";
21           case WHITE: return "white";
22           case YELLOW: return "yellow";
23           case BROWN: return "brown";
24           case PIEBALD: return "piebald";
25         }
26       return "motley";
27     }
28     void show()const{
29       cout<<"There is a "<<getColorString()<<" dog named "<<name<<'.'
     <<endl;
30     }
31   };
32   int main(){
33   // ERROR ********** found**********
34     Dog dog1("Hoho", WHITE), dog2("Haha", BLACK); dog3("Hihi", OTHER);
35     dog1.show();
36     dog2.show();
37     dog3.show();
38     return 0;
39   }
```

二、简单应用题

请使用VC6或使用【答题】菜单打开考生文件夹proj2下的工程proj2,该工程中包含一个程序文件main.cpp,其中

有坐标点类 point、线段类 Line 和三角形类 Triangle 的定义，还有 main 函数的定义。程序中两点间距离的计算是按公式 $d=\sqrt{(x_1-x_2)^2+(y_1-y_2)^2}$ 实现的，三角形面积的计算是按公式 $f=\sqrt{s(s-a)(s-b)(s-c)}$ 实现的，其中 $s=\frac{a+b+c}{2}$。请在程序中的横线处填写适当的代码，然后删除横线，以实现上述类定义。此程序的正确输出结果应为：

Side 1:9.43398

Side 2:5

Side 3:8

area:20

注意：只在横线处填写适当的代码，不要改动程序中的其他内容，也不要删除或移动"// **** found **** "。

```
1  #include <iostream>
2  #include <cmath>
3  using namespace std;
4  class Point{ //坐标点类
5  public:
6    const double x,y;
7    Point (double x = 0.0, double y = 0.0): x(x),y(y){}
8  //********** found**********
9    double distanceTo(_________)
10 const{
11 //到指定点的距离
12   return sqrt((x - p.x)* (x - p.x) + (y - p.y)* (y - p.y)) ;
13   }
14 };
15 class Line{ //线段类
16 public:
17   const Point p1,p2; //线段的两个端点
18   //********** found**********
19   Line(Point p1, Point p2):_________
20 {}
21   double length() const{ return p1.distanceTo(p2); } //线段的长度
22 };
23 class Triangle{ //三角形类
24 public:
25   const Point p1,p2,p3; //三角形的三个顶点
26 //********** found**********
27   Triangle (_________): p1 (p1), p2 (p2),p3(p3){}
28   double length1()const{ //边 p1,p2 的长度
29     return Line(p1, p2).length() ;
30   }
31   double length2()const{ //边 p2,p3 的长度
32     return Line(p2, p3).length();
33   }
34   double length3()const{ //边 p3,p1 的长度
35     return Line(p3, p1).length();
36   }
37   double area()const{ //三角形面积
38     //********** found**********
39     double s =_________;
40   return sqrt(s* (s - length1())* (s - length2())* (s - length3()));
41   }
42 };
43 int main(){
44   Triangle r(Point(0.0, 8.0), Point(5.0, 0.0), Point(0.0, 0.0));
45   cout << "Side 1: " << r.length1() << endl;
46   cout << "Side 2: " << r.length2() << endl;
47   cout << "Side 3: " << r.length3() << endl;
48   cout << "area: " << r.area() << endl;
     return 0;
49 }
```

三、综合应用题

请使用 VC6 或使用【答题】菜单打开考生文件夹 proj3 下的工程 proj3，其中声明的 DataList 类，是一个用于表示数据表的类。sort 成员函数的功能是将当前数据表中的元素升序排列。请编写这个 sort 函数。程序的正确输出应为：

排序前:7,1,3,11,6,9,12,10,8,4,5,2

排序后:1,2,3,4,5,6,7,8,9,10,11,12

要求：

补充编制的内容写在// ******** 333 ******** 与// ******** 666 ******** 两行之间。不得修改程序的其他部分。

注意：程序最后将结果输出到文件 out.dat 中。输出函数 writeToFile 已经编译为 obj 文件，并且在本程序调用。

```
1  //DataList.h
2  #include <iostream>
3  using namespace std;
4  class DataList{ //数据表类
5    int len;
6    double * d;
7  public:
8    DataList(int len, double data[] = NULL);
9     ~DataList(){ delete []d; }
10   int length()const{ return len; } //数据表长度(即数据元素的个数)
11   double getElement(int i)const{ return d[i]; }
12   void sort(); //数据表排序
```

```
13   void show() const; //显示数据表
14 };
15 void writeToFile (char *, const DataList&);
```

```
1  //main.cpp
2  #include"DataList.h"
3
4  DataList::DataList (int len, double data[]):len(len){
5    d=new double[len];
6    for(int i=0; i<len; i++)
7      d[i] = (data==NULL ? 0.0 : data[i]);
8  }
9
10 void DataList::sort(){ //数据表排序
11 //******** 333********
12
13
14 //******** 666********
15 }
16 void DataList::show() const{ //显示数据表
17   for(int i=0; i<len-1; i++) cout<<d[i]<<", ";
18   cout<<d[len-1]<<endl;
19 }
20 int main(){
21   double s[]={7,1,3,11,6,9,12,10,8,4,5,2};
22   DataList list(12,s);
23   cout<<"排序前:";
24   list.show();
25   list.sort();
26   cout<<endl<<"排序后:";
27   list.show();
28   writeToFile("", list);
29   return 0;
30 }
```

第13套　上机考试试题

一、程序改错题

请使用VC6或使用【答题】菜单打开考生文件夹proj1下的工程proj1。其中有线段类Line的定义。程序中位于每个// ERROR **** found ****之后的一行语句有错误，请加以改正。改正后程序的输出结果应该是：

End point 1 = (1,8), End point 2 = (5,2), length = 7.2111。

注意：只修改每个// ERROR **** found ****下的那一行，不要改动程序中的其他内容。

```
1  #include<iostream>
2  #include<cmath>
3  using namespace std;
4  class Line;
5  double length(Line);
6  class Line{ //线段类
7    double x1,y1; //线段端点1
8    double x2,y2; //线段端点2
9  public:
10 // ERROR ********** found**********
11   Line (double x1, double y1, double x2, double y2) const{
12     this->x1=x1;
13     this->y1=y1;
14     this->x2=x2;
15     this->y2=y2;
16   }
17   double getX1()const{ return x1; }
18   double getY1()const{ return y1; }
19   double getX2()const{ return x2; }
20   double getY2()const{ return y2; }
21   void show()const{
22     cout<<"End point 1 = ("<<x1<<", "<<y1;
23     cout<<"), End point 2 = ("<<x2<<", "<<y2;
24 // ERROR ********** found**********
25     cout << "), length = " << length(this)
26 <<"。"<<endl;
27   }
28 };
29 double length(Line l){
30 // ERROR ********** found**********
31   return sqrt((l.x1-l.x2)*(l.x1-l.x2)+(l.y1-l.y2)*(l.y1-l.y2));
32 }
33
34 int main(){
35   Line r1(1.0,8.0,5.0,2.0);
36   r1.show();
37   return 0;
38 }
```

二、简单应用题

请使用VC6或使用【答题】菜单打开考生文件夹proj2下的工程proj2。其中有向量基类VectorBase、向量类Vector和零向量类ZeroVector的定义。请在横线处填写适当的代码并删除横线，以实现上述类定义。该程序正确输出结果应为：

(1,2,3,4,5)
(0,0,0,0,0,0)

注意:只能在横线处填写适当的代码,不要改动程序中的其他内容,也不要删除或移动"// **** found **** "。

```
1  #include <iostream>
2  using namespace std;
3  class VectorBase{  //向量基类,一个抽象类
4    int len;
5  public:
6    VectorBase(int len): len(len){}
7    int length()const{ return len; } //向量长度,即向量中元素的个数
8    virtual double getElement(int i) const=0; //取第 i 个元素的值
9    virtual double sum()const=0; //求所有元素的和
10   void show()const{ //显示向量中所有元素
11     cout<<"(";
12     for(int i=0; i<length()-1; i++)
13       cout<<getElement(i)<<", ";
14     //********** found**********
15     cout<< ______________ <<")"<<endl;//显示最后一个元素
16   }
17 };
18 class Vector: public VectorBase{ //向量类
19   double * val;
20 public:
21   Vector(int len, double v[]=NULL): VectorBase(len){
22     val=new double[len];
23     for(int i=0; i<len; i++) val[i]=(v==NULL? 0.0 : v[i]);
24   }
25 //********** found**********
26   ~Vector(){_________; }
27   double getElement(int index)const{ return val[index]; }
28   double sum()const{
29     double s=0.0;
30     //********** found**********
31     for(int i=0; i<length(); i++) _________;
32     return s;
33   }
34 };
35 class ZeroVector: public VectorBase{ //零向量类
36 public:
37   ZeroVector(int len): VectorBase(len){}
38   //********** found**********
39   double getElement(int index)const{______; }
40   double sum()const{ return 0.0; }
41 };
42 int main(){
43   VectorBase * v;
44   double d[]={1,2,3,4,5};
45   v=new Vector(5,d);
46   v->show();
47   delete v;
48   v=new ZeroVector(6);
49   v->show();
50   delete v;
51   return 0;
52 }
```

三、综合应用题

请使用 VC6 或使用【答题】菜单打开考生文件夹 proj3 下的工程 proj3,其中声明了 SortedList 类,是一个用于表示有序数据表的类。其成员函数 insert 的功能是将一个数据插入到一个有序表中,使得该数据表仍然保持有序。请编写这个 insert 函数。程序的正确输出应为:

插入前:

1,2,4,5,7,8,10

插入6和3后:

1,2,3,4,5,6,7,8,10

要求:

补充编制的内容写在// ******** 333 ******** 与// ******** 666 ******** 之间。不得修改程序的其他部分。

注意:程序最后将结果输出到文件 out.dat 中。输出函数 writeToFile 已经编译为 obj 文件,并且在本程序中调用。

```
1  //SortedList.h
2  #include <iostream>
3  using namespace std;
4  class SortedList{ //有序数据表类
5    int len;
6    double * d;
7  public:
8    SortedList(int len, double data[]=NULL);
9    ~SortedList(){ delete []d; }
10   int length()const{ return len; } //有序数据表长度(即元素的个数)
11   double getElement(int i)const{ return d[i]; }
12   void insert(double data);
13   void show()const; //显示有序数据表
```

```
14  };
15  void writeToFile(char * , const Sort-
16  edList &);
```

```
1   //main.cpp
2   #include"SortedList.h"
3   
4   SortedList:: SortedList  ( int  len,
5   double data[]):len(len){
6     d=new double[len];
7     for(int k=0; k<len; k++)
8       d[k] = (data == NULL ? 0.0 : data
    [k]);
9     for(int i=0; i<len-1; i++){
10      int m=i;
11      for(int j=i; j<len; j++)
12        if(d[j]<d[m]) m=j;
13        if(m>i){
14          double t=d[m];
15          d[m]=d[i];
16          d[i]=t;
17        }
18    }
19  }
20  void SortedList::insert(double data)
21  {
22  //******** 333********
23  
24  
25  //******** 666********
26  }
27  void SortedList::show()const{ //显示
    有序数据表
28    for(int i=0; i<len-1; i++)
29        cout<<d[i]<<", ";
30    cout<<d[len-1]<<endl;
31  }
32  int main(){
33    double s[]={5,8,1,2,10,4,7};
34    SortedList list(7,s);
35  
36    cout<<"插入前:"<<endl;
37    list.show();
38    list.insert(6.0);
39    list.insert(3.0);
40    cout<<"插入 6 和 3 后:"<<endl;
41    list.show();
42    writeToFile("",list);
43    return 0;
44  }
```

第 14 套　上机考试试题

一、程序改错题

请使用 VC6 或使用【答题】菜单打开考生文件夹 proj1 下的工程 proj1。程序中位于每个// ERROR ****found**** 之后的一行语句有错误,请加以改正。改正后程序的输出结果应为:

Name:Smith　Age:21　ID:99999　CourseNum:12　Record:970

注意:只修改每个// ERROR ****found**** 下的那一行,不要改动程序中的其他内容。

```
1   #include<iostream>
2   using namespace std;
3   class StudentInfo
4   {
5   protected:
6   // ERROR ********** found**********
7     char Name;
8     int Age;
9     int ID;
10    int CourseNum;
11    float Record;
12  public:
13    StudentInfo(char * name, int Age,
    int ID, int courseNum, float record);
14  
15  // ERROR ********** found**********
16    void ~StudentInfo(){}
17    float AverageRecord(){
18      return Record/CourseNum;
19    }
20    void show()const{
21      cout<<"Name: "<<Name<<" Age: "
    <<Age<<" ID: "<<ID
22         <<" CourseNum: "<<CourseNum<<
    "Record: "<<Record<<endl;
23    }
24  };
25  // ERROR ********** found**********
26  StudentInfo StudentInfo(char * Name,
    int Age, int ID, int CourseNum, float
    Record)
27  {
28    Name = name;
29    Age = age;
30    this->ID = ID;
31    CourseNum = courseNum;
32    Record = record;
33  }
34  int main()
```

```
35 {
36   StudentInfo st("Smith",21,99999,12,970);
37   st.show();
38   return 0;
39 }
```

二、简单应用题

请使用 VC6 或使用【答题】菜单打开考生文件夹 proj2 下的工程 proj2，其中定义了 vehicle 类，并派生出 motorcar 类和 bicycle 类。然后以 motorcar 和 bicycle 作为基类，再派生出 motorcycle 类。要求将 vehicle 作为虚基类，避免二义性问题。请在程序中的横线处填写适当的代码并删除横线，以实现上述类定义。此程序的正确输出结果应为：

80
150
100
1

注意：只能在横线处填写适当的代码，不要改动程序中的其他内容，也不要删除或移动“// **** found **** ”。

```
1  #include <iostream.h>
2  class vehicle
3  {
4  private:
5    int MaxSpeed;
6    int Weight;
7  public:
8  //********** found**********
9    vehicle(int maxspeed, int weight):
   __________
10    ~vehicle(){};
11    int getMaxSpeed() { return MaxSpeed; }
12    int getWeight() { return Weight; }
13 };
14 //********** found**********
15 class bicycle : ________ public vehicle
16 {
17 private:
18   int Height;
19 public:
20   bicycle(int maxspeed, int weight, int height): vehicle(maxspeed, weight),Height(height){}
21   int getHeight(){ return Height; };
22 };
23 //********** found**********
24 class motorcar :_________ public vehi-
25 cle
26 {
27 private:
28   int SeatNum;
29 public:
30   motorcar(int maxspeed, int weight, int seatnum): vehicle(maxspeed, weight),SeatNum(seatnum){}
31   int getSeatNum(){ return SeatNum; };
32 };
33 //********** found**********
34 class motorcycle : _________
35 {
36 public:
37   motorcycle(int maxspeed, int weight, int height): vehicle(maxspeed, weight), bicycle(maxspeed, weight, height), motorcar(maxspeed, weight, 1){}
42 };
43 void main()
44 {
45   motorcycle a(80,150,100);
46   cout << a.getMaxSpeed() << endl;
47   cout << a.getWeight() << endl;
48   cout << a.getHeight() << endl;
49   cout << a.getSeatNum() << endl;
50 }
```

三、综合应用题

请使用 VC6 或使用【答题】菜单打开考生文件夹 proj3 下的工程 proj3，其中声明的 CDeepCopy 是一个用于表示矩阵的类。请编写这个类的赋值运算符成员函数 operator =，以实现深层复制。

要求：

补充编制的内容写在// ********** 333 ********** 与// ********** 666 ********** 之间。不得修改程序的其他部分。

注意：程序最后将结果输出到文件 out. dat 中。输出函数 writeToFile 已经编译为 obj 文件，并且在本程序中调用。

```
1  //CDeepCopy.h
2  #include <iostream>
3  #include <string>
4  using namespace std;
5  class CDeepCopy
6  {
7  public:
8    int  n;  //动态数组的元素个数
9    int  * p;  //动态数组首地址
10   CDeepCopy(int) ;
11   ~CDeepCopy();
```

```
12    CDeepCopy& operator = ( const CDeepCopy& r); //赋值运算符函数
13 };
14
15 void writeToFile(char * );
```

```
1  //main.cpp
2  #include "CDeepCopy.h"
3  CDeepCopy::~CDeepCopy(){ delete [] p; }
4  CDeepCopy::CDeepCopy(int k) { n=k; p =new int[n]; } //构造函数实现
5  CDeepCopy& CDeepCopy:: operator = (const CDeepCopy& r) //赋值运算符函数实现
6  {
7  //******** 333********
8  //******** 666********
9  }
10 int main()
11 {
12   CDeepCopy a(2),d(3);
13   a.p[0]=1; d.p[0]=666;  //对象 a,d 数组元素的赋值
14   {
15     CDeepCopy b(3);
16     a.p[0]=88; b=a;
17 //调用赋值运算符函数
18     cout <<b.p[0];
19 //显示内层局部对象的数组元素
20   }
21   cout <<d.p[0];
22 //显示 d 数组元素 a.p[0]的值
23   cout <<" d fade away;\n";
24   cout <<a.p[0];
25 //显示 a 数组元素 a.p[0]的值
26   writeToFile("");
27   return 0;
28 }
```

第 15 套　上机考试试题

一、程序改错题

请使用 VC6 或使用【答题】菜单打开考生文件夹 proj1 下的工程 proj1。程序中位于每个// ERROR **** found **** 之后的一行语句有错误,请加以改正。改正后程序的输出结果应为:

value = 63

number = 1

注意:只修改每个// ERROR **** found **** 下的那一行,不要改动程序中的其他内容。

```
1  #include <iostream>
2  using namespace std;
3
4  class MyClass {
5    int* p;
6    const int N;
7  public:
8  // ERROR ********** found**********
9    MyClass(int val) : N=1
10   {
11     p = new int;
12     * p = val;
13   }
14 // ERROR ********** found**********
15   ~MyClass() { delete * p; }
16   friend void print(MyClass& obj);
17 };
18 // ERROR ********** found**********
19 void MyClass::print(MyClass& obj)
20 {
21   cout << "value = " << * (obj.p) << endl;
22   cout << "number = " << obj.N << endl;
23 }
24 int main()
25 {
26   MyClass obj(63);
27   print(obj);
28   return 0;
29 }
```

二、简单应用题

请使用 VC6 或使用【答题】菜单打开考生文件夹 proj2 下的工程 proj2,其中定义了 Component 类、Composite 类和 Leaf 类。Component 是抽象基类,Composite 和 Leaf 是 Component 的公有派生类。请在横线处填写适当的代码并删除横线,以实现上述类定义。此程序的正确输出结果应为:

Leaf Node

注意:只能在横线处填写适当的代码,不要改动程序中的其他内容,也不要删除或移动“// **** found **** ”。

```
1  #include <iostream>
2  using namespace std;
3
4  class Component {
5  public:
6  //声明纯虚函数 print()
7  //********** found**********
8    ______________
```

```
9	};
10	
11	class Composite : public Component {
12	public:
13	//********** found**********
14	  void setChild(__________)
15	  {
16	    m_child = child;
17	  }
18	  virtual void print() const
19	  {
20	    m_child->print();
21	  }
22	private:
23	  Component*  m_child;
24	};
25	
26	class Leaf : public Component {
27	public:
28	  virtual void print() const
29	  {
30	//********** found**********
31	    _______________
32	  }
33	};
34	
35	int main()
36	{
37	  Leaf node;
38	  Composite comp;
39	  comp.setChild(&node);
40	  Component* p = &comp;
41	  p->print();
42	  return 0;
43	}
```

三、综合应用题

请使用 VC6 或使用【答题】菜单打开考生文件夹 proj3 下的工程 proj3，其中定义的 Matrix 是一个用于表示矩阵的类。成员函数 max_value 的功能是求出所有矩阵元素中的最大值。例如，若有 3×3 矩阵

$$A=\begin{bmatrix}1&3&2\\1&0&0\\1&2&2\end{bmatrix}$$

则调用 max_value 函数，返回值为 3。请编写成员函数 max_value。

要求：

补充编制的内容写在// ******** 333 ******** 与// ******** 666 ******** 之间，不得修改程序的其他部分。

注意：程序最后将结果输出到文件 out.dat 中。输出函数 writeToFile 已经编译为 obj 文件，并且在本程序中调用。

```
1	//Matrix.h
2	#include <iostream>
3	#include <iomanip>
4	using namespace std;
5	const int M = 18;
6	const int N = 18;
7	class Matrix {
8	  int array[M][N];
9	public:
10	  Matrix() { }
11	  int getElement(int i, int j)const{
	return array[i][j]; }
12	  void setElement(int i, int j, int
	value){ array[i][j]=value; }
13	  int max_value()const;
14	  void show(const char * s)const
15	  {
16	    cout << endl << s;
17	    for (int i = 0; i < M; i++){
18	      cout << endl;
19	      for (int j = 0; j < N; j++)
20	    cout << setw(4) << array[i][j];
21	    }
22	  }
23	};
24	
25	void readFromFile (const char * ,
	Matrix&);
26	void writeToFile (char * , const
	Matrix&);
```

```
1	//main.cpp
2	#include "Matrix.h"
3	#include <fstream>
4	
5	void readFromFile (const char *  f,
	Matrix& m){
6	  ifstream infile(f);
7	  if(infile.fail()){ cerr << "打开输入
	文件失败!"; return; }
8	  int k;
9	  for(int i=0; i<M; i++)
10	    for(int j=0; j<N; j++){
11	      infile >> k;
12	      m.setElement(i, j, k);
13	    }
14	}
15	int Matrix::max_value() const
16	{
```

```
17   //******** 333********
18
19   //******** 666********
20   }
21   int main()
22   {
23     Matrix m;
24     readFromFile("", m);
25     m.show("Matrix:");
26     cout << endl << "最大元素:" << m.max_
     value() << endl;
27     writeToFile("",m);
28     return 0;
29   }
```

第16套　上机考试试题

一、程序改错题

请使用VC6或使用【答题】菜单打开考生文件夹proj1下的工程proj1,该工程中包含程序文件main.cpp,其中有类Door("门")和主函数main的定义。程序中位于每个// ERROR **** found ****之后的一行语句有错误,请加以改正。改正后程序的输出结果应为:

打开503号门...门是锁着的,打不开。

打开503号门的锁...锁开了。

打开503号门...门打开了。

打开503号门...门是开着的,无须再开门。

锁上503号门...先关门...门锁上了。

注意:只修改每个// ERROR ********* found *********下的那一行,不要改动程序中的其他内容。

```
1    #include <iostream>
2    using namespace std;
3    class Door{
4      int num; // 门号
5      bool closed; // true 表示门关着
6      bool locked; // true 表示门锁着
7    public:
8      Door(int num){
9    // ERROR ********* found*********
10       num = this -> num;
11       closed = locked = true;
12     }
13     bool isClosed () const { return
     closed;}
14   // 门关着时返回 true,否则返回 false
15     bool isOpened () const { return !
     closed;}
16   // 门开着时返回 true,否则返回 false
17     bool isLocked () const { return
     locked;}
18   // 门锁着时返回 true,否则返回 false
19     bool isUnlocked () const { return !
     locked;}
20   // 门未锁时返回 true,否则返回 false
21     void open(){ // 开门
22       cout << endl << "打开" << num << "号
     门...";
23       // ERROR ********* found*********
24       if(closed)
25         cout << "门是开着的,无须再开门。";
26       else if(locked)
27         cout << "门是锁着的,打不开。";
28       else{
29         closed = false;
30         cout << "门打开了。";
31       }
32     }
33     void close(){ // 关门
34       cout << endl << "关上" << num << "号
     门...";
35       if(closed)
36         cout << "门是关着的,无须再关门。";
37       else{
38         closed = true;
39         cout << "门关上了。";
40       }
41     }
42   // ERROR ********* found*********
43     void lock() const{ // 锁门
44       cout << endl << "锁上" << num << "号
     门...";
45       if(locked)
46         cout << "门是锁着的,无须再锁门。";
47       else{
48         if(! closed){
49           cout << "先关门...";
50           closed = true;
51         }
52         locked = true;
53         cout << "门锁上了。";
54       }
55     }
56   void unlock(){ // 开锁
57     cout << endl << "开" << num << "号门的
     锁...";
58     if(! locked)
59       cout << "门没有上锁,无须再开锁。";
60     else{
61       locked = false;
62       cout << "锁开了。";
```

```
63        }
64      }
65  };
66  int main(){
67    Door door(503);
68    door.open();
69    door.unlock();
70    door.open();
71    door.open();
72    door.lock();
73    return 0;
74  }
```

二、简单应用题

请使用VC6或使用【答题】菜单打开考生文件夹proj2下的工程proj2,该工程中包含一个程序文件main.cpp,其中有日期类Date、人员类Person及排序函数sortByName和主函数main的定义。请在程序中的横线处填写适当的代码并删除横线,以实现上述类定义和函数定义。此程序的正确输出结果应为:

按姓名排序

排序前

张三　男　出生日期:1978年4月20日

王五　女　出生日期:1965年8月3日

杨六　女　出生日期:1965年9月5日

李四　男　出生日期:1973年5月30日

排序后:

李四　男　出生日期:1973年5月30日

王五　女　出生日期:1965年8月3日

杨六　女　出生日期:1965年9月5日

张三　男　出生日期:1978年4月20日

注意:只能在横线处填写适当的代码,不要改动程序中的其他内容,也不要删除或移动"// **** found ****"。

```
1   #include <iostream>
2   using namespace std;
3   class Date{  // 日期类
4     int year,month,day; // 年、月、日
5   public:
6     Date(int year, int month, int day):
    year(year),month(month),day(day){}
7     int getYear()const{ return year; }
8     int getMonth()const{ return month;
9   }
10    int getDay()const{ return day; }
11  };
12  class Person{  // 人员类
13    char name[14]; // 姓名
14    bool is_male; // 性别,为 true 时表示男性
15    Date birth_date; // 出生日期
16  public:
17    Person(char * name, bool is_male,
    Date birth_date)
18  //********** found**********
19      :_______________
20    {
21      strcpy(this->name, name);
22    }
23    const char * getName()const{ return
    name; }
24    bool isMale()const{ return is_male;
25  }
26    Date getBirthdate()const{ return
    birth_date; }
27    //利用 strcmp()函数比较姓名,返回一个
    正数、0 或负数,分别表示大于、等于、小于
28    int compareName(const Person &p)
    const{
29  //********** found**********
30      _______________ }
31    void show(){
32      cout << endl;
33      cout << name << ' ' << (is_male? "男"
    : "女") << ' ' << "出生日期:" << birth_
    date.getYear() << "年" //显示出生年
34  //********** found**********
35      _______________//显示出生月
36      << birth_date.getDay() << "日"; //
    显示出生日
37    }
38  };
39  void sortByName(Person ps[], int
    size){
40  //将人员数组按姓名排列为升序
41    for(int i=0; i<size-1; i++){
42  //采用选择排序算法
43      int m=i;
44      for(int j=i+1; j<size; j++)
45        if(ps[j].compareName(ps[m])<0)
46          m=j;
47        if(m>i){
48          Person p=ps[m];
49          ps[m]=ps[i];
50          ps[i]=p;
51        }
52    }
53  }
54
55  int main(){
56    Person staff[]={
```

```
57	    Person("张三", true, Date(1978,
4,20)),
58	    Person("王五", false, Date(1965,
8,3)),
59	    Person("杨六", false, Date(1965,
9,5)),
60	    Person("李四", true, Date(1973,5,
30))
61	  };
62	  const int size = sizeof(staff)/si-
zeof(staff[0]);
63	  int i;
64	  cout << endl << "按姓名排序";
65	  cout << endl << "排序前:";
66	  for(i = 0; i < size; i ++) staff[i].
show();
67	  sortByName(staff,size);
68	  cout << endl << endl << "排序后:";
69	  for(i = 0; i < size; i ++) staff[i].
show();
70	  cout << endl;
71	  return 0;
72	}
```

三、综合应用题

请使用VC6或使用【答题】菜单打开考生文件夹proj3下的工程proj3，其中包含了类IntegerSet和主函数main的定义。一个IntegerSet对象就是一个整数的集合，其中包含0个或多个无重复的整数；为了便于进行集合操作，这些整数按升序存放在成员数组elem的前若干单元中。成员函数add的作用是将一个元素添加到集合中（如果集合中不存在该元素），成员函数remove从集合中删除指定的元素（如果集合中存在该元素）。请编写成员函数remove。在main函数中给出了一组测试数据，此时程序的正确输出结果应为：

```
2 3 4 5 27 28 31 66 75
2 3 4 5 6 27 28 31 66 75
2 3 4 5 6 19 27 28 31 66 75
3 4 5 6 19 27 28 31 66 75
3 4 5 6 19 27 28 31 66 75
```

要求：

补充编制的内容写在// ******** 333 ******** 与// ******** 666 ******** 之间，不得修改程序的其他部分。

注意：程序最后将结果输出到文件out.dat中。输出函数WriteToFile已经编译为obj文件，并且在本程序中调用。

```
1	//IntegorSet.h
2	#ifndef INTEGERSET
3	#define INTEGERSET
4	#include <iostream>
5	using namespace std;
6	const int MAXELEMENTS = 100;
7	// 集合最多可拥有的元素个数
8	class IntegerSet{
9	  int elem[MAXELEMENTS];
10	  // 用于存放集合元素的数组
11	  int counter;  // 用于记录集合中元素个
数的计数器
12	public:
13	  IntegerSet(): counter(0){}
14	  // 创建一个空集合
15	  IntegerSet(int data[], int size);
16	  // 利用数组提供的数据创建一个整数集合
17	  void add(int element);
18	  // 添加一个元素到集合中
19	  void remove(int element);
20	  // 删除集合中指定的元素
21	  int getCount()const{ return counter;}
22	  // 返回集合中元素的个数
23	  int getElement(int i)const{ return
elem[i];} // 返回集合中指定的元素
24	  void show()const;
25	};
26	void WriteToFile(char * );
27	#endif
```

```
1	//main.cpp
2	#include"IntegerSet.h"
3	#include <iomanip>
4	IntegerSet::IntegerSet (int data[ ],
int size): counter(0){
5	    for(int i = 0; i < size; i ++)
6	    add(data[i]);
7	}
8	
9	void IntegerSet::add(int element){
  int j;
10	  //从后往前寻找第一个小于等于 element
的元素
11	  for(j = counter; j > 0; j --)
12	    if(element >= elem[j - 1]) break;
13	  //如果找到的是等于 element 的元素，说明
要添加的元素已经存在，直接返回
14	  if(j > 0)
15	    if(element == elem[j - 1]) return;
16	  //如果找到的是小于 element 的元素，j 就
是要添加的位置
17	  //该元素及其后面的元素依次后移，腾出插
入位置
18	  for(int k = counter; k > j; k --)
19	  elem[k] = elem[k - 1];
```

```
20    elem[j] = element;  //将 element 插入到该位置
21    counter ++;         //计数器加 1
22  }
23  void IntegerSet::remove(int element)
24  {
25  //******** 333********
26
27
28  //******** 666********
29  }
30  void IntegerSet::show()const{
31    for(int i =0; i < getCount(); i ++)
32      cout << setw(4) << getElement(i);
33    cout << endl;
34  }
35  int main(){
36    int d[] = {5,28,2,4,5,3,2,75,27,66,31};
37    IntegerSet s(d,11);  s.show();
38    s.add(6);       s.show();
39    s.add(19);      s.show();
40    s.remove(2);    s.show();
41    s.add(4);       s.show();
42    WriteToFile("");
43    return 0;
44  }
```

第 17 套　上机考试试题

一、程序改错题

请使用 VC6 或使用【答题】菜单打开考生文件夹 proj1 下的工程 proj1，该工程中包含程序文件 main.cpp，其中有关 TVSet（"电视机"）和主函数 main 的定义。程序中位于每个// ERROR ******** found ******** 之后的一行语句有错误，请加以改正。改正后程序的输出结果应该是：

规格:29 英寸，电源:开，频道:5，音量:18

规格:29 英寸，电源:关，频道:-1，音量:-1

注意：只修改每个// ERROR **** found **** 下的那一行，不要改动程序中的其他内容。

```
1   #include < iostream >
2   using namespace std;
3   class TVSet{  //"电视机"类
4     const int size;
5     int channel;  // 频道
6     int volume;  // 音量
7     bool on;  // 电源开关:true 表示开，false 表示关
8   public:
9   // ERROR ********* found*********
10    TVSet(int size){
11      this -> size(size);
12      channel =0;
13      volume =15;
14      on = false;
15    }
16    int getSize() const{ return size;}  // 返回电视机规格
17    bool isOn()const{ return on;}  // 返回电源开关状态
18    //返回当前音量，关机情况下返回 -1
19    int getVolume() const{ return isOn()? volume : -1;}
20    //返回当前频道，关机情况下返回 -1
21    int getChannel()const{ return isOn()? channel : -1;}
22  // ERROR ********* found*********
23    void turnOnOff() const   // 将电源在"开"和"关"之间转换
24    { on = ! on;}
25    void setChannelTo(int chan){  // 设置频道(关机情况下无效)
26      if(isOn() && chan >= 0 && chan < = 99)
27        channel = chan;
28    }
29    void setVolumeTo(int vol){  // 设置音量(关机情况下无效)
30      if(isOn() && vol >= 0 && vol < =30)
31        volume = vol;
32    }
33    void show_state(){
34  // ERROR ********* found*********
35      cout << "规格:" << getSize() << "英寸"
36       << ",电源:" << (isOn()? "开" : "关")
37       << ",频道:" << getChannel()
38       << ",音量:" << getVolume() << endl;
39    }
40  };
41  int main(){
42    TVSet tv(29);
43    tv.turnOnOff();
44    tv.setChannelTo(5);
45    tv.setVolumeTo(18);
46    tv.show_state();
47    tv.turnOnOff();
48    tv.show_state();
49    return 0;
50  }
```

二、简单应用题

请使用 VC6 或使用【答题】菜单打开考生文件夹 proj2 下的工程 proj2。该工程中包含一个程序文件 main.cpp，其中有类 Quadritic、类 Root 及主函数 main 的定义。一个 Quadritic 对象表示一个 ax^2+bx+c 的一元二次多项式。一个 Root 对象用于表示方程 $ax^2+bx+c=0$ 的一组根，它的数据成员 num_of_roots 有 3 种可能的值，即 0、1 和 2，分别表示根的 3 种情况：无实根、有两个相同的实根和有两个不同的实根。请在程序中的横线处填写适当的代码并删除横线，以实现上述类定义。此程序的正确输出结果应为（注：输出中的 X^2 表示 x^2）：

3X^2+4X+5=0.0　　无实根

4.5X^2+6X+2=0.0　有两个相同的实根：-0.666667 和 -0.666667

1.5X^2+2X-3=0.0　有两个不同的实根：0.896805 和 -2.23014

注意：只能在横线处填写适当的代码，不要改动程序中的其他内容，也不要删除或移动“// **** found **** ”。

```
1  #include <iostream>
2  #include <iomanip>
3  #include <cmath>
4  using namespace std;
5  class Root{  // 一元二次方程的根
6  public:
7    const double x1;  // 第一个根
8    const double x2;  // 第二个根
9    const int num_of_roots; // 不同根的数量:0、1 或 2
10   //创建一个“无实根”的 Root 对象
11   Root(): x1(0.0), x2(0.0), num_of_roots(0){}
12   //创建一个“有两个相同的实根”的 Root 对象
13   Root(double root)
14 //********** found**********
15      :_______________{}
16 //创建一个“有两个不同的实根”的 Root 对象
17   Root(double root1, double root2): x1(root1), x2(root2), num_of_roots(2){}
18   void show()const{  //显示根的信息
19     cout << "\t\t";
20     switch(num_of_roots){
21       case 0:
22 //********** found**********
23          _______________
24       case 1:
25         cout << "有两个相同的实根:" << x1 << " 和 " << x2; break;
26       default:
27         cout << "有两个不同的实根:" << x1 << " 和 " << x2; break;
28     }
29   }
30 };
31 class Quadratic {  // 二次多项式
32 public:
33   const double a,b,c; // 分别表示二次项、一次项和常数项等 3 个系数
34   Quadratic(double a, double b, double c)
35 // 构造函数
36 //********** found**********
37   :_______________{}
38   Quadratic(Quadratic& x)  // 复制构造函数
39     :a(x.a), b(x.b), c(x.c){}
40   Quadratic add(Quadratic x)const{
41 // 求两个多项式的和
42     return Quadratic(a+x.a, b+x.b, c+x.c);
43   }
44   Quadratic sub(Quadratic x)const{
45 // 求两个多项式的差
46 //********** found**********
47      _______________
48   }
49   double value(double x)const{
50 // 求二次多项式的值
51     return a* x* x+b* x+c;
52   }
53  Root root()const{  // 求一元二次方程的根
54     double delta=b* b-4* a* c;
55 // 计算判别式
56     if(delta<0.0) return Root();
57     if(delta==0.0)
58     return Root(-b/(2* a));
59     double sq=sqrt(delta);
60     return Root((-b+sq)/(2* a), (-b-sq)/(2* a));
61   }
62   void show()const{  // 显示多项式
63     cout << endl << a << "X^2" << showpos << b << "X" << c << noshowpos;
64   }
65   void showFunction(){
66 // 显示一元二次方程
66     show();
67     cout << "=0.0";
68   }
69 };
```

```
70  int main(){
71    Quadratic q1(3.0, 4.0, 5.0), q2(4.
5, 6.0, 2.0), q3(q2.sub(q1));
72    q1.showFunction();
73    q1.root().show();
74    q2.showFunction();
75    q2.root().show();
76    q3.showFunction();
77    q3.root().show();
78    cout << endl;
79    return 0;
80  }
```

三、综合应用题

请使用 VC6 或使用【答题】菜单打开考生文件夹 proj3 下的工程 proj3，其中包含了类 Integers 和主函数 main 的定义。一个 Integers 对象就是一个整数的集合，其中包含 0 个或多个可重复的整数。成员函数 add 的作用是将一个元素添加到集合中，成员函数 remove 的作用是从集合中删除指定的元素（如果集合中存在该元素），成员函数 sort 的作用是将集合中的整数按升序进行排序。请编写这个 sort 函数。此程序的正确输出结果应为：

```
5  28  2  4  5  3  2  75  27  66  31
5  28  2  4  5  3  2  75  27  66  31  6
5  28  2  4  5  3  2  75  27  66  31  6  19
5  28  4  5  3  2  75  27  66  31  6  19
5  28  4  5  3  2  75  27  66  31  6  19  4
2  3  4  4  5  5  6  19  27  28  31  66  75
```

要求：

补充编制的内容写在// ******** 333 ******** 与// ******** 666 ******** 之间。不得修改程序的其他部分。

注意：相关文件包括：main.cpp、Integers.h。

程序最后调用 writeToFile 函数，使用另一组不同的测试数据，将不同的运行结果输出到文件 out.dat 中。输出函数 writeToFile 已经编译为 obj 文件。

```
1   //Integers.h
2   #ifndef INTEGERS
3   #define INTEGERS
4   
5   #include <iostream>
6   using namespace std;
7   
8   const int MAXELEMENTS = 100;
9   //集合最多可拥有的元素个数
10  
11  class Integers{
12    int elem[MAXELEMENTS];
13  //用于存放集合元素的数组
14    int counter;
15  //用于记录集合中元素个数的计数器
16  public:
17    Integers(): counter(0){}
18  //创建一个空集合
19    Integers(int data[], int size);
20  //利用数组提供的数据创建一个整数集合
21    void add(int element);
22  //添加一个元素到集合中
23    void remove(int element);
24  //删除集合中指定的元素
25    int getCount() const{ return count-
er;}
26  //返回集合中元素的个数
27    int getElement(int i) const{ return
elem[i];}
28  //返回集合中指定的元素
29    void sort();
30  //将集合中的整数按由小到大的次序进行排序
31    void show() const;
32  //显示集合中的全部元素
33  };
34  void writeToFile(const char * path);
35  #endif
```

```
1   //main.cpp
2   #include"Integers.h"
3   #include <iomanip>
4   
5   Integers::Integers(int data[], int
size): counter(0){
6     for(int i = 0; i < size; i ++) add(da-
ta[i]);
7   }
8   
9   void Integers::add(int element){
10    if(counter < MAXELEMENTS)
11      elem[counter ++] = element;
12  }
13  
14  void Integers::remove(int element){
15    int j;
16    for(j = counter - 1; j >= 0; j --)
17      if(elem[j] == element) break;
18    for(int i = j; i < counter - 1; i ++)
19        elem[i] = elem[i + 1];
20    counter --;
21  }
22  
23  void Integers::sort(){
24  //******** 333********
```

```
25  //******** 666********
26  }
27
28  void Integers::show()const{
29    for(int i=0; i<getCount(); i++)
30      cout<<setw(4)<<getElement(i);
31    cout<<endl;
32  }
33  int main(){
34    int d[]={5,28,2,4,5,3,2,75,27,66,
    31};
35    Integers s(d,11);  s.show();
36    s.add(6);  s.show();
37    s.add(19);  s.show();
38    s.remove(2);  s.show();
39    s.add(4);  s.show();
40    s.sort();  s.show();
41    writeToFile("");
42    return 0;
43  }
```

第18套　上机考试试题

一、程序改错题

请使用VC6或使用【答题】菜单打开考生文件夹proj1下的工程proj1,该工程中包含程序文件main.cpp,其中有类Foo和主函数main的定义。程序中位于每个// ERROR **** found ****之后的一行语句有错误,请加以改正。改正后程序的输出结果应该是:

X = a

Y = 42

注意:只修改每个// ERROR ******** found ********下的那一行,不要改动程序中的其他内容。

```
1   #include <iostream>
2   using namespace std;
3
4   class Foo {
5   public:
6     Foo(char x) { x_ = x; }
7     char getX() const { return x_; }
8   public:
9     static int y_;
10  private:
11    char x_;
12  };
13
14  // ERROR ********* found*********
15  int Foo.y_ = 42;
16
17  int main(int argc, char * argv[])
18  {
19  // ERROR ********* found*********
20    Foo f;
21
22  // ERROR ********* found*********
23    cout << "X = " << f.x_ << endl;
24    cout << "Y = " << f.y_ << endl;
25    return 0;
26  }
```

二、简单应用题

请使用VC6或使用【答题】菜单打开考生文件夹proj2下的工程proj2。其中有类Point("点")、Rectangle("矩形")和Circle("圆")的定义。在程序所使用的平面坐标系统中,x轴的正方向是水平向右的,y轴的正方向是竖直向下的。请在横线处填写适当的代码并删除横线,以实现上述类定义。此程序的正确输出结果应该是:

-- 圆形 ------------

圆心 = (3,2)

半径 = 1

面积 = 3.14159

-- 外切矩形 ------

左上角 = (2,1)

右下角 = (4,3)

面积　= 4

注意:只能在横线处填写适当的代码,不要改动程序中的其他内容,也不要删除或移动"// **** found *****"。

```
1   #include <iostream>
2   #include <cmath>
3   using namespace std;
4
5   // 平面坐标中的点
6   // 本题坐标系统中,x轴的正方向水平向右,y
    轴的正方向竖直向下。
7   class Point {
8   public:
9     Point(double x = 0.0, double y = 0.
    0): x_(x), y_(y) { }
10    double getX() const { return x_; }
11    double getY() const { return y_; }
12    void setX(double x) { x_ = x; }
13    void setY(double y) { y_ = y; }
14  private:
15    double x_;  // x 坐标
16    double y_;  // y 坐标
17  };
18
19  // 矩形
20  class Rectangle {
```

```
21  public:
22    Rectangle(Point p, int w, int h)
      : point(p), width(w), height(h)
  {}
23    double area() const // 矩形面积
24    {
25      return width *  height;
26    }
27    Point topLeft() const // 左上角顶点
28    {
29      return point;
30    }
31    Point bottomRight() const
32  // 右下角顶点(注:y 轴正方向竖直向下)
33    {
34  //********** found**********
35      return Point(_________);
36    }
37  private:
38    Point point; // 左上角顶点
39    double width; // 水平边长度
40    double height; // 垂直边长度
41  };
42  // 圆形
43  class Circle {
44  public:
45    Circle(Point p, double r) : center
  (p), radius(r) { }
46
47    Rectangle boundingBox () const; //
  外切矩形
48    double area() const // 圆形面积
49    {
50  //********** found**********
      return PI * _________;
51    }
52  public:
53    static const double PI; // 圆周率
54  private:
55    Point center;  // 圆心
56    double radius;  // 半径
57  };
58  const double Circle::PI = 3.14159;
59  Rectangle  Circle:: boundingBox  ( )
  const
60  {
61  //********** found**********
62    Point pt(_________);
63    int w, h;
64  //********** found**********
65    w = h =_______________;
66    return Rectangle(pt, w, h);
67  }
68  int main()
69  {
70    Point p(3, 2);
71    Circle c(p, 1);
72    cout << "-- 圆形 ---------------\n";
73    cout << "圆心 = (" << p.getX() <<
  ','<< p.getY() << ")\n";
74    cout << "半径 = " << 1 << endl;
75    cout << "面积 = " << c.area() <<
  endl << endl;
76    Rectangle bb = c.boundingBox();
77    Point tl = bb.topLeft();
78    Point br = bb.bottomRight();
79    cout << "-- 外切矩形 -----------\n";
80    cout << "左上角 = (" << tl.getX()
  << ','<< tl.getY() << ")\n";
81    cout << "右下角 = (" << br.getX()
  << ','<< br.getY() << ")\n";
82    cout << "面积 = " << bb.area() <<
  endl;
83    return 0;
84  }
```

三、综合应用题

请使用 VC6 或使用【答题】菜单打开考生文件夹 proj3 下的工程 proj3,其中定义了 MyString 类,一个用于表示字符串的类。成员函数 reverse 的功能是将字符串进行“反转”。例如,将字符串 ABCDEF“反转”后,得到字符串 FEDCBA;将字符串 ABCDEFG“反转”后,得到字符串 GFEDCBA。请编写成员函数 reverse。在 main 函数中给出了一组测试数据,此时程序运行中应显示:

读取输入文件...

--- 反转前 ---
STR1 = ABCDEF
STR2 = ABCDEFG

--- 反转后 ---
STR1 = FEDCBA
STR2 = GFEDCBA

要求:

补充编制的内容写在// ******** 333 ******** 与// ******** 666 ******** 之间,不得修改程序的其他部分。

注意:程序最后将结果输出到文件 out. dat 中,输出函数 WriteToFile 已经编译为 obj 文件,并且在本程序中调用。

```
1  //mgsering.h
2  #include <iostream>
3  #include <cstring>
4  using namespace std;
5
6  class MyString {
7  public:
8    MyString(const char* s)
9    {
10     str = new char[strlen(s) + 1];
11     strcpy(str, s);
12   }
13
14   ~MyString() { delete [] str; }
15
16   void reverse();
17   friend ostream& operator << (ostream &os, const MyString &mystr)
18   {
19     os << mystr.str;
20     return os;
21   }
22 private:
23   char * str;
24 };
25 void writeToFile (char * , const MyString&);
```

```
1  //main.cpp
2  #include "mystring.h"
3  #include <fstream>
4
5  void MyString::reverse()
6  {
7  //******** 333********
8
9
10 //******** 666********
11 }
12
13 int main()
14 {
15   char inname[128], pathname[80] ;
16   strcpy(pathname, "") ;
17   sprintf (inname, "% sproj3 \ \ in.dat", pathname) ;
18   cout << "读取输入文件...\n\n";
19   ifstream infile(inname);
20   if (infile.fail()) {
21     cerr << "打开输入文件失败!";
22     exit(1);
23   }
24
25   char buf[4096];
26   infile.getline(buf, 4096);
27   MyString str1("ABCDEF"), str2("ABCDEFG"), str3(buf);
28   cout << "--- 反转前 ---\n";
29   cout << "STR1 = " << str1 << endl;
30   cout << "STR2 = " << str2 << endl << endl;
31
32   str1.reverse();
33   str2.reverse();
34   str3.reverse();
35   cout << "--- 反转后 ---\n";
36   cout << "STR1 = " << str1 << endl;
37   cout << "STR2 = " << str2 << endl << endl;
38
39   writeToFile(pathname, str3);
40   return 0;
41 }
```

第19套　上机考试试题

一、程序改错题

请使用VC6或使用【答题】菜单打开考生文件夹proj1下的工程proj1,此工程中包含了类Pets("宠物")和主函数main的定义。程序中位于每个// ERROR **** found ****之后的一行语句有错误,请加以改正。改正后程序的输出结果应为:

Name:sonny　Type:dog

Name:John　Type:dog

Name:Danny　Type:cat

Name:John　Type:dog

注意:只修改每个// ERROR **** found **** 下的那一行,不要改动程序中的其他内容。

```
1  #include <iostream>
2  using namespace std;
3
4  enum Pets_type{dog,cat,bird,fish};
5  class Pets{
6  private:
7    char * name;
8    Pets_type type;
9  public:
10   Pets(const char * name = "sonny", Pets_type type = dog);
11   Pets& operator = (const Pets &s);
```

```
12    ~Pets();
13    void show()const;
14  };
15  Pets::Pets(const char * name, Pets_
    type type)
16  // 构造函数
17  {
18    this -> name = new char[strlen
    (name) + 1];
19    strcpy(this->name, name);
20  // ERROR ********* found*********
21    type = type;
22  }
23  Pets::~Pets() // 析构函数, 释放 name 所
    指向的字符串
24  {
25  // ERROR ********* found*********
26    name='/0';
27  }
28  Pets& Pets::operator = (const Pets
    &s)
29  {
30    if(&s == this) //确保不要向自身赋值
31      return * this;
32    delete []name;
33    name = new char[strlen(s.name) +
    1];
34  // ERROR ********* found*********
35    strcpy(this->name, name);
36    type = s.type;
37    return * this  ;
38  }
39  void Pets::show()const
40  {
41    cout << "Name: " << name << " Type: ";
42    switch(type)
43    {
44      case dog: cout << "dog"; break;
45      case cat: cout << "cat"; break;
46      case bird: cout << "bird"; break;
47      case fish: cout << "fish"; break;
48    }
49    cout << endl;
50  }
51  int main()
52  {
53    Pets mypet1,mypet2("John",dog);
54    Pets youpet("Danny",cat);
55    mypet1.show();
56    mypet2.show();
57    youpet.show();
58    youpet = mypet2;
59    youpet.show();
60    return 0;
61  }
```

二、简单应用题

请使用 VC6 或使用【答题】菜单打开考生文件夹 proj2 下的工程 proj2,该工程中包含一个程序文件 main.cpp,其中有类 CPolygon(“多边形”)、CRectangle(“矩形”)、CTriangle(“三角形”)的定义。请在横线处填写适当的代码并删除横线,以实现上述类定义。该程序的正确输出结果应为:

20

10

注意:只能在横线处填写适当的代码,不要改动程序中的其他内容,也不要删除或移动“// **** found **** ”。

```
1   #include <iostream>
2   using namespace std;
3   class CPolygon {
4   public:
5   //********** found**********
6     ________________//纯虚函数 area 声明
7     void printarea (void)
8   //********** found**********
9     { cout << _________ << endl; }
10    };
11  class CRectangle: public CPolygon {
12    int width;  //长方形宽
13    int height;  //长方形高
14  public:
15      CRectangle (int w, int h):width
    (w),height(h){}
16      int area (void){ return (width *
    height); }
17  };
18  class CTriangle : public CPolygon {
19      int length;  //三角形一边长
20      int height;  //该边上的高
21  public:
22      CTriangle (int l, int h):length
    (l),height(h){}
23  //********** found**********
24      int area (void){ return (_______
    )/2; }
25  };
26
27  int main () {
28    CRectangle rect(4,5);
29    CTriangle trgl(4,5);
30  //********** found**********
```

```
31     ________ * ppoly1, * ppoly2;
32     ppoly1 = &rect;
33     ppoly2 = &trgl;
34     ppoly1 ->printarea();
35     ppoly2 ->printarea();
36     return 0;
37   }
```

三、综合应用题

请使用【答题】菜单命令或直接用 VC6 打开考生文件夹下的工程 prog3,其中声明了 ValArray 类,该类在内部维护一个动态分配的整型数组。ValArray 类的复制构造函数应实现对象的深层复制。请编写 ValArray 类的复制构造函数。在 main 函数中给出了一组测试数据,此种情况下程序的输出应该是:

ValArray v1 = {1,2,3,4,5}

ValArray v2 = {1,2,3,4,5}

要求:

补充编制的内容写在// ******** 333 ******** 与// ******** 666 ******** 之间,不得修改程序的其他部分。

注意:程序最后将结果输出到文件 out.dat 中。输出函数 writeToFile 已经编译为 boj 文件,并且在本程序中调用。

```
1   //ValArray.h
2   #include <iostream>
3   using namespace std;
4
5   class ValArray {
6     int* v;
7     int size;
8   public:
9     ValArray (const int * p, int n) :
    size(n)
10    {
11      v = new int[size];
12      for (int i = 0; i < size; i ++)
13        v[i] = p[i];
14    }
15
16    ValArray(const ValArray& other);
17
18    ~ValArray() { delete [] v; }
19
20    void print(ostream& out) const
21    {
22      out << '{';
23      for (int i = 0; i < size -1; i ++)
24        out << v[i] << ", ";
25      out << v[size -1] << '}';
26    }
27    void setArray(int i, int val)
28    {
29      v[i] =val;
30    }
31  };
32
33  void writeToFile(const char * );
```

```
1   //main.cpp
2   #include "ValArray.h"
3
4   ValArray::ValArray (const ValArray&
    other)
5   {
6   //******** 333********
7
8   //******** 666********
9   }
10  int main()
11  {
12    const int a[] = {1, 2, 3, 4, 5 };
13    ValArray v1(a, 5);
14    cout << "ValArray v1 = ";
15    v1.print(cout);
16    cout << endl;
17    ValArray v2(v1);
18    cout << "ValArray v2 = ";
19    v2.print(cout);
20    cout << endl;
21    writeToFile("");
22    return 0;
23  }
```

第 20 套 上机考试试题

一、程序改错题

请使用 VC6 或使用【答题】菜单打开考生文件夹 proj1 下的工程 proj1,其中有点类 Point 和线段类 Line 和主函数 main 的定义,程序中位于每个// ERROR **** found **** 之后的一行语句有错误,请加以改正。改正后程序的输出应为:

p1 = (8,4) p2 = (3,5)

注意:只修改两个// ERROR **** found **** 下的那一行,不要改动程序中的其他内容。

```
1   #include <iostream>
2   #include <cmath>
3   using namespace std;
4
5   class Point{
6     double x,y;
```

```
7   public:
8     Point(double x=0.0, double y=0.0)
    // ERROR ********** found**********
9     { x=x; y=y;}
10    double getX()const{ return x; }
11    double getY()const { return y; }
12  // ERROR ********** found**********
13    void show()const{ cout<<'('<<x<
    <','<<y<<')'}
14  };
15
16  class Line{
17    Point p1,p2;
18  public:
19    Line(Point pt1, Point pt2)
20  // ERROR ********** found**********
21    { pt1=p1; pt2=p2; }
22    Point getP1()const{ return p1; }
23    Point getP2()const{ return p2; }
24  };
25
26  int main(){
27    Line line(Point(8,4), Point(3,5));
28    cout<<"p1=";
29    line.getP1().show();
30    cout<<"p2=";
31    line.getP2().show();
32    cout<<endl;
33    return 0;
34  }
```

二、简单应用题

请使用 VC6 或使用【答题】菜单打开考生文件夹 proj2 下的工程 proj2，其中有整数栈类 IntList、顺序栈类 SeqList 和链接栈类 LinkList 的定义。请在程序中的横线处填写适当的代码并删除横线，以实现上述类定义。此程序的正确输出结果应为：

4 6 3 1 8

4 6 3 1 8

注意：只能在横线处填写适当的代码，不要改动程序中的其他内容，也不要删除或移动//“ **** found **** ”。

```
1   #include<iostream>
2   using namespace std;
3   class IntStack{  //整数栈类
4   public:
5     virtual void push(int)=0;  //入栈
6     virtual int pop()=0;
7   //出栈并返回出栈元素
8     virtual int topElement()const=0;
9   //返回栈顶元素，但不出栈
10    virtual bool isEmpty()const=0;
11  //判断是否栈空
12  };
13  class SeqStack: public IntStack{
14    int data[100];  // 存放栈元素的数组
15    int top;  // 栈顶元素的下标
16  public:
17    //********** found**********
18    SeqStack():_________{} // 把 top 初
  始化为 -1 表示栈空
19    void push(int n){ data[++top]=n;
20  }
21    //********** found**********
22    int pop(){ return _________; }
23    int topElement()const{ return data
  [top]; }
24    bool isEmpty()const{ return top== -1; }
25  };
26  struct Node{
27    int data;
28    Node * next;
29  };
30  class LinkStack: public IntStack{
31    Node * top;
32  public:
33  //********** found**********
34    LinkStack():_________{}  // 把 top
  初始化为 NULL 表示栈空
35    void push(int n){
36      Node * p=new Node;
37      p->data=n;
38  //********** found**********
39      _______________;
40      top=p;
41    }
42    int pop(){
43      int d=top->data;;
44      top=top->next;
45      return d;
46    }
47    int topElement()const{ return top-
  >data; }
48    bool isEmpty()const{ return top==
  NULL; }
49  };
50  void pushData(IntStack &st){
51    st.push(8);
52    st.push(1);
53    st.push(3);
54    st.push(6);
```

```
55    st.push(4);
56  }
57  void popData(IntStack &st){
58    while(! st.isEmpty())
59      cout << st.pop() << '';
60  }
61  int main(){
62    SeqStack st1; pushData(st1); popDa-
    ta(st1);
63    cout << endl;
64    LinkStack st2; pushData(st2); pop-
    Data(st2);
65    cout << endl;
66    return 0;
67  }
```

三、综合应用题

请使用VC6或使用【答题】菜单打开考生文件夹proj3下的工程proj3，其中声明IntSet是一个用于表示正整数集合的类。IntSet的成员函数Intersection的功能是求当前集合与另一个集合的交集。请完成成员函数Intersection。在main函数中给出了一组测试数据，此时程序的输出应该是：

求交集前：

1 2 3 5 8 10

2 8 9 11 30 56 67

求交集后：

1 2 3 5 8 10

2 8 9 11 30 56 67

2 8

要求：

补充编制的内容写在// ******** 333 ******** 与// ******** 666 ******** 之间，不得修改程序的其他部分。

注意：程序最后将结果输出到文件out.dat中。输出函数writeToFile已经编译为obj文件，并且在本程序中调用。

```
1   //Intset.h
2   #include <iostream>
3   using namespace std;
4
5   const int Max = 100;
6   class IntSet
7   {
8   public:
9     IntSet()
10  // 构造一个空集合
11    {
12      end = -1;
13    }
14    IntSet(int a[],int size) // 构造一个
    包含数组a中size个元素的集合
15    {
16      if(size >= Max)
17        end = Max -1;
18      else
19        end = size -1;
20      for(int i = 0;i < = end;i ++)
21        element[i] = a[i];
22    }
23    bool IsMemberOf(int a)
24  // 判断a是否为集合中的一个元素
25    {
26      for(int i = 0;i < = end;i ++)
27        if(element[i] == a)
28          return true;
29      return false;
30    }
31    int GetEnd() { return end; }
32  // 返回最后一个元素的下标
33    int GetElement(int i) { return ele-
  ment[i]; }
34  // 返回下标为i的元素
35    IntSet Intersection(IntSet& set);
36  // 求当前集合与集合set的交
37    void Print()
38  // 输出集合中的所有元素
39    {
40      for(int i = 0;i < = end;i ++)
41        if((i+1) % 20 == 0)
42          cout << element[i] << endl;
43      else
44        cout << element[i] << '';
45      cout << endl;
46    }
47  private:
48    int element[Max];
49    int end;
50  };
51  void writeToFile(const char * );
```

```
1   //main.cpp
2   #include "IntSet.h"
3   IntSet IntSet::Intersection(IntSet&
    set)
4   {
5     int a[Max],size = 0;
6   //******** 333********
7
8
9   //******** 666********
10    return IntSet(a,size);
```

```
11  }
12
13  int main()
14  {
15    int a[]={1,2,3,5,8,10};
16    int b[]={2,8,9,11,30,56,67};
17    IntSet set1(a,6),set2(b,7),set3;
18    cout<<"求交集前:"<<endl;
19    set1.Print();
20    set2.Print();
21    set3.Print();
22    set3=set1.Intersection(set2);
23    cout<<endl<<"求交集后:"<<endl;
24    set1.Print();
25    set2.Print();
26    set3.Print();
27    writeToFile("");
28    return 0;
29  }
```

第21套　上机考试试题

一、程序改错题

请使用 VC6 或使用【答题】菜单打开考生文件夹 proj1 下的工程 proj1，此工程中包含程序文件 main.cpp，其中有 ElectricFan（“电风扇”）类和主函数 main 的定义。程序中位于每个// ERROR　**** found **** 之后的一行语句有错误，请加以改正。改正后程序的输出结果应为：

品牌：清风牌，电源：关，风速：0

品牌：清风牌，电源：开，风速：3

品牌：清风牌，电源：关，风速：0

注意：只修改每个// ERROR　**** found **** 下的那一行，不要改动程序中的其他内容。

```
1   #include<iostream>
2   using namespace std;
3   class ElectricFan{  //“电扇”类
4     char * brand;
5     int intensity;  //风速：0-关机，1-弱，2-中，3-强
6   public:
7     ElectricFan(const char * the_brand):intensity(0){
8       brand = new char[strlen(the_brand)+1];
9       strcpy(brand, the_brand);
10    }
11    ~ElectricFan(){ delete []brand; }
12  // ERROR ********** found**********
13    const char * theBrand()const{ return * brand;}  //返回电扇品牌
14    int theIntensity()const{ return intensity; }
15  //返回风速
16    bool isOn()const{ return intensity >0;}
17  //返回电源开关状态
18  // ERROR ********** found**********
19    void turnOff(){ intensity=1;}  //关电扇
20    void setIntensity(int inten){
21  //开电扇并设置风速
22  // ERROR ********** found**********
23      if(intensity>=1 && intensity<=3)
24        intensity=inten;
25    }
26    void show(){
27      cout<<"品牌:"<<theBrand()<<"牌"
28        <<",电源:"<<(isOn()? "开" : "关")
29        <<",风速:"<<theIntensity()<<endl;
30    }
31  };
32  int main(){
33    ElectricFan fan("清风");
34    fan.show();
35    fan.setIntensity(3);
36    fan.show();
37    fan.turnOff();
38    fan.show();
39    return 0;
40  }
```

二、简单应用题

请使用 VC6 或使用【答题】菜单打开考生文件夹 proj2 下的工程 proj2，该工程中包含一个程序文件 main.cpp，其中有类 AutoMobile（“汽车”）及其派生类 Car（“小轿车”）、Truck（“卡车”）的定义，还有主函数 main 的定义。请在横线处填写适当的代码并删除横线，以实现上述类定义。此程序的正确输出结果应为：

车牌号：冀 ABC1234　品牌：ForLand　类别：卡车　当前档位：0　最大载重量：1

车牌号：冀 ABC1234　品牌：ForLand　类别：卡车　当前档位：2　最大载重量：1

车牌号：沪 XYZ5678　品牌：QQ　类别：小轿车　当前档位：0　座位数：5

车牌号：沪 XYZ5678　品牌：QQ　类别：小轿车　当前档位：-1　座位数：5

注意：只能在横线处填写适当的代码，不要改动程序中的其他内容，也不要删除或移动//“**** found ****”。

```
1  #include <iostream>
2  #include <iomanip>
3  #include <cmath>
4  using namespace std;
5  class AutoMobile{  //"汽车"类
6    char * brand;  //汽车品牌
7    char * number;  //车牌号
8    int speed;  //档位:1、2、3、4、5,空档:0,倒档:-1
9  public:
10   AutoMobile(const char * the_brand, const char * the_number): speed(0){
11       brand = new char[strlen(the_brand)+1];
12 //********** found**********
13     _______________;
14 //********** found**********
15     _______________;
16     strcpy(number, the_number);
17   }
18   ~AutoMobile(){ delete[] brand; delete[] number; }
19   const char * theBrand()const{ return brand; }  //返回品牌名称
20   const char * theNumber()const{ return number; }  //返回车牌号
21   int currentSpeed()const{ return speed;}  //返回当前档位
22   void changeGearTo(int the_speed){  //换到指定档位
23     if(speed>= -1 && speed<=5)
24       speed=the_speed;
25   }
26   virtual const char * category()const=0;  //类别:卡车、小轿车等
27   virtual void show()const{
28     cout<<"车牌号:"<<theNumber()
29 //********** found**********
30         <<" 品牌:"<<_________
31         <<" 类别:"<<category()
32         <<" 当前档位:"<<currentSpeed();
33   }
34 };
35 class Car: public AutoMobile{
36   int seats; //座位数
37 public:
38   Car(const char * the_brand, const char * the_number, int the_seats): AutoMobile(the_brand, the_number), seats(the_seats){}
39   int numberOfSeat()const{ return seats;}
40 //返回座位数
41   const char * category()const{ return "小轿车"; }  //返回汽车类别
42   void show()const{
43     AutoMobile::show();
44     cout<<" 座位数:"<<numberOfSeat()<<endl;
45   }
46 };
47 class Truck: public AutoMobile{ //"卡车"类
48   int max_load; //最大载重量
49 public:
50   Truck(const char * the_brand, const char * the_number, int the_max_load): AutoMobile(the_brand, the_number), max_load(the_max_load){}
51   int maxLoad()const{ return max_load; } //返回最大载重量
52 //********** found**********
53   const char * category()__________//返回汽车类别
54   void show()const{
55     AutoMobile::show();
56     cout<<" 最大载重量:"<<maxLoad()<<endl;
57   }
58 };
59 int main(){
60     Truck truck("ForLand","冀ABC1234",12);
61   truck.show();
62   truck.changeGearTo(2);
63   truck.show();
64   Car car("QQ","沪 XYZ5678",5);
65   car.show();
66   car.changeGearTo(-1);
67   car.show();
68   cout<<endl;
69   return 0;
70 }
```

三、综合应用题

请使用VC6或使用【答题】菜单打开考生文件夹proj3下的工程proj3，其中使用友元函数访问类的私有数据成员，求出两个数据成员的大于1的最小公因子。请编写友员函数FriFun，使其输出结果为：

Common denominator is 2

要求：补充编制的内容写在// ******** 333 ******** 与// ******** 666 ******** 之间，不得修改程序的其他部分。

注意：程序最后将结果输出到文件 out. dat 中。输出函数 writeToFile 已经编译为 obj 文件，并且在本程序中调用。

```
1  //proj3.h
2  class FriFunClass
3  {
4   int a, b;
5  public:
6    FriFunClass(int i, int j) { a=i; b=j; }
7    friend int FriFun (FriFunClass x);
8    // 友元函数
9  };
10   void writeToFile(const char * );
```

```
1  //proj3.cpp
2  #include <iostream>
3  using namespace std;
4  #include "prj3.h"
5  int FriFun(FriFunClass x)
6  {
7  //******** 333********
8    //由于函数 FriFun() 是类 FriFunClass
   的友元函数,所以它可以直接访问 a 和 b
9  //******** 666********
10 }
11 int main()
12 {
13   FriFunClass n(10, 20);
14   if(FriFun(n))
15   cout << "Common denominator is " <<
   FriFun(n) << "\n";
16   else cout << "No common denomina-
   tor.\n";
17   writeToFile("");
18   return 0;
19 }
```

第22套　上机考试试题

一、程序改错题

请使用 VC6 或使用【答题】菜单打开考生文件夹 prog1 下的工程 prog1，该工程中包含程序文件 main. cpp，其中有 Salary（“工资”）类和主函数 main 的定义。程序中位于每个//ERROR **** found **** 之后的一行语句行有错误，请加以改正。改正后程序的输出结果应为：

应发合计:3500　应扣合计:67.5　实发工资:3432.5

注意：只修改每个// ERROR **** found **** 下的那一行，不要改动程序中的其他内容。

```
1  #include <iostream>
2  using namespace std;
3  class Salary{
4  public:
5   Salary(const char * id, double the_
   base, double the_bonus, double the_
   tax)
6  // ERROR ********** found**********
7      : the_base(base), the_bonus(bo-
   nus), the_tax(tax)
8    {
9      staff_id = new char[strlen(id) +
   1];
10     strcpy(staff_id,id);
11   }
12 // ERROR ********** found**********
13   ~Salary(){ delete * staff_id; }
14   double getGrossPay() const{ return
   base+bonus; } //返回应发项合计
15   double getNetPay() const{ return
   getGrossPay() - tax; } //返回实发工资额
   private:
16   char * staff_id;  //职工号
17   double base;  //基本工资
18   double bonus;  //奖金
19   double tax;  //代扣个人所得税
20 };
21 int main() {
22   Salary pay("888888", 3000.0, 500.0,
   67.50);
23   cout << "应发合计:" << pay.getGross-
   Pay() << " ";
24   cout << "应扣合计:" << pay.getGross-
   Pay() - pay.getNetPay() << " ";
25 // ERROR ********** found**********
26   cout << "实发工资:" << pay::getNetPay
   () << endl;
27   return 0;
28 }
```

二、简单应用题

请使用 VC6 或使用【答题】菜单打开考生文件夹 prog2 下的工程 prog2。此工程中包含一个程序文件 main. cpp，其中有“部门”类 Department 和“职工”类 Staff 的定义，还有主函数 main 的定义。在主函数中定义了两个“职工”对象，他们属于同一部门。程序展示，当该部门改换办公室后，这两个人的办公室也同时得到改变。请在程序中的横线处填写适当的代码并删除横线，以实现上述类定义。此程序的正确输出结果应为：

改换办公室前：

职工号:0789　姓　名:张三　部　门:人事处　办公室:521

职工号:0513　姓　名:李四　部　门:人事处　办公室:521

改换办公室后:

职工号:0789　姓　名:张三　部　门:人事处　办公室:311

职工号:0513　姓　名:李四　部　门:人事处　办公室:311

注意:只在横线处填写适当的代码,不要改动程序中的其他内容。

```
1  #include <iostream>
2  using namespace std;
3  class Department{  //"部门"类
4  public:
5    Department(const char * name, const char * office){
6      strcpy(this->name,name);
7  //********** found**********
8      ______________
9    }
10   const char * getName()const{ return name; }  //返回部门名称
11 //********** found**********
12   const char * getOffice()const{________}  //返回办公室房号
13   void changeOfficeTo(const char * office){  //改换为指定房号的另一个办公室
14     strcpy(this->office,office);
15   }
16 private:
17   char name[20];  //部门名称
18   char office[20];  //部门所在办公室房号
19 };
20 class Staff{  //"职工"类
21 public:
22 //********** found**********
23   Staff(const char * my_id, const char * my_name, Department &my_dept):________{
24     strcpy(this->staff_id,my_id);
25     strcpy(this->name,my_name);
26   }
27   const char * getID()const{ return staff_id; }
28   const char * getName()const{ return name; }
29   Department getDepartment()const{ return dept; }
30 private:
31   char staff_id[10];  //职工号
32   char name[20];  //姓名
33   Department &dept;  //所在部门
34 };
35 void showStaff(Staff &staff){
36   cout << "职工号:" << staff.getID() << " ";
37   cout << "姓 名:" << staff.getName() << " ";
38   cout << "部 门:" << staff.getDepartment().getName() << " ";
39   cout << "办公室:" << staff.getDepartment().getOffice() << endl;
40 }
41 int main(){
42   Department dept("人事处","521");
43   Staff Zhang("0789","张三",dept), Li("0513","李四",dept);
44   cout << "改换办公室前:" << endl;
45   showStaff(Zhang);
46   showStaff(Li);
47   //人事处办公室由 521 搬到 311
48 //********** found**********
49   ______________
50   cout << "改换办公室后:" << endl;
51   showStaff(Zhang);
52   showStaff(Li);
53   return 0;
54 }
```

三、综合应用题

请使用 VC6 或使用【答题】菜单打开考生文件夹 prog3 下的工程 prog3,其中包含了类 TaxCalculator("个税计算器")和主函数 main 的定义。创建"个税计算器"需要接收税率表信息和起征额信息。在 main 函数中,通过两个数组创建了如下的税率表:

下标	适用收入段下限(lower_limits)	适用税率(rates)	说明:适用的收入段为
0	0	5	大于 0 小于等于 500
1	500	10	大于 500 小于等于 2 000
2	2 000	15	大于 2 000 小于等于 5 000
3	5 000	20	大于 5 000 小于等于 20 000
4	20 000	25	大于 20 000 小于等于 40 000
5	40 000	30	大于 40 000 小于等于 60 000
6	60 000	35	大于 60 000 小于等于 80 000
7	80 000	40	大于 80 000 小于等于 100 000
8	100 000	45	大于 100 000

利用这个税率表创建"个税计算器"时,假定起征额为 2 000元(即不超过 2 000 元的所得不征收个人所得税)。请补充完成计算应纳个人所得税额的成员函数 getTaxPayable,其中的参数 income 为月收入。此程序的正确输出结果应为:

月收入为　800 元时应缴纳个人所得税　　0 元
月收入为　1 800 元时应缴纳个人所得税　　0 元
月收入为　2 800 元时应缴纳个人所得税　55 元
月收入为　3 800 元时应缴纳个人所得税　155 元
月收入为　4 800 元时应缴纳个人所得税　295 元
月收入为　5 800 元时应缴纳个人所得税　455 元

注意:只能在函数 getTaxPayable 中的"// ******** 333 ********"和"// ******** 666 ********"之间填入若干语句,不要改动程序中的其他内容。

```
1  //TaxCalculator.h
2  #include <iostream>
3  #include <iomanip>
4  using namespace std;
5  class TaxCalculator{
6  public:
7    TaxCalculator(double the_limits[], double the_rates[], int the_length, double the_threshold)
8      : lower_limits(new double[the_length]), rates (new double [the_length]),
9        list_len(the_length),threshold(the_threshold) {
10     for(int i =0; i <list_len; i ++){
11       lower_limits[i] = the_limits[i];
12       rates[i] =the_rates[i];
13     }
14   }
15   ~TaxCalculator(){ delete [] lower_limits; delete [] rates; }
16   double getTaxPayable (double income)const;  //返回指定月收入的应纳个人所得税额
17   void showTaxPayable (double income) const; //显示指定月收入的应纳个人所得税额
   private:
18   double * lower_limits;  //适用收入段下限
19   double * rates;  //适用税率
20   int list_len;  //税率表项数
21   double threshold;  //起征额
22 };
23 void writeToFile(const char * path);
```

```
1  //TaxCalcnlator.cpp
2  #include"TaxCalculator.h"
3  double TaxCalculator:: getTaxPayable (double income)const{
4    double taxable =income -threshold;
7  //应纳税工资额
8    double tax_payable =0.0;
9  //应纳个人所得税额
10   int i =list_len -1;
11 //从税率表的最高适用段开始计算
12   while(i >=0){
13     //******** 333********
14     //******** 666********
15     --i;
16   }
17   return tax_payable;
18 }
19 void TaxCalculator:: showTaxPayable (double income)const{
20   cout << "月收入为 " << setw(6) << income << " 元时应缴纳个人所得税 "
21     << setw (4) << getTaxPayable (income) << " 元" <<endl;
22 }
```

```
1  //main.cpp
2  #include"TaxCalculator.h"
3  int main(){
4    double limits[] = { 0.0, 500.0, 2000.0, 5000.0, 20000.0, 40000.0, 60000.0, 80000.0, 100000.0};
5    double rates[] ={ 0.05, 0.1, 0.15, 0.2, 0.25, 0.3, 0.35, 0.4, 0.45};
6    TaxCalculator calc(limits,rates,9, 2000.0);
7    calc.showTaxPayable(800.0);
8    calc.showTaxPayable(1800.0);
9    calc.showTaxPayable(2800.0);
10   calc.showTaxPayable(3800.0);
11   calc.showTaxPayable(4800.0);
12   calc.showTaxPayable(5800.0);
13   writeToFile("");
14   return 0;
15 }
```

第 23 套　上机考试试题

一、程序改错题

请使用 VC6 或使用【答题】菜单打开考生文件夹 proj1 下的工程 proj1,其中在编辑窗口内显示的主程序文件中定义有类 ABC 和主函数 main。程序文本中位于每行// ERROR **** found **** 之后的一行语句有错误,请加以改正。改正后程序的输出结果应该是:

21 23

注意:只修改每个// ERROR **** found **** 下面的一

行,不要改动程序中的其他任何内容。

```
1  #include <iostream>
2  using namespace std;
3
4  class ABC {
5  public:
6  // ERROR ********** found**********
7    ABC() {a=0; b=0; c=0;}
8    ABC(int aa, int bb, int cc);
9    void Setab() { ++a, ++b;}
10   int Sum() {return a+b+c;}
11 private:
12   int a,b;
13   const int c;
14 };
15
16 ABC::ABC (int aa, int bb, int cc):c
   (cc) {a=aa; b=bb;}
17
18 int main()
19 {
20   ABC x(1,2,3), y(4,5,6);
21   ABC z,* w=&z;
22   w->Setab();
23 // ERROR ********** found**********
24   int s1=x.Sum()+y->Sum();
25   cout << s1 <<'';
26 // ERROR ********** found**********
27   int s2=s1+w.Sum();
28   cout << s2 << endl;
29   return 0;
30 }
```

二、简单应用题

请使用VC6或使用【答题】菜单打开考生文件夹proj2下的工程proj2,其中在编辑窗口内显示的主程序文件中定义有类Base和Derived,以及主函数main。程序文本中位于每行"// **** found ****"下面的一行内有一处或多处下画线标记,请在每个下画线标记处填写合适的内容,并删除下画线标记。经修改后运行程序,得到的输出应为:

sum=55。

注意:只在横线处填写适当的代码,不要改动程序中的其他内容。

```
1  #include <iostream>
2  using namespace std;
3  class Base
4  {
5    public:
6      Base(int m1,int m2) {
7        mem1=m1; mem2=m2;
8      }
9      int sum(){return mem1+mem2;}
10   private:
11     int mem1,mem2; //基类的数据成员
12 };
13
14 // 派生类Derived从基类Base公有继承
15 //************* found**************
16 class Derived:______________
17 {
18 public:
19   //构造函数声明
20   Derived(int m1,int m2, int m3);
21   //sum函数定义,要求返回mem1、mem2和
   mem3之和
22 //************* found**************
23   int sum(){ return _________ +mem3;}
   private:
24   int mem3;  //派生类本身的数据成员
25 };
26
27 //构造函数的类外定义,要求由m1和m2分别
   初始化mem1和mem2,由m3初始化mem3
28 //********** found**********
29 _________ Derived(int m1, int m2, int
   m3):
30 //********** found**********
31 _________, mem3(m3){}
32 int main() {
33   Base a(4,6);
34   Derived b(10,15,20);
35   int sum=a.sum()+b.sum();
36   cout << "sum=" << sum << endl;
37   return 0;
38 }
```

三、综合应用题

请使用VC6或使用【答题】菜单打开考生文件夹proj3下的工程proj3,其中包含主程序文件main.cpp和用户定义的头文件Array.h,整个程序包含有类Array的定义和主函数main的定义。请把主程序文件中的Array类的成员函数Contrary()的定义补充完整,经补充后运行程序,得到的输出结果应该是:

5 8

5,4,3,2,1

0,0,8.4,5.6,4.5,3.4,2.3,1.2

注意:只允许在"// ******** 333 ********"和"// ******** 666 ********"之间填写内容,不允许修改其他任何地方的内容。

```
1  //Array.h
2  #include <iostream>
3  using namespace std;
4
5  template <class Type, int m>
6  class Array { //数组类
7  public:
8    Array(Type b[], int mm) {  //构造函数
9      for(int i =0; i <m; i ++)
10       if(i <mm) a[i] =b[i];
11 else a[i] =0;
12   }
13
14   void Contrary();
15 //交换数组 a 中前后位置对称的元素的值
16
17   int Length() const{ return m; }
18 //返回数组长度
19   Type operator [](int i)const {
20 //下标运算符重载为成员函数
21     if(i <0 || i >=m)
22 {cout << "下标越界!" <<endl; exit(1);}
23     return a[i];
24   }
25 private:
26   Type a[m];
27 };
28 void writeToFile(const char * );
29 //不用考虑此语句的作用
```

```
1  //main.cpp
2  #include "Array.h"
3  //交换数组 a 中前后位置对称的元素的值
4  template <class Type, int m>
5  void Array <Type,m >::Contrary() { //补充函数体
6  //******** 333********
7
8
9  //******** 666********
10 }
11 int main(){
12   int s1[5] ={1,2,3,4,5};
13   double s2[6] ={1.2,2.3,3.4,4.5,5.6,8.4};
14   Array <int,5 > d1(s1,5);
15   Array <double,8 > d2(s2,6);
16   int i;
17   d1.Contrary(); d2.Contrary();
18   cout << d1.Length() <<'' << d2.Length() <<endl;
19   for(i =0;i <4;i ++)
20       cout << d1[i] << ", ";
21       cout << d1[4] <<endl;
22   for(i =0;i <7;i ++)
23       cout << d2[i] << ", ";
24       cout << d2[7] <<endl;
25   writeToFile("");
26 //不用考虑此语句的作用
27   return 0;
28 }
```

第 24 套　上机考试试题

一、程序改错题

请使用 VC6 或使用【答题】菜单打开考生文件夹 prog1 下的工程 prog1。此工程中包含程序文件 main. cpp,其中有类 Score(“成绩”)和主函数 main 的定义。程序中位于每个// ERROR **** found **** 之后的一行语句有错误,请加以改正。改正后程序的输出结果应为:

学号:12345678　课程:英语　总评成绩:85

注意:只修改每个// ERROR **** found **** 下的一行,不要改动程序中的其他内容。

```
1  #include <iostream>
2  using namespace std;
3  class Score{
4  public:
5    Score (const char * the_course, const char * the_id, int the_normal, int the_midterm, int the_end_of_term)
6      : course(the_course), normal(the_normal), midterm(the_midterm) , end_of_term(the_end_of_term){
7  // ERROR ********** found**********
8      strcpy(the_id,student_id);
9    }
10   const char * getCourse()const{ return course; }  //返回课程名称
11 // ERROR ********** found**********
12   const char * getID()const{ return &student_id; }  //返回学号
13   int getNormal ()const{ return normal; }  //返回平时成绩
14   int getMidterm()const{ return midterm; }
15 //返回期中考试成绩
16   int getEndOfTerm()const{ return end_of_term; }  //返回期末考试成绩
```

```
17   int getFinal()const;  //返回总评成绩
18 private:
19   const char * course;  //课程名称
20   char student_id[12];  //学号
21   int normal;  //平时成绩
22   int midterm;  //期中考试成绩
23   int end_of_term;  //期末考试成绩
24 };
25 //总评成绩中平时成绩占20%,期中考试占30%,期末考试占50%,最后结果四舍五入为一个整数
26 // ERROR ********** found**********
27 int getFinal()const{
28   return normal* 0.2 + midterm* 0.3 + end_of_term* 0.5 +0.5;
29 }
30 int main(){
31   char English[] = "英语";
32   Score score(English,"12345678",68,83,92);
33   cout << "学号:" << score.getID() << " ";
34   cout << "课程:" << score.getCourse() << " ";
35   cout << "总评成绩:" << score.getFinal() << endl;
36   return 0;
37 }
```

二、简单应用题

请使用VC6或使用【答题】菜单打开考生文件夹prog2下的工程prog2,此工程中包含一个程序文件main.cpp,其中有“班级”类Class和“学生”类Student的定义,还有主函数main的定义。在主函数中定义了两个“学生”对象,他们属于同一班级。程序展示,当该班级换教室后,这两个人的教室也同时得到改变。请在横线处填写适当的代码,然后删除横线,以实现上述类定义。此程序的正确输出结果应为:

改换教室前:
学号:0789　姓名:张三　班级:062113　教室:521
学号:0513　姓名:李四　班级:062113　教室:521
改换教室后:
学号:0789　姓名:张三　班级:062113　教室:311
学号:0513　姓名:李四　班级:062113　教室:311

注意:只能在横线处填写适当的代码,不要改动程序中的其他内容。

```
1  #include <iostream>
2  using namespace std;
3  class Class{  //"班级"类
4  public:
5    Class(const char * id, const char * room){
6      strcpy(class_id,id);
7  //********** found**********
8      ______________
9    }
10   const char * getClassID()const{ return class_id; }  //返回班号
11 //********** found**********
12   const char * getClassroom() const {__________}  //返回所在教室房号
13   void changeRoomTo(const char * new_room) {  //改换到另一个指定房号的教室
14     strcpy(classroom,new_room);
15   }
16 private:
17   char class_id[20];  //班号
18   char classroom[20];  //所在教室房号
19 };
20 class Student{  //"学生"类
21   char my_id[10];  //学号
22   char my_name[20];  //姓名
23   Class &my_class;  //所在教室
24 public:
25 //********** found**********
26   Student(const char * the_id, const char * the_name, Class &the_class):
   ______________{
27     strcpy(my_id,the_id);
28     strcpy(my_name,the_name);
29   }
30   const char * getID() const{ return my_id; }
31   const char * getName()const{ return my_name; }
32   Class getClass()const{ return my_class; }
33 };
34 void showStudent(Student * stu){
35   cout << "学号:" << stu->getID() << " ";
36   cout << "姓名:" << stu->getName() << " ";
37   cout << "班级:" << stu->getClass().getClassID() << " ";
38   cout << "教室:" << stu->getClass().getClassroom() << endl;
39 }
40 int main(){
41   Class cla("062113","521");
42   Student Zhang("0789","张三",cla), Li("0513","李四",cla);
43   cout << "改换教室前:" << endl;
44   showStudent(&Zhang);
45   showStudent(&Li);
```

```
46    //062113 班的教室由 521 改换到 311
47  //********** found**********
48    ______________
49    cout << "改换教室后:" << endl;
50    showStudent(&Zhang);
51    showStudent(&Li);
52    return 0;
53  }
```

三、综合应用题

请使用 VC6 或使用【答题】菜单打开考生文件夹 prog3 下的工程 prog3,其中包含了类 Polynomial("多项式")的定义。

形如 $5x^4+3.4x^2-7x+2$ 的代数式称为多项式,其中的 5 为 4 次项系数,3.4 为 2 次项系数,-7 为 1 次项系数,2 为 0 次项(常数项)系数。此例缺 3 次项,意味着 3 次项系数为 0,即省略了 $0x^3$。在 Polynomial 中,多项式的各个系数存储在一个名为 coef 的数组中。例如,对于上面的多项式,保存在 coef[0]、coef[1]…coef[4]中的系数依次为:2.0、-7.0、3.4、0.0、5.0,也即对于 i 次项,其系数就保存在 coef[i]中。成员函数 getValue 计算多项式的值,多项式中 x 的值是由参数指定的。

请补充完成文件 Polynomial. cpp 中成员函数 getValue 的定义。此程序的正确输出结果应为:

Value of p1 when x = 2.0: 59.8

Value of p2 when x = 3.0: 226.8

注意:只在函数 getValue 的// ******** 333 ******** 和// ******** 666 ******** 之间填入若干语句,不要改动程序中的其他内容。

```
1   //Polynomiac.h
2   #include <iostream>
3   using namespace std;
4   class Polynomial{  //"多项式"类
5   public:
6     Polynomial (double coef [ ], int num):coef (new double[num]),num_of_terms(num){
7       for(int i =0;i <num_of_terms;i ++)
8         this -> coef[i] = coef[i];
9     }
10    ~Polynomial(){ delete[] coef; }
11    //返回指定次数项的系数
12    double getCoefficient (int power) const{ return coef[power]; }
13    //返回在 x 等于指定值时多项式的值
14    double getValue(double x)const;
15  private:
16  //系数数组,coef[0]为 0 次项(常数项)系数,coef[1]为 1 次项系数,coef[2]为 2 次项(平方项)系数,余类推。
17    double * coef;
18    int num_of_terms;
19  };
20
21  void writeToFile(const char * path);
```

```
1   //Polymomial.cpp
2   #include"Polynomial.h"
3   double Polynomial:: getValue (double x)const{
4       // 多项式的值 value 为各次项的累加和
5     double value = coef[0];
6       //******** 333********
7
8       //******** 666********
9       return value;
10  }
```

```
1   //main.cpp
2   #include "Polynomial.h"
3   int main(){
4     double p1[] = {5.0, 3.4, -4.0, 8.0}, p2[] = {0.0, -5.4, 0.0, 3.0, 2.0};
5     Polynomial poly1 (p1, sizeof (p1)/sizeof (double)), poly2 (p2, sizeof (p2)/sizeof(double));
6     cout << "Value of p1 when x = 2.0 : " <<poly1.getValue(2.0) << endl;
7     cout << "Value of p2 when x = 3.0 : " <<poly2.getValue(3.0) << endl;
8     writeToFile("");
9     return 0;
10  }
```

第 25 套　上机考试试题

一、程序改错题

请使用 VC6 或使用【答题】菜单打开考生文件夹 proj1 下的工程 proj1,该工程中包含程序文件 main. cpp,其中有类 Clock("时钟")的定义和主函数 main 的定义。程序中位于每个// ERROR **** found **** 之后的一行语句有错误,请加以改正。改正后程序的输出结果应为:

Initial times are

0 d:0 h:0 m:59 s

After one second times are

0 d:0 h:1 m:0 s

注意:只修改每个// ERROR **** found **** 下的那一行,不要改动程序中的其他内容。

```
1   #include <iostream>
2   using namespace std;
3
4   class Clock
5   {
6   public:
7     Clock(unsigned long i = 0);
8     void set(unsigned long i = 0);
9     void print() const;
10    void tick();  // 时间前进一秒
11    Clock operator ++();
12  private:
13    unsigned long total_sec,seconds,minutes,hours,days;
14  };
15  Clock::Clock(unsigned long i)
      : total_sec(i), seconds(i % 60),
        minutes((i / 60) % 60),
        hours((i / 3600) % 24),
        days(i / 86400) {}
16  void Clock::set(unsigned long i)
17  {
18    total_sec = i;
19    seconds = i % 60;
20    minutes = (i / 60) % 60;
21    hours = (i / 3600) % 60;
22    days = i / 86400;
23  }
24  // ERROR ********** found**********
25  void Clock::print()
26  {
27    cout << days << " d : " << hours << " h : "
28        << minutes << " m : " << seconds << " s" << endl;
29  }
30  void Clock::tick()
31  {
32  // ERROR ********** found**********
33    set(total_sec ++);
34  }
35
36  Clock Clock::operator ++()
37  {
38    tick();
39  // ERROR ********** found**********
40    return this;
41  }
42  int main()
43  {
44    Clock ck(59);
45    cout << " Initial times are" << endl;
46    ck.print();
47    ++ck;
48    cout << " After one second times are" << endl;
49    ck.print();
50    return 0;
51  }
```

二、简单应用题

请使用VC6或使用【答题】菜单打开考生文件夹proj2下的工程proj2,该工程中包含程序文件main.cpp,其中有类Mammal("哺乳动物")、类Elephant("大象")、类Mouse("老鼠")的定义和主函数main的定义。请在横线处填写适当的代码并删除横线,以实现上述定义。此程序的正确输出结果应为:

ELEPHANT

MOUSE

注意:只能在横线处填写适当的代码,不要改动程序中的其他内容,也不要删除或移动"// **** found **** "。

```
1   #include <iostream>
2   using namespace std;
3   enum category {EMPTY, ELEPHANT, MOUSE};
4   char* output[] = {"EMPTY","ELEPHANT","MOUSE"};
5   class Mammal
6   {
7   public:
8     Mammal(char* str)
9     {
10  //********** found**********
11      name = new __________
12      strcpy(name,str);
13    }
14    virtual char* WhoAmI() =0;
15    virtual ~Mammal() {delete[] name;
16  }
17    void Print() { cout << WhoAmI() << endl; }
18  private:
19    char* name;
20  };
21  class Elephant : public Mammal
22  {
23  public:
24  //********** found**********
25    Elephant(char* str) : __________{ }
```

```
26  char* WhoAmI() { return output[ELE-
    PHANT]; }
27  };
28  class Mouse : public Mammal
29  {
30  public:
31    Mouse(char* str) : Mammal(str) { }
32  //********** found**********
33    char* WhoAmI() {__________}
34  };
35
36  int main()
37  {
38  //********** found**********
39    Mammal * pm = new ________ ("Huan-
    huan");
40    pm->Print();
41    delete pm;
42    pm = new Mouse("Micky");
43    pm->Print();
44    delete pm;
45    return 0;
46  }
```

三、综合应用题

请使用 VC6 或使用【答题】菜单打开考生文件夹 proj3 下的工程 proj3,其中声明了一个单向链表类 sList。sList 的成员函数 Prepend 的功能是在链表头部加入一个新的元素。请编写成员函数 Prepend。在 main 函数中给出了一组测试数据,此时程序的输出应为:

B→A→
###
A→
###
A→
###
exiting inner block
exiting outer block

注意:只在函数 Prepend 的// ******** 333 ******** 和// ******** 666 ******** 之间填入若干语句,不要改动程序中的其他内容。

```
1   //SList.h
2   struct sListItem {
3     char data;
4     sListItem* next;
5   };
6   class sList {
7   public:
8     sList() : h(0) { }
9   // 0 表示空链表
10    ~sList();
11    void Prepend(char c);
12  //在链表前端加入元素
13    void Del();
14  //删除链表首元素
15    sListItem* First() const { return
    h; }
16  //返回链表首元素
17    void Print() const;
18  //打印链表内容
19    void Release();
20  //销毁链表
21  private:
22    sListItem* h;
23  //链表头
24  };
25  void writeToFile(const char* );
```

```
1   //main.cpp
2   #include <iostream>
3   #include "sList.h"
4   using namespace std;
5
6   sList::~sList()
7   {
8     Release();
9   }
10  void sList::Prepend(char c)
11  {
12    //******** 333********
13
14
15    //******** 666********
16  }
17  void sList::Del()
18  {
19    sListItem* temp = h;
20    h = h -> next;
21    delete temp;
22  }
23  void sList::Print() const
24  {
25    sListItem* temp = h;
26    while (temp != 0)  //判断是否到达链表
    尾部
27    {
28      cout << temp -> data << " -> ";
29      temp = temp -> next;
30    }
```

```
31    cout << "\n###" << endl;
32  }
33  void sList::Release()
34  {
35    while (h != 0)
36      Del();
37  }
38  int main()
39  {
40    sList* ptr;
41    {
42      sList obj;
43      obj.Prepend('A');
44      obj.Prepend('B');
45      obj.Print();
46      obj.Del();
47      obj.Print();
48      ptr = &obj;
49      ptr -> Print();
50      cout << "exiting inner block" <<
endl;
51    }
52    cout << "exiting outer block" <<
endl;
53    writeToFile("");
54    return 0;
55  }
```

第26套　上机考试试题

一、程序改错题

请使用VC6或使用【答题】菜单打开考生文件夹proj1下的工程proj1。该工程中包含程序文件main.cpp，其中有类CDate（"日期"）和主函数main的定义。程序中位于每个// ERROR **** found ****之后的一行语句有错误，请加以改正。改正后程序的输出结果应为：

原日期:2005－9－25

更新后的日期:2006－4－1

注意：只修改每个// ERROR **** found ****下的那一行，不要改动程序中的其他内容。

```
1   #include <iostream>
2   #include <cstdlib>
3   using namespace std;
4
5   class CDate // 日期类
6   {
7   // ERROR ********* found*********
8   protected:
9     CDate(){};
10    CDate(int d, int m, int y)
11    {
12  // ERROR ********* found*********
13      SetDate(int day=d, int month=m,
int year=y);
14    };
15    void Display(); // 显示日期
16    void SetDate(int day, int month,
int year)
17  // 设置日期
18    { m_nDay=day; m_nMonth=month; m_
nYear=year; }
19  private:
20    int m_nDay; // 日
21    int m_nMonth; // 月
22    int m_nYear; // 年
23  };
24
25  void CDate::Display() // 显示日期
26  {
27  // ERROR ********* found*********
28    cout << m_nDay << "-" << m_nMonth
<< "-" << m_nYear;
29    cout << endl;
30  }
31  int main()
32  {
33    CDate d (25,9,2005); // 调用构造函数
初始化日期
34    cout << "原日期:";
35    d.Display();
36    d.SetDate(1,4,2006); //调用成员函数
重新设置日期
37    cout << "更新后的日期:";
38    d.Display();
39    return 0;
40  }
```

二、简单应用题

请使用VC6或使用【答题】菜单打开考生文件夹proj2下的工程proj2，其中定义了Employee类和Manager类。Employee用于表示某公司的雇员，其属性包括姓名（name）和工作部分（dept）。Manager是Employee的公有派生类，用于表示雇员中的经理。除了姓名和工作部分之外，Manager的属性还包括级别（level）。Employee类的成员函数print用于输出雇员的信息；Manager类的成员函数print负责输出经理的信息。请在横线处填写适当的代码，然后删除横线，以实现上述类定义。此程序的正确输出结果应为：

Name:Sally Smith

Dept:Sales

Level:2

注意：只能在横线处填写适当的代码，不要改动程序中

的其他内容,也不要删除或移动"// **** found **** "。

```
1  #include <iostream>
2  #include <string>
3  using namespace std;
4  class Employee {
5  public:
6    Employee(string name, string dept)
   :
7  //********** found**********
8    ______________
9    { }
10   virtual void print() const;
11   string dept() const  // 返回部门名称
12   {
13 //********** found**********
14   _________
15   }
16   virtual ~Employee() { }
17 private:
18   string name_;
19   string dept_;
20 };
21 class Manager : public Employee {
22 public:
23   Manager(string name, string dept,
   int level) :
24 //********** found**********
25   ______________
26   { }
27   virtual void print() const;
28 private:
29   int level_;
30 };
31 void Employee::print() const
32 {
33   cout << "Name: " << name_ << endl;
34   cout << "Dept: " << dept_ << endl;
35 }
36 void Manager::print() const
37 {
38 //********** found**********
39   ______________
40   cout << "Level: " << level_ <<
   endl;
41 }
42 int main()
43 {
44   Employee* emp = new Manager("Sally
   Smith", "Sales", 2);
45   emp->print();
46   delete emp;
47   return 0;
48 }
```

三、综合应用题

请使用 VC6 或使用【答题】菜单打开考生目录 proj3 下的工程文件 proj3,其中该工程中包含定义了用于表示姓名的抽象类 Name、表示"先名后姓"的姓名类 Name1(名、姓之间用空格隔开)和表示"先姓后名"的姓名类 Name2(姓、名之间用逗号隔开);程序应当显示:

John Smith

Smith,John

但程序中有缺失部分,请按照以下提示,把缺失部分补充完整:

(1)在// ** 1 **　**** found **** 的下方是函数 show 中的一个语句,它按先名后姓的格式输出姓名。

(2)在// ** 2 **　**** found **** 的下方是函数 getWord 中的一个语句,它把一个字符序列复制到 head 所指向的字符空间中,复制从 start 所指向的字符开始,共复制 end - start 个字符。

(3)在// ** 3 **　**** found **** 的下方是函数 createName 中的语句,它根据指针 p 的值决定返回何种对象:如果 p 为空,直接返回一个 Name1 对象,否则直接返回一个 Name2 对象。注意:返回的 Name1 或 Name2 对象必须是动态对象,返回的实际是指向它的指针。

注意:只在指定位置编写适当代码,不要改动程序中的其他内容,也不要删除或移动" **** found **** "。填写的内容必须在一行中完成,否则评分将产生错误。

```
1  //proj3.cpp
2  #include <iostream>
3  using namespace std;
4
5  class Name{
6  protected:
7    char * surname;  //姓
8    char * firstname;  //名
9  public:
10   ~Name(){ delete[] surname; delete
   [] firstname; }
11   virtual void show() =0;
12 };
13
14 class Name1:public Name{
15 public:
16   Name1(const char * name);
17 //** 1** ********** found**********
18   void show() {__________;}
19 };
```

```
20 class Name2:public Name{
21 public:
22   Name2(const char * name);
23   void show()
24   { cout << surname <<',' << firstname;
25 }
26 };
27 char * getWord(const char * start,
   const char * end)
28 {
29   char * head = new char[end - start +
   1];
30 //** 2** ********** found**********
31   for(int i = 0;i < end - start;i ++)
   ________;
32   head[end - start] ='\0';
33   return head;
34 }
35 Name1::Name1(const char * name)
36 {
37   char * p = strchr(name,'');
38   firstname = getWord(name,p);
39   surname = new char[strlen(p)];
40   strcpy(surname,p +1);
41 }
42 Name2::Name2(const char * name)
43 {
44   char * p = strchr(name,',');
45   surname = getWord(name,p);
46   firstname = new char[strlen(p)];
47   strcpy(firstname,p +1);
48 }
49 Name * createName(const char * s)
50 {
51   char * p = strchr(s,',');
52 //** 3** ********** found**********
53   if(p)__________;
54 }
55 
56 int main()
57 {
58   Name * n;
59   n = createName("John Smith");
60   n -> show(); cout << endl;
61   delete n;
62   n = createName("Smith,John");
63   n -> show(); cout << endl;
64   delete n;
65   return 0;
66 }
```

第27套　上机考试试题

一、程序改错题

请使用VC6或使用【答题】菜单打开考生文件夹proj1下的工程proj1,其中在编辑窗口内显示的主程序文件中定义有类AAA和主函数main。程序文本中位于每行“//ERROR **** found ****”下面的一行有错误,请加以改正。改正后程序的输出结果应该是:

sum = 60。

注意:只修改每个// ERROR **** found **** 下面的一行,不要改动程序中的其他任何内容。

```
1  #include <iostream>
2  using namespace std;
3  class AAA {
4    int a[10]; int n;
5  //ERROR ********** found**********
6  private:
7    AAA(int aa[], int nn): n(nn) {
8  //ERROR ********** found**********
9      for(int i =0; i <n; i ++) aa[i] =a[i];
10   }
11   int Geta(int i) {return a[i];}
12 };
13 int main() {
14   int a[6] = {2,5,8,10,15,20};
15   AAA x(a,6);
16   int sum =0;
17 //ERROR ********** found**********
18   for(int i =0; i <6; i ++) sum + =x.a[i];
19   cout << "sum = " << sum << endl;
20   return 0;
21 }
```

二、简单应用题

请使用VC6或使用【答题】菜单打开考生文件夹proj2下的工程proj2,该工程中含有一个源程序文件proj2. cpp。其中定义了类Set和用于测试该类的主函数main。类Set是一个用于描述字符集合的类,在该字符集合中,元素不能重复(将‘a’和‘A’视为不同元素),元素最大个数为100。为该类实现一个构造函数Set(char * s),它用一个字符串来构造一个集合对象,当字符串中出现重复字符时,只放入一个字符。此外,还要为该类实现另一个成员函数InSet(char c),用于测试一个字符c是否在一个集合中,若在,则返回true;否则返回false。

构造函数Set和成员函数InSet的部分实现代码已在文件proj2. cpp中给出,请在标有注释“// TODO:”的行中添加适当的代码,将这两个函数补充完整,以实现其功能。

提示:在实现构造函数时,可以调用InSet函数来判断一个字符是否已经在集合中。

注意:只在指定位置编写适当代码,不要改动程序中的其他内容,也不要删除或移动“// **** found ****”。

```
1   // proj2.cpp
2   #include <iostream>
3   using namespace std;
4   
5   const int MAXNUM = 100;
6   class Set {
7   private:
8     int num;  // 元素个数
9     char setdata[MAXNUM];  // 字符数组,用于存储集合元素
10  public:
11    Set(char * s);  // 构造函数,用字符串s构造一个集合对象
12    bool InSet(char c);  // 判断一个字符c是否在集合中,若在,返回true,否则返回
13  false
14    void Print() const;  // 输出集合中所有元素
15  };
16  Set::Set(char * s)
17  {
18    num = 0;
19    while (* s){
20  //********** found**********
21    if (________)  // TODO: 添加代码,测试元素在集合中不存在
22  //********** found**********
23      ________;  // TODO: 添加一条语句,加入元素至集合中
24      s ++;
25    }
26  }
27  bool Set::InSet(char c)
28  {
29    for (int i = 0; i < num; i ++)
30  //********** found**********
31    if (______________)  // TODO: 添加代码,测试元素c是否与集合中某元素相同
32  //********** found**********
33      ______________;  // TODO: 添加一条语句,进行相应处理
34    return false;
35  }
36  
37  void Set::Print() const
38  {
39    cout << "Set elements: " << endl;
40    for(int i = 0; i < num; i ++)
41      cout << setdata[i] << '';
42    cout << endl;
43  }
44  int main()
45  {
46    char s[MAXNUM];
47    cin.getline(s, MAXNUM -1);  // 从标准输入中读入一行
48    Set setobj(s);  // 构造对象setobj
49    setobj.Print();  // 显示对象setobj中内容
50    return 0;
51  }
```

三、综合应用题

请使用VC6或使用【答题】菜单打开考生文件夹proj3下的工程proj3,其中声明了MiniComplex是一个用于表示复数的类。请编写这个operator + 运算符函数,以实现复数的求和运算。两个复数的和是指这样一个复数:其实部等于两个复数的实部之和,其虚部等于两个复数的虚部之和。例如,(23 +34i) + (56 +35i)等于(79 +69i)。

要求:

补充编制的内容写在// ******** 333 ******** 与// ******** 666 ******** 之间,不得修改程序的其他部分。

注意:程序最后将结果输出到文件out.dat中。输出函数writeToFile已经编译为obj文件,并且在本程序中调用。

```
1   //Minicomplex.h
2   #include <iostream>
3   using namespace std;
4   class MiniComplex //复数类
5   {
6   public:
7     //重载流插入和提取运算符
8     friend ostream& operator <<
9   (ostream& osObject, const MiniComplex& complex)
10    {
11      osObject << "(" << complex.realPart << "+" << complex.imagPart << "i" << ")";
12      return osObject;
13    }
14    friend istream& operator >> (istream& isObject, MiniComplex& complex)
15    {
16      char ch;
17      isObject >> complex.realPart >> ch >> complex.imagPart >> ch;
18      return isObject;
19    }
20    MiniComplex(double real = 0, double imag = 0);
```

```
21  //构造函数
22    MiniComplex  operator  +  ( const
    MiniComplex& otherComplex) const;
23  //重载运算符 +
24  private:
25    double realPart; //存储实部变量
26    double imagPart; //存储虚部变量
27  };
28
29  void writeToFile(char * );
```

```
1   //main.cpp
2   #include "MiniComplex.h"
3   MiniComplex::MiniComplex(double re-
    al, double imag) { realPart = real;
    imagPart = imag;}
4   MiniComplex  MiniComplex:: operator  +
    (const MiniComplex& otherComplex) const
5   {
6   //******** 333********
7
8
9   //******** 666********
10  }
11  int main()
12  {
13    void writeToFile(char * );
14    MiniComplex num1(23,34), num2(56,
    35);
15    cout << "Initial Value of Num1 = "<
    <num1 << "\nInitial Value of Num2 = "
    << num2 << endl;
16    cout << num1 << " + " << num2 << " = "
    << num1 + num2 << endl;//使用重载的加
    号运算符
17    writeToFile("");
18    return 0;
19  }
```

2.2 优 秀 篇

第 28 套 上机考试试题

一、程序改错题

请使用 VC6 或使用【答题】菜单打开考生文件夹 proj1 下的工程 proj1，此工程中含有一个源程序文件 proj1.cpp。其中位于每个注释“// ERROR **** found **** ”之后的一行语句存在错误。请改正这些错误，使程序的输出结果为：

Constructor called of 10

The value is 10

Destructor called of 10

注意：只修改注释“// ERROR **** found **** ”的下一行语句，不要改动程序中的其他内容。

```
1   // proj1.cpp
2   #include <iostream>
3   using namespace std;
4
5   class MyClass {
6   public:
7     MyClass(int i)
8     {
9       value = i;
10      cout << "Constructor called of "
    << value << endl;
11    }
12
13  // ERROR ********** found**********
14    void Print()
15    { cout << "The value is " << value <<
    endl; }
16
17  // ERROR ********** found**********
18    void ~MyClass()
19    { cout << "Destructor called of " <
    < value << endl; }
20
21  private:
22  // ERROR ********** found**********
23    int value = 0;
24  };
25  int main()
26  {
27    const MyClass obj(10);
28    obj.Print();
29    return 0;
30  }
```

二、简单应用题

请使用 VC6 或使用【答题】菜单打开考生文件夹 proj2 下的工程 proj2，此工程中含有一个源程序文件 proj2.cpp。其中定义了类 Bag 和用于测试该类的主函数 main。类 Bag 是一个袋子类，用于存放带有数字标号的小球（如台球中用的球，在类中用一个整数值表示一个小球），其运算符成员函数 == 用来判断两个袋子对象是否相同（即小球个数相同、每种小球数目也相同，但与它们的存储顺序无关）；成员函数 int InBag(int ball)用来返回小球 ball 在当前袋子内的出现次数，返回 0 表示该小球不存在。为类实现这两个函数，其用法可参见主函数 main。

运算符函数 operator == 和成员函数 InBag 的部分实现代码已有文件 proj2.cpp 中给出，请在标有注释“// TODO:”的行中添加适当的代码，将这两个函数补充完整，以实现其功能。

提示：在运算符函数 == 中首先判断两个袋子内的小球个数是否相同，再调用 InBag 函数来判断每种小球在两个袋子内的出现次数是否相同。

注意：只在指定位置编写适当代码，不要改动程序中的其他内容，也不要删除或移动“// **** found **** ”。

```
1   // proj2.cpp
2   #include <iostream>
3   using namespace std;
4   const int MAXNUM = 100;
5   class Bag {
6   private:
7     int num;
8     int bag[MAXNUM];
9   public:
10    Bag(int m[], int n=0);// 构造函数
11    bool operator == (Bag &b);// 重载运
    算符 ==
12    int InBag(int ball);  // 某一小球在
    袋子内的出现次数,返回 0 表示不存在
13  };
14  Bag::Bag(int m[], int n)
15  {
16    if(n > MAXNUM) {
17      cerr << "Too many members\n";
18      exit(-1);
19    }
20    for(int i = 0; i < n; i++)
21      bag[i] = m[i];
22    num = n;
23  }
```

```
24  bool Bag::operator == (Bag &b)  // 实现运算符函数 ==
25  {
26    if (num != b.num)// 元素个数不同
27      return false;
28    for (int i = 0; i < num; i ++)
29  //********** found**********
30      if (_________)  // TODO: 加入条件,判断当前袋子中每个元素在当前袋子和袋子 b 中是否出现次数不同
31  //********** found**********
32    _________;  // TODO: 加入一条语句
33    return true;
34  }
35  int Bag::InBag(int ball)
36  {
37    int count = 0;
38    for (int i = 0; i < num; i ++)
39  //********** found**********
40      if (_________)  // TODO: 加入条件,判断小球 ball 是否与当前袋子中某一元素相同
41  //********** found**********
42    _________;  // TODO: 加入一条语句
43    return count;
44  }
45  int main()
46  {
47    int data[MAXNUM], n, i;
48    cin >> n;
49    for (i = 0; i < n; i ++)
50      cin >> data[i];
51    Bag b1(data, n);  // 创建袋子对象 b1
52    cin >> n;
53    for (i = 0; i < n; i ++)
54      cin >> data[i];
55    Bag b2(data, n);  // 创建袋子对象 b2
56    if( b1 == b2)  // 测试 b1 和 b2 是否相同
57      cout << "Bag b1 is same with Bag b2\n";
58    else
59      cout << "Bag b1 is not same with Bag b2\n";
60    return 0;
61  }
```

三、综合应用题

请使用 VC6 或使用【答题】菜单打开考生目录 proj3 下的工程文件 proj3。此工程中包含一个源程序文件 proj3.cpp,其中定义了用于表示平面坐标系中的点的类 MyPoint 和表示三角形的类 MyTriangle;程序应当显示:

6.82843

2

但程序中有缺少部分,请按照以下提示,把缺失部分补充完整:

(1)在// ** 1 ** **** found **** 的下方是构造函数的定义,它用参数提供的 3 个顶点对 point1、point2 和 point3 进行初始化。

(2)在// ** 2 ** **** found **** 的下方是成员函数 perimeter 的定义,该函数返回三角形的周长。

(3)在// ** 3 ** **** found **** 的下方是成员函数 area 的定义中的一条语句。函数 area 返回三角形的面积。

方法是:若 a、b、c 为三角形的 3 个边长,并令 $s = \frac{a+b+c}{2}$,则三角形的面积 A 为 $A = \sqrt{s(s-a)(s-b)(s-c)}$。

注意:只在指定位置编写适当代码,不要改动程序中的其他内容,也不要删除或移动“ **** found **** ”。

```
1   // proj3.cpp
2   #include <iostream>
3   #include <cmath>
4   using namespace std;
5   class MyPoint{  //表示平面坐标系中的点的类
6     double x;
7     double y;
8   public:
9     MyPoint (double x,double y)
10    {this -> x = x;this -> y = y;}
11    double getX()const{ return x;}
12    double getY()const{ return y;}
13    void show()const{ cout <<'(' << x <<',' << y <<')';}
14  };
15  class MyTriangle{  //表示三角形的类
16    MyPoint point1;  //三角形的第一个顶点
17    MyPoint point2;  //三角形的第二个顶点
18    MyPoint point3;  //三角形的第三个顶点
19  public:
20    MyTriangle(MyPoint p1, MyPoint p2, MyPoint p3);
21    double perimeter()const;  //返回三角形的周长
22    double area()const;  //返回三角形的面积
23  };
24  //** 1**  ********** found**********
25  MyTriangle:: MyTriangle (MyPoint p1,
26  MyPoint p2,MyPoint p3):_________{ }
    double distance (MyPoint p1, MyPoint
27  p2) //返回两点之间的距离
28  {
```

```
29  return sqrt((p1.getX() - p2.getX()) * (p1.getX() - p2.getX()) + (p1.getY() - p2.getY()) * (p1.getY() - p2.getY()));
30  }
31  //** 2**  ********** found**********
32  ______________ perimeter() const
33  {
34    return distance(point1, point2) + distance(point2, point3) + distance(point3,point1);
35  }
36  double MyTriangle::area() const
37  {//** 3**  ********** found**********
38    double s = ______________;  // 使用 perimeter 函数
39    return sqrt(s * (s - distance(point1, point2)) * (s - distance(point2, point3)) * (s - distance(point3,point1)));
40  }
41  int main()
42  {
43    MyTriangle tri(MyPoint(0, 2), MyPoint(2,0),MyPoint(0,0));
44    cout << tri.perimeter() << endl << tri.area() << endl;
45    return 0;
46  }
```

第 29 套　上机考试试题

一、程序改错题

请使用 VC6 或使用【答题】菜单打开考生文件夹 proj1 下的工程 proj1，此工程中含有一个源程序文件 proj1. cpp。其中位于每个注释“//ERROR　**** found ****”之后的一行语句存在错误。请改正这些错误，使程序的输出结果为：

There are 2 object(s).

注意：只修改注释“// ERROR　**** found ****”的下一行语句，不要改动程序中的其他内容。

```
1   // proj1.cpp
2   #include <iostream>
3   using namespace std;
4
5   class MyClass {
6   public:
7   // ERROR ********** found**********
8     MyClass(int i = 0) value = i
9     { count ++; }
10    void Print()
11    { cout << "There are " << count << " object(s)." << endl; }
12  private:
13    const int value;
14    static int count;
15  };
16
17  // ERROR ********** found**********
18  static int MyClass::count = 0;
19
20  int main()
21  {
22    MyClass obj1, obj2;
23  // ERROR ********** found**********
24    MyClass.Print();
25    return 0;
26  }
```

二、简单应用题

凡是使用过 C 语言标准库函数 strcpy(char * s1,char * s2)的程序员都知道，使用该函数时有一个安全隐患，即当指针 s1 所指向的空间不能容纳字符串 s2 的内容时，将发生内存错误。类 String 的 Strcpy 成员函数能进行简单的动态内存管理，其内存管理策略为：①若已有空间能容纳新字符串，则直接进行字符串复制；②若已有空间不够时，将重新申请一块内存空间（能容纳下新字符串），并将新字符串内容复制到新申请的空间中，释放原字符串空间。

请使用 VC6 或使用【答题】菜单打开考生文件夹 proj2 下的工程 proj2，此工程中含有一个源程序文件 proj2. cpp。其中定义了类 String 和用于测试该类的主函数 main，且成员函数 Strcpy 的部分实现代码也已在该文件中给出，请在标有注释“// TODO:”的行中添加适当的代码，将这个函数补充完整，以实现其功能。

注意：只在指定位置编写适当代码，不要改动程序中的其他内容，也不要删除或移动“// **** found **** ”。

```
1   // proj2.cpp
2   #include <iostream>
3   using namespace std;
4
5   class String {
6   private:
7     int size;   // 缓冲区大小
8     char * buf;  // 缓冲区
9   public:
10    String(int bufsize);
11    void Strcpy(char * s);  // 将字符串 s 复制到 buf 中
12    void Print() const;
13    ~String()
14    { if (buf != NULL) delete [] buf; }
15  };
```

```
16  String::String(int bufsize)
17  {
18    size = bufsize;
19    buf = new char[size];
20    * buf = '\0';
21  }
22
23  void String::Strcpy(char * s)
24  {
25    char * p,* q;
26    int len = strlen(s);
27    if (len+1 > size) { // 缓冲区空间不够,须安排更大空间
28      size = len+1;
29      p = q = new char[size];
30  //********** found**********
31    while((* q=* s)!=0){__________}
32  // TODO: 添加代码将字符串 s 复制到字符指针 q 中
33      delete [] buf;
34      buf = p;
35    }
36
37    else {
38  //********** found**********
39      for(p=buf;__________;p++,s++);
40  // TODO: 添加代码将字符串 s 复制到 buf 中
41    }
42  }
43
44  void String::Print() const
45  {
46    cout << size <<'\t'<< buf << endl;
47  }
48  int main()
49  {
50    char s[100];
51    String str(32);
52    cin.getline(s, 99);
53    str.Strcpy(s);
54    str.Print();
55    return 0;
56  }
```

三、综合应用题

请使用 VC6 或使用【答题】菜单打开考生目录 proj3 下的工程文件 proj3,该工程中包含一个源程序文件 proj3. cpp,其中定义了用于表示平面坐标系中的点的类 MyPoint 和表示圆形的类 MyCircle;程序应当显示:

(1,2),5,31.4159,78.5398

但程序中有缺失部分,请按照以下提示,把缺失部分补充完整:

(1)在// ** 1 **　**** found **** 的下方是构造函数的定义,它用参数提供的圆心和半径分别对 cen 和 rad 进行初始化。

(2)在// ** 2 **　**** found **** 的下方是非成员函数 perimeter 的定义,它返回圆的周长。

(3)在// ** 3 **　**** found **** 的下方是友元函数 area 的定义,它返回圆的面积。

注意:只在指定位置编写适当代码,不要改动程序中的其他内容,也不要删除或移动“ **** found **** ”。

```
1   // proj3.cpp
2   #include <iostream>
3   #include <cmath>
4   using namespace std;
5   class MyPoint{ //表示平面坐标系中的点的类
6     double x;
7     double y;
8   public:
9     MyPoint (double x,double y)
10    {this->x=x;this->y=y;}
11    double getX()const{ return x;}
12    double getY()const{ return y;}
13    void show()const
14    { cout <<'('<<x<<','<<y<<')';}
15  };
16  class MyCircle{ //表示圆形的类
17    MyPoint cen;  //圆心
18    double rad;  //半径
19  public:
20    MyCircle(MyPoint,double);
21    MyPoint center()const{ return cen;}
    //返回圆心
22    double radius()const{ return rad;}
    //返回圆半径
23    friend double area(MyCircle);  //返回圆的面积
24  };
25  //** 1**  ********** found**********
26  MyCircle::MyCircle (MyPoint p, double
    r):cen(p)__________{}
27  #define PI 3.1415926535
28  double perimeter(MyCircle c)
29  //返回圆 c 的周长
30  {//** 2**  ********** found**********
31    return PI* __________;
32  }
33  //** 3**  ********** found**********
34  double area (__________) //返回圆 a 的面积
```

```
35  {
36    return PI* a.rad* a.rad;
37  }
38
39  int main( )
40  {
41    MyCircle c(MyPoint(1,2),5.0);
42    c.center().show();
43    cout <<','<< c.radius() <<','<< per-
    imeter(c) <<','<< area(c) << endl;
44    return 0;
45  }
```

第 30 套 上机考试试题

一、程序改错题

请使用 VC6 或使用【答题】菜单打开考生文件夹 proj1 下的工程 proj1，其中有枚举 PetType、宠物类 Pet 和主函数 main 的定义。程序中位于每个// ERROR **** found **** 之后的一行语句有错误，请加以改正。改正后程序的输出结果应为：

There is a dog named Doggie

There is a cat named Mimi

There is an unknown animal named Puppy

注意：只修改每个// ERROR **** found **** 下的那一行，不要改动程序中的其他内容。函数 strcpy(char * p, const char * q)的作用是将 q 指向的字符串复制到 p 指向的字符数组中。

```
1   #include <iostream>
2   using namespace std;
3   //宠物类别:狗、猫、鸟、鱼、爬行动物、昆虫、其他
4   enum PetType {DOG, CAT, BIRD, FISH,
    REPTILE, INSECT, OTHER};
5   class Pet{ //宠物类
6     PetType type; //类别
7     char name[20]; //名字
8   public:
9     Pet(PetType type, char name[]){
10      this -> type = type;
11      // 将参数 name 中的字符串复制到作为数
    据成员的 name 数组中
12  // ERROR ********** found**********
13      this -> name = name;
14    }
15  // ERROR ********** found**********
16    PetType getType()const{ return Pet-
    Type; }
17    const char*  getName()const{ return
    name; }
18    const char*  getTypeString()const{
19      switch(type){
20        case DOG: return "a dog";
21        case CAT: return "a cat";
22        case BIRD: return "a bird";
23        case FISH: return "a fish";
24        case REPTILE: return "a reptile";
25        case INSECT: return "an insect";
26      }
27  // 返回一个字符串,以便产生要求的输出
28  // ERROR ********** found**********
29      return OTHER;
30    }
31    void show()const{
32      cout << "There is " << getTypeS-
    tring() << " named " << name << endl;
33    }
34  };
35  int main(){
36    Pet a_dog(DOG, "Doggie");
37    Pet a_cat(CAT, "Mimi");
38    Pet an_animal(OTHER, "Puppy");
39    a_dog.show();
40    a_cat.show();
41    an_animal.show();
42    return 0;
43  }
```

二、简单应用题

请使用 VC6 或使用【答题】菜单打开考生文件夹 proj2 下的工程 proj2，该工程中包含一个源程序文件 proj2.cpp。其中定义了模板函数 insert(T dataset[ ],int & size,T item)和主函数 main。模板函数 insert 用来将一个数据 inem 插入到一个已排好序(升序)的数据集 dataset 中，其中类型 T 可以为 int、double、char 等数据类型，size 为当前数据集中元素的个数，当插入操作完成后，size 值将更新。模板函数 insert 的部分实现代码已在文件 proj2.cpp 中给出，请在标有注释“// TODO:”的行中添加适当的代码，将这个模板函数补充完整，以实现其功能。

注意：只在指定位置编写适当代码，不要改动程序中的其他内容，也不要删除或移动“// **** found **** ”。

```
1   // proj2.cpp
2   #include <iostream>
3   using namespace std;
4   //请在该部分插入 insert 函数模板的实现
5   template <typename T>
6   void insert(T setdata[], int &size, T
    item)
7   {
8     for (int i = 0; i < size; i++)
9   //********** found**********
10      if (__________) {  // TODO: 添加代
    码,判断查找元素的插入位置
```

```
11        for (int j = i; j < size; j ++)
12  //********** found**********
13        ________;  // TODO: 添加一条语
    句,将插入位置后的所有元素往后移动一个
    位置
14          //提示:移动元素应从最后一个元素
    开始移动
15        setdata[i] = item; // 插入该元素
16        size ++;
17        return;
18      }
19  //********** found**********
20    ________;  // TODO: 添加一条语句,将
    元素加到最后一个位置上
21    size ++;
22    return;
23  }
24
25  int main()
26  {
27    int idata[10] = { 22, 35, 56, 128 },
    iitem, isize = 4, dsize = 4, i;
28    double ddata[10] = { 25.1, 33.5,
    48.9,75.3}, ditem;
29    cout << "Please input one integer
    number for inserting:";
30    cin >> iitem;
31    insert(idata, isize, iitem);
32    for (i = 0; i < isize; i ++)
33      cout << idata[i] << ' ';
34    cout << endl;
35    cout << "Please input one double
    number for inserting:";
36    cin >> ditem;
37    insert(ddata, dsize, ditem);
38    for (i = 0; i < dsize; i ++)
39      cout << ddata[i] << ' ';
40    cout << endl;
41    return 0;
42  }
```

三、综合应用题

请使用VC6或使用【答题】菜单打开考生文件夹proj3下的工程文件proj3,此工程中包含一个源程序文件proj3.cpp,其中定义了用于表示平面坐标系中的点的类MyPoint和表示线段的类MyLine;程序应当显示:

(0,0)(1,1)

1.41421,1

但程序中有缺失部分,请按照以下提示,把缺失部分补充完整:

(1)在// ** 1 ** **** found **** 的下方是构造函数的定义,它用参数提供的两个端点对point1和point2进行初始化。

(2)在// ** 2 ** **** found **** 的下方是成员函数length的定义,返回线段的长度。

(3)在// ** 3 ** **** found **** 的下方是成员函数slope的定义中的一条语句。

函数slope返回线段的斜率,方法是:若线段的两个端点分别是(x_1,y_1)和(x_2,y_2),则斜率k为:$k=\frac{y_2-y_1}{x_2-x_1}$。

注意:只在指定位置编写适当代码,不要改动程序中的其他内容,也不要删除或移动“ **** found **** ”。

```
1   // proj3.cpp
2   #include <iostream>
3   #include <cmath>
4   using namespace std;
5   class MyPoint{ //表示平面坐标系中的点的类
6     double x;
7     double y;
8   public:
9     MyPoint (double x,double y)
10    {this -> x = x;this -> y = y;}
11    double getX()const{ return x;}
12    double getY()const{ return y;}
13    void show()const{ cout << '(' << x <
    < ',' << y << ')';}
14  };
15  class MyLine{  //表示线段的类
16    MyPoint point1;
17    MyPoint point2;
18  public:
19    MyLine(MyPoint p1, MyPoint p2);
20    MyPoint endPoint1 () const{ return
    point1;}  //返回端点1
21    MyPoint endPoint2 () const{ return
    point2;}  //返回端点2
22    double length()const;  //返回线段的长度
23    double slope()const;  //返回直线的斜率
24  };
25  //** 1** ********** found**********
26  MyLine:: MyLine (MyPoint p1, MyPoint
    p2):____________{}
27  //** 2** ********** found**********
28  double MyLine::________
29  {
30    return sqrt ((point1. getX () -
    point2. getX ()) * (point1. getX () -
    point2. getX ()) + (point1. getY () -
    point2. getY ()) * (point1. getY () -
    point2.getY()));
31  }
```

```
32  double MyLine::slope() const
33  {//** 3**  ********** found**********
34    return (_______________)/(point2.
    getX() -point1.getX());
35  }
36  int main()
37  {
38    MyLine line(MyPoint(0,0),MyPoint
    (1,1));
39    line.endPoint1().show();
40    line.endPoint2().show();
41    cout <<endl <<line.length() <<','<
    <line.slope() <<endl;
42    return 0;
43  }
```

第 31 套　上机考试试题

一、程序改错题

请使用 VC6 或使用【答题】菜单打开考生文件夹 proj1 下的工程 proj1，此工程中含有一个源程序文件 proj1. cpp。其中位于每个注释"// ERROR **** found **** "之后的一行语句存在错误。请改正这些错误，使程序的输出结果为：

The extension is：CPP

注意：只修改注释"// ERROR **** found **** "的下一行语句，不要改动程序中的其他内容。

```
1   // proj1.cpp
2   #include <iostream>
3   using namespace std;
4   class MyClass {
5       char * p;
6   public:
7     MyClass(char c)
8     { p = new char; * p = c; }
9   // ERROR ******** found********
10    MyClass(const MyClass copy) { p =
    new char; * p = * (copy.p); }
11  // ERROR ******** found********
12    下列析构函数用于释放字符指针
13    ~MyClass() { free p; }
14    MyClass& operator=(const MyClass &
    rhs)
15    {
16      if ( this == &rhs ) return * this;
17      * p = * (rhs.p);
18  // ERROR ******** found********
19      return this;
20    }
21    char GetChar() const { return * p; }
22  };
23  int main()
24  {
25    MyClass obj1('C'), obj2('P');
26    MyClass obj3(obj1);
27    obj3 = obj2;
28    cout << "The extension is: "
29      << obj1.GetChar() << obj2.Get-
    Char()
30      << obj3.GetChar() << endl;
31    return 0;
32  }
```

二、简单应用题

请使用 VC6 或使用【答题】菜单打开考生文件夹 proj2 下的工程 proj2，此工程中含有一个源程序文件 proj2. cpp，其中定义了 Array 类。

在 C ++ 程序中访问数组元素时，如果索引值（下标）小于 0 或者大于元素个数减 1，就会产生越界访问错误。Array 是一个带有检查越界访问功能的数组类，其成员列表如下：

公有成员函数	功能
GetValue	获取指定元素的值
SetValue	将指定元素设置为指定值
GetLength	获取元素个数

私有成员函数	功能
IsOutOfRange	检查索引是否越界

私有数据成员	功能
_p	指向动态分配的整型数组的指针
_size	存放元素个数

Array 类的构造函数会动态分配一个 int 类型数组，以存储给定数量的元素。在公有成员函数 GetValue 和 SetValue 中，首先调用私有成员函数 IsOutOfRange 检查用于访问数组元素的索引是否越界，只有当索引值在有效范围内时，才能进行元素访问操作。

请在横线处填写适当的代码，然后删除横线，以实现 Array 类的功能。此程序的正确输出结果应为：

1,2,3,4,5,6,7,8,9,10

注意：只在指定位置编写适当代码，不要改动程序中的其他内容，也不要删除或移动"// **** found **** "。

```
1   // proj2.cpp
2   #include <iostream>
3   using namespace std;
4   class Array {
5   public:
6     Array(int size) // 构造函数
7     {
8   //******** found********
    下列语句动态分配一个 int 类型数组
9       _p =________;
10      _size = size;
```

```
11    }
12    ~Array() { delete [] _p; } // 析构函数
13    void SetValue(int index, int value) // 设置指定元素的值
14    {
15      if ( IsOutOfRange(index) ) {
16        cerr << "Index out of range!" << endl;
17        return;
18      }
19  //******** found********
20    _________;
21    }
22    int GetValue(int index) const // 获取指定元素的值
23    {
24      if ( IsOutOfRange(index) ) {
25        cerr << "Index out of range!" << endl;
26          return -1;
27      }
28  //******** found********
29    _________;
30    }
31    int GetLength ( ) const { return _size; } // 获取元素个数
32  private:
33    int * _p;
34    int _size;
35    bool IsOutOfRange(int index) const // 检查索引是否越界
36    {
37  //******** found********
      if (index < 0 ||_________)
38        return true;
39      else return false;
40    }
41  };
42  int main()
43  {
44    Array a(10);
45    for (int i = 0; i < a.GetLength(); i ++)
46      a.SetValue(i, i +1);
47    for (int j = 0; j < a.GetLength() -1; j ++)
48      cout << a.GetValue(j) << ", ";
49    cout << a.GetValue(a.GetLength() -1) << endl;
50    return 0;
51  }
```

三、综合应用题

请使用 VC6 或使用【答题】菜单打开考生目录 proj3 下的工程文件 proj3,此工程中包含一个源程序文件 proj3. cpp,补充编制 C ++ 程序 proj3. cpp,其功能是读取文本文件 in. dat 中的全部内容,将文本存放到 doc 类的对象 myDoc 中。然后分别统计 26 个英文字母在文本中出现的次数,统计时不区分字母大小写。最后将统计结果输出到文件 out. dat 中。文件 in. dat 长度不大于 1 000 字节。

要求:

补充编制的内容写在// ********** 333 ********** 与// ******** 666 ******** 之间。实现分别统计 26 个英文字母在文本中出现的次数,并将统计结果在屏幕上输出。统计时不区分字母大小写,输出不限格式。不得修改程序的其他部分。

注意:程序最后将结果输出到文件 out. dat 中,输出函数 writeToFile 已经给出并且调用。

```
1   // proj3.cpp
2   #include <iostream>
3   #include <fstream>
4   #include <cstring>
5   using namespace std;
6
7   class doc
8   {
9   private:
10    char * str;  //文本字符串首地址
11    int counter[26]; //用于存放 26 个字母的出现次数
12    int length;  //文本字符个数
13  public:
14  //构造函数,读取文件内容,用于初始化新对象。filename 是文件名字符串首地址。
15    doc(char * filename);
16    void count(); //统计 26 个英文字母在文本中出现的次数,统计时不区分大小写。
17    ~doc();
18    void writeToFile(char * filename);
19  };
20
21  doc::doc(char * filename)
22  {
23    ifstream myFile(filename);
24    int len =1001,tmp;
25    str =new char[len];
26    length =0;
27    while((tmp =myFile.get())!=EOF)
28    {
29      str[length ++] =tmp;
30    }
31    str[length] ='\0';
```

```
32    myFile.close();
33    for(int i=0; i<26; i++)
34      counter[i]=0;
35  }
36  //************* 333***********
37
38
39  //************* 666***********
40  doc::~doc()
41  {
42    delete [] str;
43  }
44
45  void doc:: writeToFile ( char *
46  filename)
47  {
48    ofstream outFile(filename);
49    for(int i=0; i<26; i++)
50      outFile << counter[i] << endl;
51    outFile.close();
52  }
53  void main()
54  {
55    doc myDoc("");
56    myDoc.count();
57    myDoc.writeToFile("");
58  }
```

第 32 套　上机考试试题

一、程序改错题

请使用 VC6 或使用【答题】菜单打开考生文件夹 proj1 下的工程 proj1，此工程中含有一个源程序文件 proj1.cpp。其中位于每个注释“// ERROR　**** found ****”之后的一行语句存在错误。请改正这些错误，使程序的输出结果为：

False

注意：请勿更改参数名。只修改注释“// ERROR **** found ****”的下一行语句，不要改动程序中的其他内容。

```
1   //proj1.cpp
2   #include <iostream>
3   using namespace std;
4   class MyClass
5   {
6   public:
7   // ERROR ******** found********
8   请勿更改参数名
9     void MyClass(int x):flag(x) {}
10    void Judge();
11  private:
12    int flag;
13  };
14
15  // ERROR ******** found********
16  void Judge()
17  {
18    switch(flag)
19    {
20      case 0:
21        cout << "False" << endl;
22  // ERROR ******** found********
23        exit;
24      default:
25        cout << "True" << endl;
26        break;
27    }
28  }
29
30  int main()
31  {
32    MyClass obj(0);
33    obj.Judge();
34    return 0;
35  }
```

二、简单应用题

请使用 VC6 或使用【答题】菜单打开考生文件夹 proj2 下的工程 proj2，此工程中含有一个源程序文件 proj2.cpp，请编写一个函数 int Invert(char * str)，其作用是将一个表示整数的字符串转换为相应整数。

注意：请勿修改主函数 main 和其他函数中的任何内容，只在横线处编写适当代码，也不要删除或移动“// **** found **** ”。

```
1   //proj2.cpp
2   #include <iostream>
3   #include <cstring>
4   using namespace std;
5   int Invert(char * str)
6   {
7   //********** found**********
8     ________________;
9     while(* str!='\0')
10    {
11  //********** found**********
12      int digital =__________;
13      num=num* 10 +digital;
14  //********** found**********
15    __________
16    }
17    return num;
18  }
```

```
19  int main()
20  {
21    char * str=new char[10];
22    cout << "Please input the integer string:";
23    cin >> str;
24    cout << Invert(str) << endl;
25    return 0;
26  }
```

三、综合应用题

请使用 VC6 或使用【答题】菜单打开考生目录 proj3 下的工程文件 proj3，此工程中包含一个源程序文件 proj3.cpp，其中定义了用于表示日期的类 Date、表示人员的类 Person 和表示职员的类 Staff；程序应当显示：

张小丽 123456789012345

但程序中有缺失部分，请按照以下提示，把缺失部分补充完整：

（1）在// ** 1 **　**** found **** 的下方是构造函数的定义中的一个语句，它用参数提供的身份证号 id_card_no 对数据成员 idcardno 进行初始化。

（2）在// ** 2 **　**** found **** 的下方是构造函数定义的一个组成部分，其作用是利用参数表中的前几个参数对基类 Person 进行初始化。

（3）在// ** 3 **　**** found **** 的下方定义了一个 Staff 对象，其中：

身份证号：123456789012345

姓名：张三

出生日期：1979 年 5 月 10 日

性别：女

工作部门：人事部

工资：1234.56 元

注意：只在指定位置编写适当代码，不要改动程序中的其他内容，也不要删除或移动“ **** found **** ”。填写的内容必须在一条语句中完成，否则评分将产生错误。

```
1   //proj3.cpp
2   #include <iostream>
3   using namespace std;
4   class Date
5   {
6   public:
7     int year;
8     int month;
9     int day;
10    Date():year(0),month(0),day(0){}
11    Date(int y, int m, int d):year(y), month(m),day(d){}
12  };
13  class Person
14  {
15    char idcardno[16];  //身份证号
16    char name[20];  //姓名
17    Date birthdate;  //出生日期
18    bool ismale;  //性别:true 为男,false 为女
19  public:
20    Person(const char * pid, const char * pname, Date pdate, bool pmale);
21    const char * getIDCardNO() const{ return idcardno; }
22    const char * getName()const{ return name; }
23    void rename(const char * new_name);
24    Date getBirthDate() const{ return birthdate; }
25    bool isMale()const{ return ismale;}
26  };
27  class Staff: public Person
28  {
29    char department[20];  //工作部门
30    double salary;  //工资
31  public:
32    Staff(const char * id_card_no, const char * p_name, Date birth_date, bool is_male,
33        const char * dept, double sal);
34    const char * getDepartment()const{ return department; }
35    void setDepartment(const char * d);
36    double getSalary() const{ return salary; }
37    void setSalary(double s){ salary=s; }
38  };
39  Person::Person(const char * id_card_no, const char * p_name, Date birth_date, bool is_male)
40  :birthdate(birth_date),ismale(is_
41  male)
42  {
43  //** 1**  ********** found**********
44    ________;
45    strcpy(name,p_name);
46  }
47  void Person::rename(const char * new_name){ strcpy(name,new_name); }
48  Staff::Staff(const char * id_card_no, const char * p_name, Date birth_date, bool is_male,
49  //** 2**  ********** found**********
50    const char * dept, double sal):________
51  {
52    setDepartment(dept);
```

```
53    setSalary(sal);
54  }
55  void Staff::setDepartment(const char
    * dept)
56  {
57    strcpy(department,dept);
58  }
59  int main()
60  {
61  //** 3**  ********** found**********
62    ______________;
63    Zhangsan.rename("张小丽");
64    cout << Zhangsan.getName() << Zhang-
    san.getIDCardNO() << endl;
65    return 0;
66  }
```

第 33 套　上机考试试题

一、程序改错题

请使用 VC6 或使用【答题】菜单打开考生文件夹 proj1 下的工程 proj1，此工程中含有一个源程序文件 proj1.cpp。其中位于每个注释"// ERROR　**** found ****"之后的一行语句存在错误。请改正这些错误，使程序的输出结果为：

Base:Good Luck!

Derived:Good Luck!

注意：只修改注释"// ERROR　**** found ****"的下一行语句，不要改动程序中的其他内容。

```
1   //proj1.cpp
2   #include <iostream>
3   #include <cstring>
4   using namespace std;
5   class Base
6   {
7   // ERROR ******** found********
8   private:
9     char* msg;
10  public:
11    Base(char* str)
12    {
13  // ERROR ******** found********
14      msg = new char[strlen(str)];
15      strcpy(msg,str);
16      cout << "Base:" << msg << endl;
17    }
18  // ERROR ******** found********
19    ~Base() { delete msg; }
20  };
21  class Derived:public Base
22  {
23  public:
24    Derived(char* str):Base(str) { }
25    void Show() { cout << "Derived:" <<
    msg << endl;}
26  };
27  int main()
28  {
29    Derived obj("Good Luck!");
30    obj.Show();
31    return 0;
32  }
```

二、简单应用题

请使用 VC6 或使用【答题】菜单打开考生文件夹 proj2 下的工程 proj2，函数 void Insert(node * q)使程序能完成如下功能：从键盘输入一行字符，调用该函数建立反序单链表，再输出整个链表。

注意：请勿修改主函数 main 和其他函数中的任何内容，只需在横线处编写适当代码，也不要删除或移动"// **** found **** "。

```
1   //proj2.cpp
2   #include <iostream>
3   using namespace std;
4   struct node
5   {
6     char data;
7     node * link;
8   } * head;  //链表首指针
9   void Insert(node * q)  //将节点插入链
    表首部
10  {
11  //******** found********
12    _________;
13    head = q;
14  }
15  int main()
16  {
17    char ch;
18    node * p;
19    head = NULL;
20    cout << "Please input the string" << endl;
21    while((ch = cin.get()) != '\n')
22    {
23  //******** found********
24      _________;  //用 new 为节点 p 动态分
    配存储空间
25      p -> data = ch;
26  //******** found********
27      _________;  //插入该节点
28    }
```

```
29      p = head;
30      while(p != NULL)
31      {
32        cout << p -> data;
33        p = p -> link;
34      }
35      cout << endl;
36      return 0;
37  }
```

三、综合应用题

请使用 VC6 或使用【答题】菜单打开考生文件夹 proj3 下的工程 proj3，其中声明了 ValArray 类，该类在内部维护一个动态分配的 int 型数组 v。ValArray 类的成员函数 cycle 用于对数组元素进行向左循环移动。调用一次 cycle 后，数组的第二个元素至最后一个元素都将向左移动一个位置，而最左端的元素将循环移动到最右端位置上。例如，若 ValArray 表示的数组为{1,2,3,4,5}，则第一次调用 cycle 后，数组变为{2,3,4,5,1}，第二次调用 cycle 后，数组变为{3,4,5,1,2}，依次类推。请编写成员函数 cycle。在 main 函数中给出了一组测试数据，此情况下程序的输出应该是：

v = {1,2,3,4,5}
v = {2,3,4,5,1}
v = {3,4,5,1,2}
v = {4,5,1,2,3}
v = {5,1,2,3,4}

要求：

补充编制的内容写在// ******** 333 ******** 与// ******** 666 ******** 之间，不得修改程序的其他部分。

注意：程序最后将结果输出到文件 out. dat 中。输出函数 writeToFile 已经编译为 obj 文件，并且在本程序中调用。

```
1   //ValArray.h
2   #include <iostream>
3   using namespace std;
4   class ValArray {
5     int* v;
6     int size;
7   public:
8     ValArray (const int * p, int n) : size(n)
9     {
10      v = new int[size];
11      for (int i = 0; i < size; i ++)
12        v[i] = p[i];
13    }
14    ~ValArray() { delete [] v; }
15    void cycle();
16    void print(ostream& out) const
17    {
18      out << '{';
19      for (int i = 0; i < size -1; i ++)
20        out << v[i] << ", ";
21      out << v[size -1] << '}';
22    }
23  };
24  void writeToFile(const char * );
```

```
1   //main.cpp
2   #include "ValArray.h"
3   void ValArray::cycle()
4   {
5     // 将数组 v 中的 size 个整数依次移动到它的前一个单元，其中第一个整数移到原来最后元素所在单元。
6   //******** 333 ********
7   //******** 666 ********
8   }
9   int main()
10  {
11    const int a[] = { 1, 2, 3, 4, 5 };
12    ValArray v(a, 5);
13    for (int i = 0; i < 5; i ++) {
14      cout << "v = ";
15      v.print(cout);
16      cout << endl;
17      v.cycle();
18    }
19    writeToFile("");
20    return 0;
21  }
```

第 34 套　上机考试试题

一、程序改错题

请使用 VC6 或使用【答题】菜单打开考生文件夹 proj1 下的工程 proj1，此工程中含有一个源程序文件 proj1. cpp。其中每个注释“//ERROR ****found****”之后的一行语句存在错误。请改正这些错误，使程序的输出结果为：

Constructor
The value is 10
Destructor

注意：只修改注释“// ERROR ****found****”的下一行语句，不要改动程序中的其他内容。

```
1   // proj1.cpp
2   #include <iostream>
3   using namespace std;
4   class MyClass
5   {
6   public:
7     MyClass(int x):value(x) { cout << "Constructor" << endl; }
```

```
8   // ERROR   ********** found**********
9     void ~MyClass()
10    { cout << "Destructor" << endl; }
11    void Print() const;
12  private:
13  // ERROR   ********** found**********
14    int value = 0;
15  };
16  // ERROR   ********** found**********
    void MyClass::Print()
17  {
18    cout << "The value is " << value <<
    endl;
19  }
20  int main()
21  {
22    MyClass object(10);
23    object.Print();
24    return 0;
25  }
```

二、简单应用题

请使用 VC6 或使用【答题】菜单打开考生文件夹 proj2 下的工程 proj2，此工程中包含一个头文件 number.h，其中包含了类 Number、OctNumber、HexNumber 和 DecNumber 的声明；包含程序文件 number.cpp，其中包含了上述类的成员函数 toString 的定义；还包含程序文件 proj2.cpp，它以各种数制格式显示输出十进制数 11。请在程序中的横线处填写适当的代码并删除横线，以实现上述功能。此程序的正确输出结果应为：

013,11,0XB

注意：只能在横线处填写适当的代码，不要改动程序中的其他内容，也不要删除或移动“// **** found **** ”。

```
1   //mumber.h
2   class Number{
3   protected:
4     int n;
5     static char buf[33];
6   public:
7     Number(int k):n(k){}
8   //********** found**********
9     _______________;
10  //纯虚函数 toString 的声明
11  };
12  class HexNumber: public Number{
13  //16 进制数
14  public:
15  //********** found**********
16    __________//构造函数，参数名为 k
17    const char* toString()const;
18  };
19  class OctNumber: public Number{
20  //八进制数
21  public:
22    OctNumber(int k):Number(k){}
23    const char* toString()const;
24  };
25  class DecNumber: public Number{  //十
    进制数
26  public:
27    DecNumber(int k):Number(k){}
28    const char* toString()const;
29  };
```

```
1   //mumber.cpp
2   #include "Number.h"
3   #include <iostream>
4   #include <iomanip>
5   #include <strstream>
6   using namespace std;
7   char Number::buf[33] = "";
8   const char * HexNumber:: toString
    ()const
9   {
10    strstream str(buf,33);
11    str << hex << uppercase << showbase <
    < n << ends;
12    return buf;
13  }
14  const char * OctNumber:: toString
15  ()const
16  {
17    strstream str(buf,33);
18    str << oct << showbase << n << ends;
19    return buf;
20  }
21  const char * DecNumber:: toString
    ()const
22  {
23  strstream str(buf,33);
24  str << dec << n << ends;
25  return buf;
26  }
```

```
1   //proj2.cpp
2   #include"Number.h"
3   #include<iostream>
4   using namespace std;
5   void show(Number& number)
6   {
7   //********** found**********
```

```
8        ____________; //按既定的数制显示输
出参数对象 number 的值
9    }
10   int main()
11   {
12     show(OctNumber(11)); cout << ',';
13     show(DecNumber(11)); cout << ',';
14   //********** found**********
15     ____________;//以 16 进制格式输出
十进制数 11
16     cout << endl;
17     return 0;
18   }
```

三、综合应用题

请使用 VC6 或使用【答题】菜单打开考生文件夹 proj3 下的工程文件 proj3。本题创建一个小型字符串类，字符串长度不超过 100。程序文件包括 proj3. h、proj3. cpp、writeToFile. obj。补充完成 proj3. h，实现默认构造函数 MiniString(const char ＊s = "")和析构函数 ~MiniString( )。

要求：

补充编制的内容写在// ********** 333 ******** 与// ******** 666 ******** 之间，不得修改程序的其他部分。

注意：程序最后将结果输出到文件 out. dat 中。输出函数 writeToFile 已经编译为 obj 文件，并且在本程序中调用。

```
1    //proj3.h
2    #include <iostream>
3    #include <iomanip>
4    using namespace std;
5    class MiniString
6    {public:
7    friend ostream &operator << ( ostream
&output, const MiniString &s )
8    //重载流插入运算符
9    {  output << s.sPtr;  return output;
  }
10   friend istream &operator >> ( istream
&input, MiniString &s )
11   //重载流提取运算符
12   {  char temp[100];
13   // 用于输入的临时数组
14     temp[0] = '\0';
15   // 初始为空字符串
16     input >> setw( 100 ) >> temp;
17     int inLen = strlen(temp); //输入字
符串长度
18     if( inLen ! = 0)
19     {
20       s.length = inLen;  //赋长度
21       if( s.sPtr! = 0) delete []s.sPtr;
22   // 避免内存泄漏
23       s.sPtr = new char[s.length + 1];
24       strcpy( s.sPtr, temp );
25   // 如果 s 不是空指针，则复制内容
26     }
27     else s.sPtr[0] = '\0';
28   // 如果 s 是空指针，则为空字符串
29     return input;
30   }
31   //************* 333***********
32
33   //************* 666***********
34   private:
35   int length;
36   // 字符串长度(不超过 100 个字符)
37   char * sPtr;
38   // 指向字符串起始位置
39   };
```

```
1    //proj3.cpp
2    #include <iostream>
3    #include <iomanip>
4    using namespace std;
5    #include "proj3.h"
6    int main()
7    {
8      void writeToFile(char * );
9      MiniString str1 ( "Happy" );
10     cout << str1 << "\n";
11     writeToFile("");
12     return 0;
13   }
```

第 35 套　上机考试试题

一、程序改错题

请使用 VC6 或使用【答题】菜单打开考生文件夹 proj1 下的工程 proj1，此工程中含有一个源程序文件 proj1. cpp。其中每个注释“// ERROR　**** found ****”之后的一行语句存在错误。请改正这些错误，使程序的输出结果为：

The perimeter is 62. 8

The area is 314

注意：只修改注释“// ERROR　**** found ****”的下一行语句，不要改动程序中的其他内容。

```
1    // proj1.cpp
2    #include <iostream>
3    using namespace std;
4    const double PI =3.14;
5    class Circle
6    {
```

```
7   public:
8   // ERROR   ********** found**********
9     Circle(int r) { radius = r; }
10    void Display();
11  private:
12    const int radius;
13  };

14  // ERROR   ********** found**********
    void Display()
15  {
16    cout << "The perimeter is " <<2* PI*
    radius << endl;
17    cout << "The area is " << PI* radius*
18  radius   << endl;
19  }
20
21  int main()
22  {
23    Circle c(10);
24  // ERROR   ********** found**********
25    c::Display();
26    return 0;
27  }
```

二、简单应用题

请使用 VC6 或使用【答题】菜单打开考生文件夹 proj2 下的工程 proj2，此工程中含有一个源程序文件 proj2.cpp，其中定义了 Sort 类和 InsertSort 类。Sort 是一个表示排序算法的抽象类，成员函数 mySort 为各种排序算法定义了统一的接口，成员函数 swap 实现了两个整数的交换操作。InsertSort 是 Sort 的派生类，它重新定义了基类中的成员函数 mySort，具体实现了简单插入排序法。本程序的正确输出结果应为：

Before sorting a[] =
5,1,7,3,1,6,9,4,2,8,6,
After sorting a[] =
1,1,2,3,4,5,6,6,7,8,9,

请首先阅读程序，分析输出结果，然后根据以下要求在横线处填写适当的代码并删除横线，以实现上述功能。

(1)将 Sort 类的成员函数 swap 补充完整，实现两个整数的交换操作；

(2)将 InsertSort 类的构造函数补充完整；

(3)将 InsertSort 类的成员函数 mySort 补充完整，实现简单插入排序法（在交换数据时，请使用基类的成员函数 swap）。

注意：只在横线处填写适当的代码，不要改动程序中的其他内容，也不要删除或移动"// **** found **** "。

```
1   //proj2.cpp
2   #include <iostream>
```

```
1   using namespace std;
2   class Sort {
3   public:
4     Sort(int*  a0, int n0) : a(a0), n
    (n0) {}
5     virtual void mySort() = 0;
6     static swap(int& x, int& y)
7     {
8       int tmp = x;
9   //********** found**********
10        _________;
11      y = tmp;
12    }
13  protected:
14    int* a;
15    int n;
16  };
17  class InsertSort : public Sort {
18  public:
19    InsertSort(int*  a0, int n0)
20  //********** found**********
21    :_________
22    {
23    }
24    virtual void mySort()
25    {
26      for(int i = 1; i < n; ++i)
27        for(int j = i; j > 0; --j)
28          if(a[j] < a[j-1])
29  //********** found**********
30            _________;
31          else
32  //********** found**********
33            _________;
34    }
35  };
36  void fun(Sort& s) { s.mySort(); }
37  void print(int * a, int n)
38  {
39    for(int i = 0; i < n; ++i)
40      cout << a[i] << ", ";
41    cout << endl;
42  }
43  int main(int argc, char * argv[])
44  {
45    int a[] = {5, 1, 7, 3, 1, 6, 9, 4, 2, 8,
    6};
46    cout << "Before sorting a[] = \n";
47    print(a, 11);
48    InsertSort bs(a, 11);
```

```
49    fun(bs);
50    cout << "After sorting a[] = \n";
51    print(a, 11);
52    return 0;
53  }
```

三、综合应用题

请使用 VC6 或使用【答题】菜单打开考生文件夹 proj3 下的工程文件 proj3。本题创建一个小型字符串类,字符串长度不超过 100。程序文件包括 proj3. h、proj3. cpp、writeToFile. obj。补充完成 proj3. h,重载复合赋值运算符 +=。

要求:

补充编制的内容写在// ********** 333 ********** 与// ********** 666 ********** 之间,不得修改程序的其他部分。

注意:程序最后将结果输出到文件 out. dat 中。输出函数 writeToFile 已经编译为 obj 文件,并且在本程序中调用。

```
1  //proj3.h
2  #include <iostream>
3  #include <iomanip>
4  using namespace std;
5  class MiniString
6  {public:
7  friend ostream &operator << ( ostream
   &output, const MiniString &s )
8  //重载流插入运算符
9  {  output << s.sPtr;  return output;
   }
10 friend istream &operator >> ( istream
   &input, MiniString &s )
11 //重载流提取运算符
12 {  char temp [100] ; // 用于输入的临时数组
13   temp[0] = '\0';
14   input >> setw( 100 ) >> temp;
15   int inLen = strlen(temp); //输入字
   符串长度
16   if( inLen ! = 0)
17   {
18     s.length = inLen;//赋长度
19     if( s.sPtr! = 0) delete []s.sPtr;
   // 避免内存泄漏
20     s.sPtr = new char [s.length + 1];
21     strcpy( s.sPtr, temp );
22 // 如果 s 不是空指针,则复制内容
23   }
24     else  s.sPtr [0] = '\0';
25 // 如果 s 是空指针,则为空字符串
26   return input;
27 }
28 MiniString(const char * s = ""):length((s !
   = 0 ) ? strlen( s ) : 0 ){ setString( s ); }
29  ~MiniString(){ delete [] sPtr;}// 析
   构函数
30 //************* 333***********
31 // + =运算符重载
32 //************* 666***********
33 private:
34 int length;  // 字符串长度
35 char * sPtr;  // 指向字符串起始位置
36 void setString ( const char *  string2
   ) // 辅助函数
37 {
38     sPtr = new char [length + 1];
39 // 分配内存
40   if ( string2 ! = 0 )
41   strcpy( sPtr, string2 );
42 // 如果 string2 不是空指针,则复制内容
43   else sPtr [0] = '\0';
44 // 如果 string2 是空指针,则为空字符串
45 }
46 };
```

```
1  //proj3.cpp
2  #include <iostream>
3  #include <iomanip>
4  using namespace std;
5  #include "proj3.h"
6  int main()
7  {
8    MiniString str1 ("World "), str2 ("
   Hello ");
9    void writeToFile(char * );
10   str2 + = str1;  // 使用重载的 + =运算符
11   cout << str2 << "\n";
12   writeToFile("");
13   return 0;
14 }
```

第 36 套　上机考试试题

一、程序改错题

请使用 VC6 或使用【答题】菜单打开考生文件夹 proj1 下的工程 proj1,此工程中含有一个源程序文件 proj1. cpp。其中每个注释"// ERROR **** found ****"之后的一行语句存在错误。请改正这些错误,使程序的输出结果为:

smaller
smaller
smaller
largest

注意:只修改注释"// ERROR ********** foundv ********** "的下一行语句,不要改动程序中的其他内容。

```
1   // proj1.cpp
2   #include <iostream>
3   using namespace std;
4   const int Size=4;
5   class MyClass
6   {
7   public:
8     MyClass(int x=0):value(x) { }
9     void Set(int x) { value=x; }
10    friend void Judge(MyClass &obj);
11  private:
12    int value;
13  };
14  // ERROR  ********** found**********
15  void MyClass::Judge(MyClass &obj)
16  {
17    if(obj.value==Size)
18      cout<<"largest"<<endl;
19    else
20      cout<<"smaller"<<endl;
21  }
22  int main()
23  {
24    MyClass * ptr=new MyClass[Size];
25    for(int i=0;i<Size;i++)
26    {
27  // ERROR  ********** found**********
28      (ptr+i).Set(i+1);
29      Judge(* (ptr+i));
30    }
31  // ERROR  ********** found**********
32    delete ptr;
33    return 0;
34  }
```

二、简单应用题

请使用VC6或使用【答题】菜单打开考生文件夹proj2下的工程proj2,此工程中含有一个源程序文件proj2.cpp,其中定义了MyString类。MyString是一个用于表示字符串的类,其构造函数负责动态分配一个字符数组,并将形参指向的字符串复制到该数组中;成员函数reverse的功能是对字符串进行反转操作,例如,字符串“ABCDE”经过反转操作后,会变为“EDCBA”;成员函数print的作用是将字符串输出到屏幕上。

请在横线处填写适当的代码并删除横线,以实现MyString类的功能。此程序的正确输出结果应为:

Before reverse:

abc

defg

After reverse:

cba

gfed

注意:只在横线处填写适当的代码,不要改动程序中的其他内容,也不要删除或移动“// **** found **** ”。

```
1   //proj2.cpp
2   #include <iostream>
3   using namespace std;
4
5   class MyString {
6   public:
7     MyString(const char*  s)
8     {
9   //********** found**********
10      m_str = new char[__________];
11      strcpy(m_str, s);
12    }
13    ~MyString()
14    {
15  //********** found**********
16      __________;
17    }
18
19    void reverse()
20    {
21       int n = strlen(m_str);
22       for (int i=0; i < n/2; ++i) {
23        int tmp = m_str[i];
24  //********** found**********
25        m_str[i] =__________;
26  //********** found**********
27        ________________;
28       }
29    }
30    void print()
31    {
32      cout << m_str << endl;
33    }
34    // 其他成员...
35  private:
36    char*  m_str;
37  };
38
39  int main(int argc, char * argv[])
40  {
41     MyString  str1 ( " abc"),  str2 ( "
    defg");
42    cout << "Before reverse: \n";
43    str1.print();
44    str2.print();
45    str1.reverse();
46    str2.reverse();
```

```
47    cout << "After reverse: \n";
48    str1.print();
49    str2.print();
50    return 0;
51  }
```

三、综合应用题

请使用VC6或使用【答题】菜单打开考生文件夹proj3下的工程文件proj3。本题创建一个小型字符串类，字符串长度不超过100。程序文件包括proj3.h、proj3.cpp、writeToFile.obj。补充完成proj3.h，重载+运算符。

要求：

补充编制的内容写在// ********** 333 ********** 与// ********** 666 ******* 之间，不得修改程序的其他部分。

注意：程序最后将结果输出到文件out.dat中。输出函数writeToFile已经编译为obj文件，并且在本程序中调用。

```
1   //proj3.h
2   #include <iostream>
3   #include <iomanip>
4   using namespace std;
5   class MiniString // +运算符重载
6   {public:
7   friend ostream &operator << ( ostream &output, const MiniString &s )
8   //重载流插入运算符
9   {  output << s.sPtr;  return output;}
10  friend istream &operator >> ( istream &input, MiniString &s )
11  //重载流提取运算符
12  {  char temp [100] ; // 用于输入的临时数组
13    temp[0] = '\0';
14    input >> setw( 100 ) >> temp;
15      int inLen = strlen(temp);
16  //取输入字符串长度
17    if( inLen ! = 0)
18    {
19      s.length = inLen;  //赋长度
20      if( s.sPtr! = 0) delete []s.sPtr;
    // 避免内存泄漏
21      s.sPtr = new char [s.length + 1];
22      strcpy( s.sPtr, temp );
23  // 如果 s 不是空指针,则复制内容
24    }
25    else s.sPtr[0] = '\0';
26  // 如果 s 是空指针,则为空字符串
27    return input;
28  }
29  MiniString ( const char * s = ""): length(( s ! = 0 ) ? strlen( s ) : 0 ){ setString( s ); }
30   ~MiniString(){ delete [] sPtr;}// 析构函数
31  //************* 333***********
32  // +运算符重载
33  //************* 666***********
34  MiniString(MiniString &s)
35  {
36    length = s.length;
37    sPtr = new char [s.length + 1];
38    strcpy( sPtr, s.sPtr);
39  }
40  private:
41  int length;// 字符串长度
42  char * sPtr;// 指向字符串起始位置
43  void setString ( const char *  string2 )// 辅助函数
44  {
45    sPtr = new char [strlen(string2) + 1] ;
46  // 分配内存
47    if ( string2 ! = 0 )
48    strcpy( sPtr, string2 );
49  // 如果 string2 不是空指针,则复制内容
50    else sPtr [0] = '\0';
51  // 如果 string2 是空指针,则为空字符串
52  }
53  };
```

```
1   //proj3.cpp
2   #include <iostream>
3   #include <iomanip>
4   using namespace std;
5   #include "proj3.h"
6   int main()
7   {
8     MiniString str1("Hello! "), str2(" World ");
9     void writeToFile(char * );
10    MiniString temp = str1 + str2; // 使用重载的+运算符
11    cout << temp << "\n";;
12    writeToFile("");
13    return 0;
14  }
```

第37套　上机考试试题

一、程序改错题

请使用VC6或使用【答题】菜单打开考生文件夹proj1下的工程proj1，其中有矩形类Rectangle、函数show和主函数main的定义。程序中位于每个// ERROR **** found **** 下一行的语

句有错误,请加以改正。改正后程序的输出结果应该是:

Upper left = (1,8),down right = (5,2),area = 24.

注意:只修改每个// ERROR **** found **** 下的那一行,不要改动程序中的其他内容。

```
1  #include <iostream>
2  #include <cmath>
3  using namespace std;
4  class Rectangle{
5    double x1,y1; //左上角坐标
6    double x2,y2; //右下角坐标
7  public:
8  // ERROR ********** found**********
9    Rectangle(double x1, y1; double x2, y2){
10     this->x1 =x1;
11     this->y1 =y1;
12     this->x2 =x2;
13     this->y2 =y2;
14   }
15   double getX1()const{ return x1; }
16   double getY1()const{ return y1; }
17   double getX2()const{ return x2; }
18   double getY2()const{ return y2; }
19   double getHeight() const { return fabs(y1 - y2); }
20   double getWidth()const{ return fabs(x1 - x2); }
21   double area() const { return getHeight()* getWidth(); }
22 };
23 // ERROR ********** found**********
24 void show(Rectangle r)const{
25   cout << "Upper left = (";
26 // ERROR ********** found**********
27   cout << r.x1 << " , " << r.y1 << "), down right = (" << r.x2 << " , " << r.y2;
28   cout << "), area = " << r.area() << "." << endl;
29 }
30 int main(){
31   Rectangle r1(1,8,5,2);
32   show(r1);
33   return 0;
34 }
```

二、简单应用题

请使用 VC6 或使用【答题】菜单打开考生文件夹 proj2 下的工程 proj2,此工程中包含一个源程序文件 main.cpp,其中有坐标点类 Point、线段类 Line 和矩形类 Rectangle 的定义,还有 main 函数的定义。程序中两点间的距离的计算是按公式 $d=\sqrt{(x_1-x_2)^2+(y_1-y_2)^2}$实现的。请在横线处填写适当的代码,然后删除横线,以实现上述类定义。此程序的正确输出结果应为:

Width:4

Height:6

Diagonal:7.2111

area:24

注意:只在横线处填写适当的代码,不要改动程序中的其他内容,也不要删除或移动"// **** found **** "。

```
1  #include <iostream>
2  #include <cmath>
3  using namespace std;
4  class Point{ //坐标点类
5  public:
6    const double x,y;
7    Point(double x = 0.0, double y = 0.0): x(x),y(y){}
8  //********** found**********
9    double distanceTo(__________)const{ //到指定点的距离
10     return sqrt((x - p.x)* (x - p.x) + (y - p.y)* (y - p.y)) ;
11   }
12 };
13 class Line{ //线段类
14 public:
15   const Point p1,p2; //线段的两个端点
16   Line(Point p1, Point p2): p1(p1),p2(p2){}
17 //********** found**********
18   double length() const { return p1.__________; } //线段的长度
19 };
20 class Rectangle{ //矩形类
21 public:
22   const Point upper_left;  //矩形的左上角坐标
23   const Point down_right;  //矩形的右下角坐标
24   Rectangle(Point p1, Point p2): upper_left(p1),down_right(p2){}
25   double width()const{ //矩形水平边长度
   //********** found**********
26   return Line(upper_left,__________).length();
27   }
28   double height()const{ //矩形垂直边长度
29     return Line(upper_left, Point(upper_left.x, down_right.y)).length();
```

```
30    }
31    double lengthOfDiagonal()const{
//矩形对角线长度
32        return Line (upper _ left, down _
right).length();
33    }
34    double area()const{ //矩形面积
35  //********** found*********
36      return _________;
37    }
38  };
39  int main(){
40    Rectangle r(Point(1.0, 8.0), Point
(5.0, 2.0));
41    cout << "Width: " << r.width() <<
endl;
42    cout << "Height: " << r.height() <<
endl;
43    cout << "Diagonal: " << r.lengthOfDi-
agonal() << endl;
44    cout << "area: " << r.area() << endl;
45    return 0;
46  }
```

三、综合应用题

请使用【答题】菜单命令或直接用 VC6 打开考生文件夹下的工程 proj3，其中声明了一个人员信息类 Person。在 Person 类中数据成员 name、age 和 address 分别存放人员的姓名、年龄和地址。构造函数 Person 用以初始化数据成员。补充编制程序，使其功能完整。在 main 函数中分别创建了两个 Person 类对象 p1 和 p2，并显示两个对象信息，此种情况下程序的输出应为：

Jane25Beijing

Tom22Shanghai

注意：只能在函数 Person 中的 // ********** 333 ********** 和// ******** 666 ******** 之间填入若干语句，不要改动程序中的其他内容。

```
1   //proj3.h
2   #include <iostream>
3   #include <string>
4   using namespace std;
5   class Person{
6     public:
7       char name[20];
8       int age;
9       char* address;
10    public:
11       Person (char * _name, int _age,
char* _add = NULL); //构造函数
12    void info_display(); //人员信息显示
13    ~Person(); //析构函数
14  };
15  void writeToFile (const char * path
= "");
```

```
1   //proj3.cpp
2   #include <iostream>
3   #include <string>
4   #include "proj3.h"
5   using namespace std;
6   Person::Person (char * _name, int _
age, char* _add):age(_age)
7   {
8   // 把字符串_name 复制到数组 name 中
9   // 使 address 指向一个动态空间，把字符串_
add 复制到该数组中。
10  //******** 333********
11  //******** 666********
12  }
13  void Person::info_display()
14  {
15    cout << name << '\t' << age << '\t';
16    if(address != NULL)
17      cout << address << endl;
18  }
19  Person::~Person()
20  {
21    if(address != NULL)
22      delete[] address;
23  }
24  void main()
25  {
26    char add[100];
27    strcpy(add, "Beijing");
28    Person p1("Jane",25, add);
29    p1.info_display();
30    strcpy(add, "Shanghai");
31    Person * p2 = new Person("Tom", 22,
add);
32    p2 -> info_display();
33    delete p2;
34    writeToFile("");
35  }
```

第 38 套　上机考试试题

一、程序改错题

请使用 VC6 或使用【答题】菜单打开考生文件夹 proj1 下的工程 proj1。程序中位于每个// ERROR **** found **** 下一行的语句有错误，请加以改正。改正后程序的输出结果应为：

The value is 5

The value is 10
There are 2 objects.
There are 1 objects.

注意:只修改每个// ERROR　**** found **** 下的那一行,不要改动程序中的其他内容。

```
1  #include <iostream>
2  using namespace std;
3  class MyClass {
4  public:
5    MyClass(int value)
6    {
7  // ERROR ********** found**********
8      this.value = value;
9      count ++;
10   }
11 // ERROR ********** found**********
12   void ~MyClass()
13   {
14     count --;
15   }
16    static int getCount ( ) { return
   count; }
17   int getValue() { return value; }
   private:
18   int value;
19   static int count;
20 };
21 // ERROR ********** found**********
22 static int MyClass::count = 0;
23 int main()
24 {
25   MyClass* p = new MyClass(5);
26   MyClass* q = new MyClass(10);
27   cout << "The value is " << p ->
   getValue() << endl;
28   cout << "The value is " << q ->
   getValue() << endl;
29   cout << "There are " << MyClass::get-
   Count() << " objects." << endl;
30   delete p;
31   cout << "There are " << MyClass::get-
   Count() << " objects." << endl;
32   return 0;
33 }
```

二、简单应用题

请使用 VC6 或使用【答题】菜单打开考生文件夹 proj2 下的工程 proj2,其中定义了 Shape 类和 Point 类。Shape 类表示抽象的形状,其成员函数 draw 声明了显示形状的接口。Point 是 Shape 的派生类,表示平面直角坐标系中的点,其成员函数 draw 用于在屏幕上显示 Point 对象;成员函数 distance 用于计算两个点之间的距离。提示:在平面直角坐标系中,点(x_1, y_2)和点(x_2, y_2)之间的距离为:$d = \sqrt{(x_1 - x_2)^2 + (y_1 - y_2)^2}$;标准库函数 sprt 用于求平方根。请在横线处填写适当的代码并删除横线,以实现上述类定义。此程序的正确输出结果应为:

(3,0)
(0,4)
Distance = 5

注意:只在横线处填写适当的代码,不要改动程序中的其他内容,也不要删除或移动"**** found ****"。

```
1  #include <iostream>
2  #include <math.h>
3  using namespace std;
4  class Shape {
5  public:
6  //********** found**********
7    ____________
8    virtual ~Shape() { }
9  };
10 class Point : public Shape {
11 public:
12   Point(double x, double y) :x_(x), y_
   (y)
13   { }
14   virtual void draw() const;
15 //********** found**********
16   double distance(________) const
17   {
18     return sqrt((x_ - pt.x_)* (x_ - pt.
   x_) + (y_ - pt.y_)* (y_ - pt.y_));
19   }
20 private:
21 //********** found**********
22   ____________
23 };
24 void Point::draw() const
25 {
26 //********** found**********
27   cout << '(' <<________ << ')' << endl;
28 }
29 int main()
30 {
31   Point* pt1 = new Point(3, 0);
32   Point* pt2 = new Point(0, 4);
33   Shape* s = pt1;
34   s ->draw();
35   s = pt2;
36   s ->draw();
```

```
37  cout << "Distance = " << pt1 ->distance(* pt2) << endl;
38  delete pt1;
39  delete pt2;
40  return 0;
41 }
```

三、综合应用题

请使用 VC6 或使用【答题】菜单打开考生文件夹 proj3 下的工程 proj3,其中声明的 Matrix 是一个用于表示矩阵的类。其成员函数 transpose 的功能是实现矩阵的转置运算。将矩阵 A 的行列互换,所得到的矩阵称为 A 的转置,记做 A^{T}。例如,若有 3×3 矩阵

$$A=\begin{bmatrix}1&3&2\\1&0&0\\1&2&2\end{bmatrix}$$

则 A 的转置为

$$A^{T}=\begin{bmatrix}1&1&1\\3&0&2\\2&0&2\end{bmatrix}$$

请编写成员函数 transpose,以实现矩阵转置功能。

要求:

补充编制的内容写在// ********** 333 ********** 与// ********** 666 ********** 之间,不得修改程序的其他部分。

注意:程序最后将结果输出到文件 out. dat 中。输出函数 writeToFile 已经编译为 obj 文件,并且在本程序中调用。

```
1  //Matrix.h
2  #include <iostream>
3  #include <iomanip>
4  using namespace std;
5
6  const int M = 18;
7  const int N = 18;
8
9  class Matrix {
10   int array[M][N];
11 public:
12   Matrix() { }
13   int getElement(int i, int j) const { return array[i][j]; }
14   void setElement(int i, int j, int value) { array[i][j] = value; }
15   void transpose();
16   void show(const char * s) const
17   {
18     cout << endl << s;
19     for (int i = 0; i < M; i ++) {
20       cout << endl;
21       for (int j = 0; j < N; j ++)
22         cout << setw(4) << array[i][j];
23     }
24   }
25 };
26 void readFromFile(const char *, Matrix&);
27 void writeToFile(char *, const Matrix&);
```

```
1  //main.cpp
2  #include <fstream>
3  #include "Matrix.h"
4  void readFromFile(const char * filename, Matrix& m)
5  {
6    ifstream infile(filename);
7    if (! infile) {
8      cerr << "无法读取输入数据文件! \n";
9      return;
10   }
11   int d;
12   for (int i = 0; i < M; i ++)
13     for (int j = 0; j < N; j ++) {
14       infile >> d;
15       m.setElement(i, j, d);
16     }
17 }
18 void Matrix::transpose()
19 {
20 //******** 333********
21 //******** 666********
22 }
23 int main()
24 {
25   Matrix m;
26   readFromFile("", m);
27   m.show("Before transpose:");
28   m.transpose();
29   m.show("After transpose:");
30   writeToFile("",m);
31   return 0;
32 }
```

第 39 套　上机考试试题

一、程序改错题

请使用 VC6 或使用【答题】菜单打开考生文件夹 proj1 下的工程 proj1。程序中位于每个// ERROR **** found **** 之后的一行语句有错误,请加以改正。改正后程序的输出结果应该是:

Name:Smith　　Age:21　　ID:99999　　CourseNum:12
Record:970

注意：只修改每个// ERROR **** found **** 下的一行，不要改动程序中的其他内容。

```
1  #include <iostream>
2  using namespace std;
3  class StudentInfo
4  {
5  protected:
6  // ERROR ********** found**********
7    char Name[];
8    int Age;
9    int ID;
10   int CourseNum;
11   float Record;
12 public:
13 // ERROR ********** found**********
14   void StudentInfo(char * name, int age,
   int ID, int courseNum, float record);
15 // ERROR ********** found**********
16   void ~StudentInfo() { delete []
   Name; }
17   float AverageRecord(){
18     return Record/CourseNum;
19   }
20   void show()const;
21 };
22 StudentInfo:: StudentInfo (char *
   name, int age, int ID, int courseNum,
   float record)
23 {
24   Name = strdup(name);
25   Age = age;
26   this->ID = ID;
27   CourseNum = courseNum;
28   Record = record;
29 }
30 void StudentInfo::show()const
31 {
32   cout << "Name: " << Name << " Age: " << Age
   << " ID: " << ID << " CourseNum: " << Course-
   Num << " Record: " << Record << endl;
33 }
34 int main()
35 {
36   StudentInfo st ("Smith",21,99999,
   12,970);
37   st.show();
38   return 0;
39 }
```

二、简单应用题

请使用 VC6 或使用【答题】菜单打开考生文件夹 proj2 下的工程 proj2，其中包含抽象类 Shape 的声明，以及在此基础上派生出的类 Rectangle 和 Circle 的声明，二者都有计算对象面积的函数 GetArea( )和计算对象周长的函数GetPerim( )。程序中位于每个// **** found **** 之后的一行语句有错误，请加以改正。改正后程序的输出结果应该是：

The area of the Circle is 78.5
The perimeter of the Circle is 31.4
The area of the Rectangle is 24
The perimeter of the Rectangle is 20

注意：只在横线处填写适当的代码，不要改动程序中的其他内容，也不要删除或移动“// **** found ****”。

```
1  #include <iostream>
2  using namespace std;
3  class Shape
4  {
5  public:
6    Shape(){}
7    ~Shape(){}
8  //********** found**********
9    _________ float GetArea() =0 ;
10 //********** found**********
11   _________ float GetPerim () =0 ;
12 };
13 class Circle : public Shape
14 {
15 public:
16   Circle(float radius):itsRadius(ra-
   dius){}
17    ~Circle(){}
18    float GetArea () { return 3.14 *
   itsRadius * itsRadius; }
19   float GetPerim ()
20   { return 6.28 * itsRadius; }
21 private:
22   float itsRadius;
23 };
24 class Rectangle : public Shape
25 {
26 public:
27 //********** found**********
28   Rectangle(float len, float width):
   ________________{};
29    ~Rectangle(){};
30   virtual float GetArea()
31   { return itsLength * itsWidth; }
32   float GetPerim ()
33   { return 2 * itsLength + 2 * its-
   Width; }
34   virtual float GetLength() { return
   itsLength; }
```

```
35    virtual float GetWidth () { return
  itsWidth; }
36  private:
37    float itsWidth;
38    float itsLength;
39  };
40  int main ()
41  {
42  //********** found**********
43    ______________
44    sp = new Circle(5);
45    cout << "The area of the Circle is "
   << sp -> GetArea () << endl;
46    cout << "The perimeter of the Cir-
  cle is " << sp -> GetPerim () << endl;
47    delete sp;
48    sp = new Rectangle(4, 6);
49    cout << "The area of the Rectangle
  is " << sp -> GetArea() << endl;
50    cout << "The perimeter of the Rec-
  tangle is " << sp -> GetPerim () <<
51  endl;
52    delete sp;
53    return 0;
54  }
```

三、综合应用题

请使用 VC6 或使用【答题】菜单打开考生文件夹 proj3 下的工程 proj3，其中声明的 CDeepCopy 是一个用于表示动态数组的类。请编写其中的复制构造函数。

要求：

补充编制的内容写在// ******** 333 ******** 与// ******** 666 ******** 之间，不得修改程序的其他部分。

注意：程序最后将结果输出到文件 out. dat 中。输出函数 writeToFile 已经编译为 obj 文件，并且在本程序中调用。

```
1   //CDeepCopy.h
2   #include <iostream>
3   #include <string>
4   using namespace std;
5   class CDeepCopy
6   {
7   public:
8     int  n;  //动态数组的元素个数
9     int  * p;  //动态数组首地址
10    CDeepCopy(int) ;
11    ~CDeepCopy();
12    CDeepCopy(const CDeepCopy& r) ;
13  //复制构造函数
14  };
15  void writeToFile(char * );
```

```
1   //main.cpp
2   #include "CDeepCopy.h"
3   CDeepCopy::~CDeepCopy(){ delete []
  p; }
4   CDeepCopy::CDeepCopy(int k) { n=k; p
  =new int[n]; }
5   // 构造函数实现
6   CDeepCopy::    CDeepCopy    (  const
  CDeepCopy& r)
7   // 复制构造函数
8   {
9   //******** 333********
10
11  //******** 666********
12  }
13  int main()
14  {
15    CDeepCopy a(2),d(3);
16    a.p[0]=1; d.p[0]=666;
17  // 对象 a,d 数组元素的赋值
18    {
19     CDeepCopy b(a);
20     a.p[0]=88;
21     cout <<b.p[0];
22  // 显示内层局部对象的数组元素
23    }
24    cout <<d.p[0];
25  // 显示 d 数组元素 a.p[0]的值
26    cout <<" d fade away;\n"; cout <<a.p
  [0];
27  // 显示 a 数组元素 a.p[0]的值
28    writeToFile("");
29    return 0;
30  }
```

第40套 上机考试试题

一、程序改错题

请使用 VC6 或使用【答题】菜单打开考生文件夹 proj1 下的工程 proj1。此工程中包含程序文件 main. cpp，其中有类 Door（“门”）和主函数 main 的定义。程序中位于每个// ERROR ******** found ******** 之后的一行语句有错误，请加以改正。改正后程序的输出结果应为：

打开 503 号门...门是锁着的，打不开。

打开 503 号门的锁...锁开了。

打开 503 号门...门打开了。

打开 503 号门...门是开着的，无须再开门。

锁上 503 号门...先关门...门锁上了。

注意：只修改每个// ERROR **** found **** 下的那一行，不要改动程序中的其他内容。

```
1  #include <iostream>
2  using namespace std;
3  class Door{
4    int num;  //门号
5    bool closed;  //true 表示门关着
6    bool locked;  //true 表示门锁着
7  public:
8  //ERROR ********* found*********
9    Door(int n):num(n),closed(true),
   lock(true){}
10   bool isClosed() const { return
   closed;}
11 //门关着时返回 true,否则返回 false
12   bool isOpened() const { return !
   closed;}
13 //门开着时返回 true,否则返回 false
14   bool isLocked() const { return
   locked;}
15 //门锁着时返回 true,否则返回 false
16   bool isUnlocked() const { return !
   locked;}
17 //门未锁时返回 true,否则返回 false
18 //ERROR ********* found*********
19   void open()const{  //开门
20     cout << endl << "打开" << num << "
   号门...";
21     if(! closed)
22       cout << "门是开着的,无须再开门。";
23     else if(locked)
24       cout << "门是锁着的,打不开。";
25     else{
26       closed = false;
27       cout << "门打开了。";
28     }
29   }
30   void close(){  //关门
31     cout << endl << "关上" << num << "
   号门...";
32     if(closed)
33       cout << "门是关着的,无须再关门。";
34     else{
35       closed = true;
36       cout << "门关上了。";
37     }
38   }
39   void lock(){ //锁门
40     cout << endl << "锁上" << num << "
   号门...";
41     if(locked)
42       cout << "门是锁着的,无须再锁门。";
43     else{
44 //ERROR ********* found*********
45       if(closed){
46         cout << "先关门...";
47         closed = true;
48       }
49       locked = true;
50       cout << "门锁上了。";
51     }
52   }
53   void unlock(){  //开锁
54     cout << endl << "打开" << num << "号门
   的锁...";
55     if(! locked)
56       cout << "门没有上锁,无须再开锁。";
57     else{
58       locked = false;
59       cout << "锁开了。";
60     }
61   }
62 };
63 int main(){
64   Door door(503);
65   door.open();
66   door.unlock();
67   door.open();
68   door.open();
69   door.lock();
70   return 0;
71 }
```

二、简单应用题

请使用 VC6 或使用【答题】菜单打开考生文件夹 proj2 下的工程 proj2。此工程中包含一个源程序文件 main.cpp,其中有日期类 Date、人员类 Person 及排序函数 sortByAge 和主函数 main 的定义。请在横线处填写适当的代码并删除横线,以实现该程序。该程序的正确输出结果应为:

```
排序前:
张三　男　出生日期:1978 年 4 月 20 日
王五　女　出生日期:1965 年 8 月 3 日
杨六　女　出生日期:1965 年 9 月 5 日
李四　男　出生日期:1973 年 5 月 30 日

排序后:
张三　男　出生日期:1978 年 4 月 20 日
李四　男　出生日期:1973 年 5 月 30 日
杨六　女　出生日期:1965 年 9 月 5 日
王五　女　出生日期:1965 年 8 月 3 日
```

注意:只在横线处填写适当的代码,不要改动程序中的其他内容,也不要删除或移动"//**** found ****"。

```
1  #include<iostream>
2  using namespace std;
3  class Date{  //日期类
4    int year,month,day;  //年、月、日
5  public:
6    Date(int year, int month, int day):
   year(year),month(month),day(day){}
7    int getYear()const{ return year; }
8    int getMonth() const { return
   month; }
9    int getDay()const{ return day; }
10 };
11 class Person{  //人员类
12   char name[14];  //姓名
13   bool is_male;  //性别,为true时表示男性
14   Date birth_date;  //出生日期
15 public:
16   Person(char * name, bool is_male,
   Date birth_date):is_male(is_male),
   birth_date(birth_date){
17 //********** found**********
18     strcpy(this->name,_________);
19   }
20   const char * getName()const{ return
   name; }
21   bool isMale()const{ return is_male;
22 }
23   Date getBirthdate() const { return
   birth_date; }
24   int compareAge(const Person &p)
   const{  //比较两个人的年龄,返回正数、0
   或负数分别表示大于、等于和小于
25     int n;
26     n=p.birth_date.getYear()-birth
   _date.getYear();
27     if(n!=0) return n;
28 //********** found**********
29     _______________
30     if(n!=0) return n;
31     return p.birth_date.getDay()-
   birth_date.getDay();
32   }
33   void show(){
34     cout<<endl;
35     cout<<name<<"  //显示姓名
36 //********** found**********
37       <<_______________  //显示性别
   ("男"或"女",双引号内不含空格)
38       <<"出生日期:"  //显示出生日期
39       <<birth_date.getYear()<<"年"
40       <<birth_date.getMonth()<<"月"
41       <<birth_date.getDay()<<"日";
42   }
43 };
44 void sortByAge(Person ps[], int size)
45 {
46 //对人员数组按年龄的由小到大的顺序排序
47   for(int i=0; i<size-1; i++){  //
   采用挑选排序算法
48     int m=i;
49     for(int j=i+1; j<size; j++)
50       if(ps[j].compareAge(ps[m])<0)
51         m=j;
52     if(m>i){
53 //********** found**********
54       Person p=_________
55       ps[m]=ps[i];
56       ps[i]=p;
57     }
58   }
59 }
60 
61 int main(){
62   Person staff[]={
63     Person("张三", true, Date(1978,4,20)),
64     Person("王五", false, Date(1965,
   8,3)),
65     Person("杨六", false, Date(1965,
   9,5)),
66     Person("李四", true, Date(1973,5,30))
67   };
68   const int size = sizeof(staff)/si-
   zeof(staff[0]);
69   int i;
70   cout<<endl<<"排序前:";
71   for(i=0; i<size; i++) staff[i].
   show();
72   sortByAge(staff,size);
73   cout<<endl<<endl<<"排序后:";
74   for(i=0; i<size; i++) staff[i].
   show();
75   cout<<endl;
76   return 0;
77 }
```

三、综合应用题

请使用VC6或使用【答题】菜单打开考生文件夹proj3下的工程proj3,其中包含了类Integers和主函数main的定义。一个Integers对象就是一个整数的集合,其中包含0个或多个可重复的整数。成员函数add的作用是将一个元素添加到集合中,成员函数remove的作用是从集合中删除指定

的元素(如果集合中存在该元素),成员函数 filter 的作用是去除集合中的所有负整数。请编写这个 filter 函数。此程序的正确输出结果应为:

```
5  28  2  -4  5  3  2  -75  27  66  31
5  28  2  -4  5  3  2  -75  27  66  31  6
5  28  2  -4  5  3  2  -75  27  66  31  6  -19
5  28  2  -4  5  3  -75  27  66  31  6  -19
5  28  2  -4  5  3  -75  27  66  31  6  -19  4
5  28  2  5  3  27  66  31  6  4
```

要求:

补充编制的内容写在// ******** 333 ******** 与// ******** 666 ******** 之间,不得修改程序的其他部分。

注意:相关文件包括:main. cpp、Integers. h。

程序最后将调用 writeToFile 函数,使用另一组不同的测试数据,将不同的运行结果输出到文件 out. dat 中。输出函数 writeToFile 已经编译为 obj 文件。

```
1   //Integevs.h
2   #ifndef INTEGERS
3   #define INTEGERS
4   #include <iostream>
5   using namespace std;
6   const int MAXELEMENTS=100;
7   //集合最多可拥有的元素个数
8   class Integers{
9     int elem[MAXELEMENTS];
10  //用于存放集合元素的数组
11    int counter;
12  //用于记录集合中元素个数的计数器
13  public:
14    Integers():counter(0){}
15  //创建一个空集合
16    Integers(int data[], int size);
17  //利用数组提供的数据创建一个整数集合
18    void add(int element);
19  //添加一个元素到集合中
20    void remove(int element);
21  //删除集合中指定的元素
22    int getCount()const{ return counter;}
23  //返回集合中元素的个数
24    int getElement(int i)const{ return elem[i];}
25  //返回集合中指定的元素
26    void filter();
27  //删除集合中的负整数
28    void show()const;
29  //显示集合中的全部元素
30  };
31  void writeToFile(const char * path);
    #endif
```

```
1   //main.cpp
2   #include"Integers.h"
3   #include <iomanip>
4
5   Integers::Integers(int data[], int size):counter(0){
6     for(int i=0; i<size; i++)
7     add(data[i]);
8   }
9
10  void Integers::add(int element){
11    if(counter <MAXELEMENTS)
12      elem[counter++]=element;
13  }
14
15  void Integers::remove(int element){
16    int j;
17    for(j=counter-1; j>=0; j--)
18      if(elem[j]==element) break;
19    for(int i=j; i<counter-1; i++)
    elem[i]=elem[i+1];;
20    counter--;
21  }
22
23  void Integers::filter(){
24  //******** 333********
25
26
27  //******** 666********
28  }
29
30  void Integers::show()const{
31    for(int i=0; i<getCount(); i++)
32      cout << setw(4) << getElement(i);
33    cout << endl;
34  }
35  int main(){
36    int d[] = {5,28,2,-4,5,3,2,-75,27,66,31};
37    Integers s(d,11);  s.show();
38    s.add(6);  s.show();
39    s.add(-19);  s.show();
40    s.remove(2);  s.show();
41    s.add(4);  s.show();
42    s.filter();  s.show();
43    writeToFile("");
44    return 0;
45  }
```

第41套　上机考试试题

一、程序改错题

请使用VC6或使用【答题】菜单打开考生文件夹proj1下的工程proj1。此工程中包含源程序文件main.cpp,其中有类TVSet("电视机")和主函数main的定义。程序中位于每个// ERROR ******** found ********之后的一行语句有错误,请加以改正。改正后程序的输出结果应该是:

规格:29英寸,电源:开,频道:5,音量:18

规格:29英寸,电源:关,频道:-1,音量:-1

注意:只修改每个// ERROR **** found ****下的那一行,不要改动程序中的其他内容。

```
1  #include <iostream>
2  using namespace std;
3  class TVSet{  //"电视机"类
4    const int size;
5    int channel;  // 频道
6    int volume;  // 音量
7    bool on;  // 电源开关:true 表示开,
   false 表示关
8  public:
9    TVSet(int size):size(size),chan-
   nel(0),on(false)
10 // ERROR ********* found*********
11   {}
12   int getSize()const{ return size;}
13   //返回电视机规格
14   bool isOn()const{ return on;}  //返
   回电源开关状态
15   //返回当前音量,关机情况下返回-1
16   int getVolume()const
17 { return isOn()? volume : -1;}
18   //返回当前频道,关机情况下返回-1
19   int getChannel()const
20 { return isOn()? channel : -1;}
21   void turnOnOff(){ on =! on;} //将
   电源在"开"和"关"之间转换
22   void setChannelTo(int chan){  //设
   置频道(关机情况下无效)
23     if(isOn() && chan >=0 && chan < =
   99)
24 // ERROR ********* found*********
25     ;
26   }
27 // ERROR ********* found*********
28   void setVolumeTo(int vol)const{ //
   设置音量(关机情况下无效)
29     if(isOn() && vol >=0 && vol < =20)
30       volume =vol;
31   }
32   void show_state(){
33     cout << "规格:" << getSize() << "英寸"
34       << ",电源:" << (isOn()? "开" : "关")
35       << ",频道:" << getChannel()
36       << ",音量:" << getVolume() << endl;
37   }
38 };
39
40 int main(){
41   TVSet tv(29);
42   tv.turnOnOff();
43   tv.setChannelTo(5);
44   tv.show_state();
45   tv.turnOnOff();
46   tv.show_state();
47   return 0;
48 }
```

二、简单应用题

请使用VC6或使用【答题】菜单打开考生文件夹proj2下的工程proj2。此工程中包含一个源程序文件main.cpp,其中有类Quadritic、类Root及主函数main的定义。一个Quadritic对象表示一个形如ax^2+bx+c的一元二次多项式。一个Root对象用于表示方程$ax^2+bx+c=0$的一组根,它的数据成员num_of_roots有3种可能的值,即0、1和2,分别表示根的3种情况:无实根、有两个相同的实根和有两个不同的实根。请在横线处填写适当的代码并删除横线,以实现上述类定义。此程序的正确输出结果应为(注:输出中的X^2表示x^2):

3X^2 +4X +5 =0.1　　无实根

4.5X^2 +6X +2 =0.0　　有两个相同的实根:-0.666667和-0.666667

0.5X^2 +2X -3 =0.0　　有两个不同的实根:0.896805和-2.23014

注意:只在横线处填写适当的代码,不要改动程序中的其他内容,也不要删除或移动"// **** found ****"。

```
1  #include <iostream>
2  #include <iomanip>
3  #include <cmath>
4  using namespace std;
5  class Root{ //一元二次方程的根
6  public:
7    const double x1;  //第一个根
8    const double x2;  //第二个根
9    const int num_of_roots;  //不同根的
   数量:0、1 或 2
10   //创建一个"无实根"的 Root 对象
11   Root(): x1(0.0), x2(0.0), num_of_
   roots(0){}
12   //创建一个"有两个相同的实根"的 Root 对象
```

```
13   Root(double root)
14     : x1(root), x2(root), num_of_
roots(1){}
15   //创建一个"有两个不同的实根"的 Root 对象
16   Root(double root1, double root2)
17 //********** found**********
18     :_______________{}
19   void show()const{ // 显示根的信息
20     cout << "\t\t";
21 //********** found**********
22   switch(_________){
23     case 0:
24       cout << "无实根"; break;
25     case 1:
26       cout << "有两个相同的实根:" << x1
<< " 和 " << x2; break;
27     default:
28       cout << "有两个不同的实根:" << x1
<< " 和 " << x2; break;
29     }
30   }
31 };
32 class Quadratic {  // 二次多项式
33 public:
34   const double a,b,c; // 分别表示二次
项、一次项和常数项等 3 个系数
35   Quadratic (double aa, double bb,
double cc)  // 构造函数
36     :a(aa), b(bb), c(cc){}
37   Quadratic(Quadratic& x)   // 复制构
造函数
38 //********** found**********
39     :_______________{}
40   Quadratic add(Quadratic x)const{ //
求两个多项式的和
41     return Quadratic(a+x.a, b+x.b, c
+x.c);
42   }
43   Quadratic sub(Quadratic x)const{ //
求两个多项式的差
44     return Quadratic(a-x.a, b-x.b, c
-x.c);
45   }
46   double value(double x)const{ // 求二
次多项式的值
47     return a* x* x+b* x+c;
   }
48   Root root()const{  // 求一元二次方程的根
49     double delta=b* b-4* a* c;   //
计算判别式
50 //********** found**********
51     if(delta<0.0)_________;
52     if(delta==0.0)
53     return Root(-b/(2* a));
54     double sq=sqrt(delta);
55     return Root((-b+sq)/(2* a), (-
b-sq)/(2* a));
56   }
57   void show()const{  // 显示多项式
58     cout << endl << a << "X^2" <<
showpos << b << "X" << c << noshowpos;
59   }
60   void showFunction(){
61 // 显示一元二次方程
62     show();
63     cout << " =0.0";
64   }
65 };
66 int main(){
67   Quadratic q1(3.0, 4.0, 5.0), q2(4.
5, 6.0, 2.0), q3(q2.sub(q1));
68   q1.showFunction();
69   q1.root().show();
70   q2.showFunction();
71   q2.root().show();
72   q3.showFunction();
73   q3.root().show();
74   cout << endl;
75   return 0;
76 }
```

三、综合应用题

请使用 VC6 或使用【答题】菜单打开考生文件夹 proj3 下的工程 proj3，其中包含了日期类 Date、人员类 Person 及排序函数 sortByAge 和主函数 main 的定义。其中 Person 的成员函数 compareAge 的功能是：将当前 Person 对象和参数 Person 对象进行比较，若前者的年龄大于后者的年龄，则返回一个正数；若前者的年龄小于后者的年龄，则返回一个负数；若年龄相同则返回 0。注意，出生日期越大，年龄越小。请编写成员函数 compareAge。在 main 函数中给出了一组测试数据，此时程序的正确输出结果应为：

```
按年龄排序
排序前
张三　男　出生日期:1978 年 4 月 20 日
王五　女　出生日期:1965 年 6 月 3 日
杨六　女　出生日期:1965 年 9 月 5 日
李四　男　出生日期:1973 年 5 月 30 日

排序后:
张三　男　出生日期:1978 年 4 月 20 日
李四　男　出生日期:1973 年 5 月 30 日
```

杨六　女　出生日期:1965 年 9 月 5 日

王五　女　出生日期:1965 年 6 月 3 日

要求:

补充编制的内容写在// ******** 333 ******** 与// ******** 666 ******** 之间,不得修改程序的其他部分。

注意:程序最后将结果输出到文件 out.dat 中。输出函数 WriteToFile 已经编译为 obj 文件,并且在本程序中调用。

```
1  //Person.h
2  #include <iostream>
3  using namespace std;
4  class Date{  // 日期类
5    int year,month,day;  // 年、月、日
6  public:
7    Date(int year, int month, int day):
   year(year),month(month),day(day){}
8    int getYear()const{ return year; }
9    int getMonth ( ) const {  return
   month; }
10   int getDay()const{ return day; }
11 };
12 class Person{  // 人员类
13   char name[14];  // 姓名
14   bool is_male;  // 性别,为 true 时表示男性
15   Date birth_date;  // 出生日期
16 public:
17   Person(char * name, bool is_male,
   Date birth_date);
18   const char * getName()const{ return
   name; }
19   bool isMale()const{ return is_male; }
20   Date getBirthdate ( ) const { return
   birth_date; }
21   int compareAge(const Person &p)const;
22   void show()const;
23 };
24 void sortByAge(Person ps[], int size);
25 void writeToFile(char * );
```

```
1  //main.cpp
2  #include"Person.h"
3  Person::Person(char * name, bool is_
   male, Date birth_date):is_male(is_
   male),birth_date(birth_date){
4    strcpy(this->name, name);
5  }
6  int Person::compareAge(const Person
   &p)const{
7  //******** 333********
8  //******** 666********
9  }
10 void Person::show()const{
11   cout << endl;
12   cout << name <<" //显示姓名
13     << (is_male? "男" : "女")  //显示性别
   ("男"或"女")
14     <<" 出生日期:"  //显示出生日期
     <<birth_date.getYear() <<"年"
     <<birth_date.getMonth() <<"月"
     <<birth_date.getDay() <<"日";
15 }
16 void sortByAge(Person ps[], int size)
17 { //对人员数组按年龄由小到大的顺序排序
18   for(int i =0; i <size -1; i ++){ //
   采用选择排序算法
19     int m =i;
20     for(int j =i +1; j <size; j ++)
21       if(ps[j].compareAge(ps[m]) <0)
22         m =j;
23     if(m >i){
24       Person p =ps[m];
25       ps[m] =ps[i];
26       ps[i] =p;
27     }
28   }
29 }
30 int main(){
31   Person staff[] ={
32   Person("张三", true, Date(1978, 4, 20)),
33     Person("王五", false, Date(1965,
   6,3)),
34     Person("杨六", false, Date(1965,
   9,5)),
35     Person("李四", true, Date(1973,5,30))
36   };
37   const int size = sizeof(staff)/si-
   zeof(staff[0]);
38   int i;
39   cout << "按年龄排序" << endl << "排
   序前:";
40   for(i =0; i <size; i ++) staff[i].
   show();
41   sortByAge(staff,size);
42   cout <<endl <<endl <<"排序后:";
43   for(i =0; i <size; i ++) staff[i].
   show();
44   cout <<endl;
45   writeToFile("");
46   return 0;
47 }
```

第42套　上机考试试题

一、程序改错题

请使用VC6或使用【答题】菜单打开考生文件夹proj1下的工程proj1。此工程定义了StopWatch(秒表)类，用于表示时、分、秒信息，有构造函数StopWatch()、设置时间函数reset()，并且重载了前置和后置++运算符，实现增加1秒的功能。程序中位于每个// ERROR **** found ****之后的一行语句有错误，请加以改正。改正后程序的输出结果应该是：

00:00:00

00:01:00

注意：只修改每个// ERROR **** found ****下的那一行，不要改动程序中的其他内容。

```
1  #include <iostream>
2  #include <iomanip>
3  using namespace std;
4  class StopWatch // "秒表"类
5  {
6    int hours; // 小时
7    int minutes; // 分钟
8    int seconds; // 秒
9  public:
10   StopWatch():hours(0), minutes (0), seconds(0){}
11   void reset(){hours = minutes = seconds = 0;}
12   StopWatch operator ++(int) // 后置 ++
13   {
14     StopWatch old = * this;
15     ++(* this);
16     return old;
17   }
18   //前进1秒
19   StopWatch& operator ++() // 前置 ++
20   {
21 // ERROR ********* found*********
22     if(seconds ++ ==60)
23     {
24       seconds = 0; minutes ++;
25       if(minutes ==60)
26       {
27         minutes = 0;
28         hours ++;
29       }
30     }
31 // ERROR ********* found*********
32   return this;
33   }
34   friend void show(StopWatch);
35 };
36 void show(StopWatch watch)
37 {
38   cout << setfill('0');
39   cout << setw(2) << watch.hours << ':'
40      << setw(2) << watch.minutes << ':'
41       << setw (2) << watch. seconds << endl;
42 }
43 int main()
44 {
45   StopWatch sw;
46   show(sw);
47   for (int i =0; i <59; i ++) sw ++;
48 // ERROR ********* found*********
49   show(sw ++);
50   return 0;
51 }
```

二、简单应用题

请使用VC6或使用【答题】菜单打开考生文件夹proj2下的工程proj2。此工程中定义了一个人员类Person，然后派生出学生类Student和教授类Professor。请在横线处填写适当的代码，然后删除横线，以实现上述类定义。此程序的正确输出结果应为：

My name is Zhang.

my name is Wang and my G. P. A. is 3.88.

My name is Li, I have 8 publications..

注意：只在横线处填写适当的代码，不要改动程序中的其他内容，也不要删除或移动"// ********** found ********"。

```
1  #include <iostream>
2  using namespace std;
3  class Person{
4  public:
5  //********** found**********
6    __________{name = NULL;}
7    Person(char* s)
8    {
9      name = new char[strlen(s) +1];
10     strcpy(name, s);
11   }
12   ~Person()
13   {
14     if(name!=NULL) delete [] name ;
15   }
16 //********** found**********
17   __________ Disp() // 声明虚函数
18   {
19     cout << "My name is " << name << ".\n";
```

```
20      }
21      void setName(char* s)
22      {
23        name = new char[strlen(s)+1];
24        strcpy(name, s);
25      }
26    protected:
27      char* name;
28    };
29    class Student : public Person{
30    public:
31    //********** found**********
32       Student (char *  s,  double  g)
      _________{ }
33      void Disp()
34      {
35        cout << "my name is " << name <<
    " and my G.P.A. is " << gpa << ".\n";
36      }
37    private:
38      float gpa;
39    };
40    class Professor : public Person{
41    public:
42      void setPubls(int n){publs=n; }
43      void Disp()
44      {
45        cout << "My name is " << name << ",I
    have" << publs << " publications.\n";
46      }
47    private:
48      int publs;
49    };
50    int main()
51    {
52    //********** found**********
53      ______________;
54      Person x("Zhang");
55      p = &x; p->Disp();
56      Student y("Wang", 3.88);
57      p = &y; p->Disp();
58      Professor z;
59      z.setName("Li");
60      z.setPubls(8);
61      p = &z; p->Disp();
62      return 0;
63    }
```

三、综合应用题

请使用 VC6 或使用【答题】菜单打开考生文件夹 proj3 下的工程 proj3，其中声明了 MyString 类。MyString 是一个用于表示字符串的类。成员函数 startsWith 的功能是判断此字符串是否以指定的前缀开始，其参数 s 用于指定前缀字符串。如果参数 s 表示的字符串是 MyString 对象表示的字符串的前缀，则返回 true；否则返回 false。注意，如果参数 s 是空字符串或等于 MyString 对象表示的字符串，则结果为 true。

例如，字符串"abc"是字符串"abcde"的前缀，而字符串"abd"不是字符串"abcde"的前缀。请编写成员函数 startsWith。在 main 函数中给出了一组测试数据，此种情况下程序的输出应为：

```
s1 = abcde
s2 = abc
s3 = abd
s4 =
s5 = abcde
s6 = abcdef
s1 startsWith s2 : true
s1 startsWith s3 : false
s1 startsWith s4 : true
s1 startsWith s5 : true
s1 startsWith s6 : false
```

要求：

补充编制的内容写在// ******** 333 ******** 与// ******** 666 ******** 之间，不得修改程序的其他部分。

注意：程序最后将结果输出到文件 out.dat 中。输出函数 writeToFile 已经编译为 obj 文件，并且在本程序中调用。

```
1     //MyStving.h
2     #include <iostream>
3     #include <string.h>
4     using namespace std;
5
6     class MyString {
7     public:
8       MyString(const char* s)
9       {
10        size = strlen(s);
11        str = new char[size + 1];
12        strcpy(str, s);
13      }
14
15      ~MyString() { delete [] str; }
16      bool startsWith (const char *  s)
    const;
17    private:
18      char* str;
19      int size;
20    };
21    void writeToFile(const char *);
```

```
1  //main.cpp
2  #include "MyString.h"
3
4  bool MyString::startsWith(const char
   * s) const
5  {
6  //******** 333********
7
8
9  //******** 666********
10 }
11 int main()
12 {
13   char s1[] = "abcde";
14   char s2[] = "abc";
15   char s3[] = "abd";
16   char s4[] = "";
17   char s5[] = "abcde";
18   char s6[] = "abcdef";
19   MyString str(s1);
20   cout << "s1 = " << s1 << endl
21     << "s2 = " << s2 << endl
22     << "s3 = " << s3 << endl
23     << "s4 = " << s4 << endl
24     << "s5 = " << s5 << endl
25     << "s6 = " << s6 << endl;
26   cout << boolalpha
27     << "s1 startsWith s2 : " << str.
   startsWith(s2) << endl
28     << "s1 startsWith s3 : " << str.
   startsWith(s3) << endl
29     << "s1 startsWith s4 : " << str.
   startsWith(s4) << endl
30     << "s1 startsWith s5 : " << str.
   startsWith(s5) << endl
31     << "s1 startsWith s6 : " << str.
   startsWith(s6) << endl;
32   writeToFile("");
33   return 0;
34 }
```

第43套 上机考试试题

一、程序改错题

请使用VC6或使用【答题】菜单打开考生文件夹proj1下的工程proj1。此工程中包括类Point、函数fun和主函数main。程序中位于每个// ERROR **** found ****之后的一行语句有错误，请加以改正。改正后程序的输出结果应为：

The point is(0,1)

The point is(3,5)

注意：只修改每个// ERROR **** found ****下的那一行，不要改动程序中的其他内容。

```
1  #include <iostream>
2  using namespace std;
3
4  class Point {
5  public:
6  // ERROR ********* found*********
7    Point(int x = 0, int y)
       : x_(x), y_(y) { }
8  // ERROR ********* found*********
9    void move(int xOff, int yOff) const
10   {
11     x_ += xOff;
12     y_ += yOff;
13   }
14   void print() const
15   {
16     cout << "The point is (" << x_ <<
   ',' << y_ << ')' << endl;
17   }
18 private:
19   int x_, y_;
20 };
21
22 void fun(Point* p)
23 {
24 // ERROR ********* found*********
25   p.print();
26 }
27
28 int main()
29 {
30   Point p1, p2(2,1);
31   p1.print();
32   p2.move(1,4);
33   fun(&p2);
34   return 0;
35 }
```

二、简单应用题

请使用VC6或使用【答题】菜单打开考生文件夹proj2下的工程proj2。其中的Collection定义了集合类的操作接口。一个集合对象可以包含若干元素。工程中声明的Array是一个表示整型数组的类，是Collection的派生类，它实现了Collection中声明的纯虚函数。Array的成员说明如下：

成员函数add用于向数组的末尾添加一个元素；

成员函数get用于获取数组中指定位置的元素；

数据成员a表示实际用于存储数据的整型数组；

数据成员size表示数组的容量，数组中的元素个数最多不能超过size；

数据成员 num 表示当前数组中的元素个数。

请在横线处填写适当的代码,然后删除横线,以实现上述类定义。此程序的正确输出结果应为:

1,2,3,4,5,6,7,8,9,10,

注意:只在横线处填写适当的代码,不要改动程序中的其他内容,也不要删除或移动"// **** found **** "。

```
1  #include <iostream>
2  using namespace std;
3
4  // 集合类的操作接口
5  class Collection {
6  public:
7    // 向集合中添加一个元素
8    virtual void add(int e) = 0;
9    // 获取指定位置的元素
10   virtual int get (unsigned int i)
   const = 0;
11 };
12 // 实现了集合接口
13 class Array : public Collection {
14 public:
15   Array(unsigned int s)
16   {
17 //********** found**********
18      a = new _________;
19      size = s;
20      num = 0;
21   }
22   ~Array()
23   {
24 //********** found**********
25     _______________;
26   }
27   virtual void add(int e)
28   {
29     if (num < size) {
30 //********** found**********
31        _________ = e;
32        num ++;
33     }
34   }
35   virtual int get (unsigned int
   i) const
36   {
37     if (i < size) {
38 //********** found**********
39       _______________;
40     }
41     return 0;
42   }
43 private:
44   int * a;
45   unsigned int size;
46   unsigned int num;
47 };
48
49 void fun(Collection& col)
50 {
51   int i;
52   for (i = 0; i < 10; i ++) {
53     col.add(i +1);
54   }
55   for (i = 0; i < 10; i ++) {
56     cout << col.get(i) << ", ";
57   }
58   cout << endl;
59 }
60
61 int main()
62 {
63   Array a(0xff);
64   fun(a);
65   return 0;
66 }
```

三、综合应用题

请使用 VC6 或使用【答题】菜单打开考生文件夹 proj3 下的工程 proj3,其中定义的 MyString 类是一个用于表示字符串的类。假设字符串由英文单词组成,单词与单词之间使用一个空格作为分隔符。成员函数 wordCount 的功能是计算组成字符串的单词的个数。

例如,字符串"dog"由 1 个单词组成;字符串"the quick brown fox jumps over the lazy dog"由 9 个单词组成。请编写成员函数 wordCount。在 main 函数中给出了一组测试数据,此时程序应显示:

读取输入文件...

STR1 =1

STR2 =9

要求:

补充编制的内容写在// ******** 333 ******** 与// ******** 666 ******** 之间,不得修改程序的其他部分。

注意:程序最后将结果输出到文件 out. dat 中。输出函数 WriteToFile 已经编译为 obj 文件,并且在本程序中调用。

```
1  //mystring.h
2  #include <iostream>
3  #include <string.h>
4  using namespace std;
5
```

```
6   class MyString {
7   public:
8     MyString(const char*  s)
9     {
10      str = new char[strlen(s) + 1];
11      strcpy(str, s);
12    }
13
14    ~MyString() { delete [] str; }
15
16    int wordCount() const;
17
18  private:
19    char * str;
20  };
21
22  void writeToFile(char * , int);
```

```
1   //main.cpp
2   #include <fstream>
3   #include "mystring.h"
4
5   int MyString::wordCount() const
6   {
7   //******** 333********
8   //******** 666********
9   }
10  int main()
11  {
12    char inname[128], pathname[80] ;
13    strcpy(pathname, "") ;
14    sprintf(inname, "% sproj3 \in.dat",
    pathname) ;
15    cout << "读取输入文件...\n\n";
16    ifstream infile(inname);
17    if (infile.fail()) {
18      cerr << "打开输入文件失败!";
19      exit(1);
20    }
21    char buf[4096];
22    infile.getline(buf, 4096);
23    MyString str1 ("dog"), str2 ("the
    quick brown fox jumps over the lazy
    dog"), str3(buf);
24    str1.wordCount();
25    cout << "STR1 = " << str1.word-
    Count() << endl;
26    cout << "STR2 = " << str2.word-
    Count() << endl << endl;
27    writeToFile (pathname, str3.word-
    Count());
28    return 0;
29  }
```

第 44 套　上机考试试题

一、程序改错题

请使用 VC6 或使用【答题】菜单打开考生文件夹 proj1 下的工程 proj1,此工程中包含源程序文件 main. cpp,其中有 ElectricFan(“电风扇”)类和主函数 main 的定义。程序中位于每个// ERROR **** found **** 之后的一行语句有错误,请加以改正。改正后程序的输出结果应该是:

品牌:清风牌,电源:关,风速:0

品牌:清风牌,电源:开,风速:3

品牌:清风牌,电源:关,风速:0

注意:只修改每个// ERROR **** found **** 下的那一行,不要改动程序中的其他内容。

```
1   #include <iostream>
2   using namespace std;
3   class ElectricFan{  //“电扇”类
4     char * brand;
5     int intensity;  //风速:0 - 关机 1 -
    弱,2 - 中,3 - 强
6   public:
7     ElectricFan (const char *  the_
    brand): intensity(0){
8       brand = new char [strlen (the_
    brand) +1];
9       strcpy(brand, the_brand);
10    }
11    ~ElectricFan(){ delete []brand; }
12    const char *  theBrand()const{ re-
    turn brand;}  //返回电扇品牌
13    int theIntensity()const{ return in-
    tensity; }  //返回风速
14  // ERROR ********** found**********
15    bool isOn()const{ return intensity
    ==0;}  //返回电源开关状态
16  // ERROR ********** found**********
17    void turnOff () const { intensity =
    0;}//关电扇
18    void setIntensity(int inten){  //开
    电扇并设置风速
19      if(inten >=1 && inten <=3)
20  // ERROR ********** found**********
21        inten = intensity;
22    }
23    void show(){
24      cout <<"品牌:" <<theBrand() <<"牌"
```

```
25          <<",电源:"<<(isOn()?"开":"关")
26          <<",风速:"<<theIntensity()<<
    endl;
27       }
28  };
29  int main(){
29    ElectricFan fan("清风");
30    fan.show();
31    fan.setIntensity(3);
32    fan.show();
33    fan.turnOff();
34    fan.show();
35    return 0;
36  }
```

二、简单应用题

请使用VC6或使用【答题】菜单打开考生文件夹proj2下的工程proj2。此工程中包含一个源程序文件main.cpp,其中有"书"类Book及其派生出的"教材"类TeachingMaterial的定义,还有主函数main的定义。请在横线处填写适当的代码并删除横线,以实现上述类定义和函数定义。该程序的正确输出结果应为:

教 材 名:C++语言程序设计

页　　数:299

作　　者:张三

相关课程:面向对象的程序设计

注意:只在横线处填写适当的代码,不要改动程序中的其他内容,也不要删除或移动"//****found****"。

```
1   #include <iostream>
2   using namespace std;
3   class Book{  //"书"类
4     char * title;  //书名
5     int num_pages;  //页数
6     char * writer;  //作者姓名
7   public:
8   //********** found**********
9       Book(const char * the_title, int
    pages, const char * the _writer):
    ______________{
10      title = new char[strlen(the_ti-
    tle)+1];
11      strcpy(title,the_title);
12  //********** found**********
13      ______________
14      strcpy(writer,the_writer);
15    }
16    ~Book(){ delete []title; delete []
    writer; }
17    int numOfPages()const{ return num_
    pages;} //返回书的页数
18    const char * theTitle()const{ re-
    turn title;}  //返回书名
19    const char * theWriter()const{ re-
    turn writer;} //返回作者名
20  };
21  class TeachingMaterial: public Book{
    //"教材"类
22    char * course;
23  public:
24    TeachingMaterial(const char * the_
    title, int pages, const char * the_
    writer, const char * the_course)
25  //********** found**********
26      :______________{
27       course = new char[strlen(the_
    course)+1];
28       strcpy(course,the_course);
29    }
30     ~TeachingMaterial(){ delete []
    course; }
31    const char * theCourse()const{ re-
    turn course;}//返回相关课程的名称
32  };
33  int main(){
34    TeachingMaterial a_book("C++语言程序
    设计", 299, "张三", "面向对象的程序设计");
35    cout <<"教 材 名:"<<a_book.theTitle
    () <<endl
36        <<"页 数:"<<a_book.numOfPages()
    <<endl
37        <<"作 者:"<<a_book.theWriter()
    <<endl
38  //********** found**********
39        <<"相关课程:"<<__________;
40    cout <<endl;
41    return 0;
42  }
```

三、综合应用题

请使用VC6或使用【答题】菜单打开考生文件夹proj3下的工程proj3,其中声明的IntSet是一个用于表示正整数集合的类。IntSet的成员函数Merge的功能是求当前集合与另一个集合的并集,在Merge中可以使用成员函数IsMemberOf判断一个正整数是否在集合中。请完成成员函数Merge。在main函数中给出了一组测试数据,此时程序的输出应该是:

求并集前:

1 2 3 5 8 10

2 8 9 11 30 56 67

求并集后:

1 2 3 5 8 10

2 8 9 11 30 56 67

1 2 3 5 8 10 9 11 30 56 67

要求：

补充编制的内容写在// ******** 333 ******** 与// ******** 666 ******** 之间，不得修改程序的其他部分。

注意：程序最后将结果输出到文件 out. dat 中。输出函数 writeToFile 已经编译为 obj 文件，并且在本程序中调用。

```
1  //Intset.h
2  #include <iostream>
3  using namespace std;
4  const int Max =100;
5  class IntSet
6  {
7  public:
8    IntSet() // 构造一个空集合
9    {
10     end= -1;
11   }
12   IntSet(int a[],int size)
13 // 构造一个包含数组 a 中 size 个元素的集合
14   {
15     if(size >=Max)
16       end =Max -1;
17     else
18       end =size -1;
19     for(int i =0;i < =end;i ++)
20       element[i] =a[i];
21   }
22   bool IsMemberOf(int a)
23 // 判断 a 是否为集合中的元素
24   {
25     for(int i =0;i < =end;i ++)
26       if(element[i] ==a)
27       return true;
28     return false;
29   }
30   int GetEnd() { return end; }
31 // 返回最后一个元素的下标
32   int GetElement(int i) { return ele-
ment[i]; }
33 // 返回下标 i 处的元素
34   IntSet Merge(IntSet& set);
35 // 求当前集合与集合 set 的并集
36   void Print()
37 // 输出集合中的所有元素
38   {
39     for(int i =0;i < =end;i ++)
40       if((i +1)% 20 ==0)
41       cout <<element[i] <<endl;
42     else
43       cout <<element[i] <<' ';
44     cout <<endl;
45   }
46 private:
47   int element[Max];
48   int end;
49 };
50 void writeToFile(const char * );
```

```
1  //main.cpp
2  #include "IntSet.h"
3
4  IntSet IntSet::Merge(IntSet& set)
5  {
6    int a[Max],size =0;
7  //******** 333********
8
9
10 //******** 666********
11     return IntSet(a,size);
12 }
13
14 int main()
15 {
16   int a[] ={1,2,3,5,8,10};
17   int b[] ={2,8,9,11,30,56,67};
18   IntSet set1(a,6),set2(b,7),set3;
19   cout <<"求并集前:" <<endl;
20   set1.Print();
21   set2.Print();
22   set3.Print();
23   set3 =set1.Merge(set2);
24   cout <<endl <<"求并集后:" <<endl;
25   set1.Print();
26   set2.Print();
27   set3.Print();
28   writeToFile("");
29   return 0;
30 }
```

第45套　上机考试试题

一、程序改错题

请使用 VC6 或使用【答题】菜单打开考生文件夹 proj1 下的工程 proj1，此工程中包含源程序文件 main. cpp，其中有类 Book(“书”)和主函数 main 的定义。程序中位于每个// ERROR **** found **** 之后的一行语句行有错误，请加以改正。改正后程序的输出结果应该是：

书名：C ++语言程序设计　总页数：299

已把“C ++语言程序设计”翻到第 50 页

已把“C ++ 语言程序设计”翻到第 51 页
已把书合上。

书是合上的。

已把“C ++ 语言程序设计”翻到第 1 页

注意：只修改每个// ERROR **** found **** 下的一行，不要改动程序中的其他内容。

```
1   #include <iostream>
2   using namespace std;
3   class Book{
4     char * title;
5     int num_pages;  //页数
6     int cur_page;  //当前打开页面的页码，0 表示书未打开
7   public:
8     Book(const char * theTitle, int pages):num_pages(pages)
9     {
10  // ERROR ********** found**********
11      title=new char[strlen(theTitle)];
12      strcpy(title,theTitle);
13      cout <<endl <<"书名:" <<title
14          <<" 总页数:" <<num_pages;
15    }
16    ~Book(){ delete []title; }
17  // ERROR ********** found**********
18    bool isOpen()const{ return num_pages!=0;}  //书打开时返回 true,否则返回 false
19    int numOfPages()const{ return num_pages;}  //返回书的页数
20    int currentPage()const{ return cur_page;}  //返回打开页面的页码
21    void openAtPage(int page_no){
22    //把书翻到指定页
23      cout <<endl;
24      if(page_no <1  || page_no >num_pages){
25        cout <<"无法翻到第 " <<cur_page <<" 页。";
26        close();
27      }
28      else{
29        cur_page=page_no;
30        cout <<"已把“" <<title <<"”翻到第 " <<cur_page <<" 页";
31      }
32    }
33    void openAtPrevPage(){ openAtPage(cur_page-1); } //把书翻到上一页
34    
35    void openAtNextPage(){ openAtPage(cur_page+1); } //把书翻到下一页
36
37    void close(){  //把书合上
38      cout <<endl;
39      if(! isOpen())
          cout <<"书是合上的。";
40      else{
41  // ERROR ********** found**********
42        num_pages=0;
43        cout <<"已把书合上。";
44      }
45      cout <<endl;
46    }
47  };
48
49  int main(){
50    Book book("C ++语言程序设计", 299);
51    book.openAtPage(50);
52    book.openAtNextPage();
53    book.close();
54    book.close();
55    book.openAtNextPage();
56    return 0;
57  }
```

二、简单应用题

请使用 VC6 或使用【答题】菜单打开考生文件夹 proj2 下的工程 proj2。此工程中包含一个源程序文件 main. cpp，其中有类 AutoMobile（“汽车”）及其派生类 Car（“小轿车”）、Truck（“卡车”）的定义，以及主函数 main 的定义。请在横线处填写适当的代码，然后删除横线，以实现上述类定义。此程序的正确输出结果应为：

车牌号：冀 ABC1234　品牌：ForLand　类别：卡车　当前档位：0　最大载重量：1

车牌号：冀 ABC1234　品牌：ForLand　类别：卡车　当前档位：2　最大载重量：1

车牌号：沪 XYZ5678　品牌：QQ　类别：小轿车　当前档位：0　座位数：5

车牌号：沪 XYZ5678　品牌：QQ　类别：小轿车　当前档位：-1　座位数：5

注意：只在横线处填写适当的代码，不要改动程序中的其他内容，也不要删除或移动“// **** found **** ”。

```
1   #include <iostream>
2   #include <iomanip>
3   #include <cmath>
4   using namespace std;
5
6   class AutoMobile{ //“汽车”类
7     char * brand;  //汽车品牌
```

```
8    char * number;  //车牌号
9    int speed;  //档位:1、2、3、4、5,空档:0,倒档:-1
10 public:
11   AutoMobile(const char * the_brand, const char * the_number): speed(0){
12 //********** found**********
13     ______________;
14     strcpy(brand, the_brand);
15     number = new char[strlen(the_number)+1];
16 //********** found**********
17     ______________;
18   }
19   ~AutoMobile(){ delete[] brand; delete[] number; }
20   const char * theBrand() const{ return brand; }  //返回品牌名称
21   const char * theNumber() const{ return number; }  //返回车牌号
22   int currentSpeed() const { return speed;}  //返回当前档位
23   void changeGearTo(int the_speed){ //换到指定档位
24   if(speed >= -1 && speed <=5)
25     speed = the_speed;
26   }
27   virtual const char * category() const =0;  //类别:卡车、小轿车等
28   virtual void show() const{
29     cout << "车牌号:" << theNumber()
30       << " 品牌:" << theBrand()
31 //********** found**********
32       << " 类别:" << ________
33       << " 当前档位:" << currentSpeed();
34   }
35 };
36 class Car: public AutoMobile{  //"小汽车"类
37   int seats; //座位数
38 public:
39   Car(const char * the_brand, const char * the_number, int the_seats): AutoMobile(the_brand, the_number), seats(the_seats){}
40   int numberOfSeat() const { return seats; }  //返回座位数
41   const char * category() const{ return "小轿车"; }  //返回汽车类别
42   void show() const{
43     AutoMobile::show();
44     cout << " 座位数:" << numberOfSeat() << endl;
45   }
46 };
47 class Truck: public AutoMobile{  //"卡车"类
48   int max_load; //最大载重量
49 public:
50   Truck(const char * the_brand, const char * the_number, int the_max_load): AutoMobile(the_brand, the_number), max_load(the_max_load){}
51   int maxLoad() const{ return max_load; }  //返回最大载重量
52 //返回最大载重量
53   const char * category() const
54 { return "卡车"; }  //返回汽车类别
55   void show() const{
56     // 调用基类的 show()函数
57 //********** found**********
58     ______________
59     cout << "  最大载重量:" << maxLoad() << endl;
60   }
61 };
62 int main(){
63   Truck truck("ForLand","冀ABC1234",12);
64   truck.show();
65   truck.changeGearTo(2);
66   truck.show();
67   Car car("QQ","沪 XYZ5678",5);
68   car.show();
69   car.changeGearTo(-1);
70   car.show();
71   cout << endl;
72   return 0;
73 }
```

三、综合应用题

请使用 VC6 或使用【答题】菜单打开考生文件夹 proj3 下的工程 prog3,其中声明的 MyString 类是一个用于表示字符串的类。成员函数 endsWith 的功能是判断此字符串是否以指定的后缀结束,其参数 s 用于指定后缀字符串。如果参数 s 表示的字符串是 MyString 对象表示的字符串的后缀,则返回 true;否则返回 false。注意,如果参数 s 是空字符串或等于 MyString 对象表示的字符串,则结果为 true。

例如,字符串"cde"是字符串"abcde"的后缀,而字符串"bde"不是字符串"abcde"的后缀。请编写成员函数 endsWith。在 main 函数中给出了一组测试数据,此种情况下程

序的输出应为：

s1 = abcde
s2 = cde
s3 = bde
s4 =
s5 = abcde
s6 = abcdef
s1 endsWith s2：true
s1 endsWith s3：false
s1 endsWith s4：true
s1 endsWith s5：true
s1 endsWith s6：false

要求：

补充编制的内容写在// ******** 333 ******** 与// ******** 666 ******** 之间。不得修改程序的其他部分。

注意：程序最后将结果输出到文件 out. dat 中，输出函数 writeToFile 已经编译为 obj 文件，并且在本程序中调用。

```
1   //Mystring.h
2   #include <iostream>
3   #include <string.h>
4   using namespace std;
5   class MyString {
6   public:
7     MyString(const char* s)
8     {
9       size = strlen(s);
10      str = new char[size + 1];
11      strcpy(str, s);
12    }
13     ~MyString() { delete [] str; }
14    bool endsWith(const char*  s) const;
    private:
15    char*  str;
16    int size;
17  };
18  void writeToFile(const char * );
```

```
1   //main.cpp
2   #include "MyString.h"
3   bool MyString::endsWith(const char*
    s) const
4   {
5   //******** 333********
6
7
8   //******** 666********
9   }
10  int main()
11  {
12    char s1[] = "abcde";
13    char s2[] = "cde";
14    char s3[] = "bde";
15    char s4[] = "";
16    char s5[] = "abcde";
17    char s6[] = "abcdef";
18    MyString str(s1);
19    cout << "s1 = " << s1 << endl
20      << "s2 = " << s2 << endl
21      << "s3 = " << s3 << endl
22      << "s4 = " << s4 << endl
23      << "s5 = " << s5 << endl
24      << "s6 = " << s6 << endl;
25    cout << boolalpha
26      << "s1 endsWith s2 : " << str.end-
    sWith(s2) << endl
27      << "s1 endsWith s3 : " << str.end-
    sWith(s3) << endl
28      << "s1 endsWith s4 : " << str.end-
    sWith(s4) << endl
29      << "s1 endsWith s5 : " << str.end-
    sWith(s5) << endl
30      << "s1 endsWith s6 : " << str.end-
    sWith(s6) << endl;
31    writeToFile("");
32    return 0;
33  }
```

第 46 套　上机考试试题

一、程序改错题

请使用 VC6 或使用【答题】菜单打开考生文件夹 proj1 下的工程 prog1。其中位于每个// ERROR　**** found **** 之后的一行语句有错误，请加以改正。改正后程序的输出结果应为：

v1 = 23；v2 = 42

注意：只修改每个// ERROR　**** found **** 下的那一行，不要改动程序中的其他内容。

```
1   #include <iostream>
2   using namespace std;
3
4   class MyClass
5   {
6     int v1;
7     static int v2;
8   public:
9     MyClass(int v) : v1(v) { }
10    int getValue() const { return v1; }
11    static int getValue(int dummy)
12    {
```

```
13  // ERROR ********** found**********
14      return v1;
15    }
16  };
17  // ERROR ********** found**********
18  int MyClass.v2 = 42;
19  int main()
20  {
21    MyClass obj(23);
22  // ERROR ********** found**********
23    int v1 = obj.v1;
24    int v2 = MyClass::getValue(0);
25    cout << "v1 = " << v1 << "; v2 = "
    << v2 << endl;
26    return 0;
27  }
```

二、简单应用题

请使用 VC6 或使用【答题】菜单打开考生文件夹 proj2 下的工程 prog2，其中定义了 Stack 类和 Entry 类。Stack 是一个基于链式存储结构的栈，Entry 表示存储在栈中的数据顶。请在横线处填写适当的代码并删除横线，以实现上述类定义。此程序的正确输出结果应为：

0 1 2 3 4 5 6 7 8 9

9 8 7 6 5 4 3 2 1 0

注意：只在横线处填写适当的代码，不要改动程序中的其他内容，也不要删除或移动“// **** found **** ”。

```
1   #include <iostream>
2   using namespace std;
3
4   class Entry {
5   public:
6     Entry* next;
7     int data;
8   //********** found**********
9      Entry (Entry * n, int d) :
    _______________, data(d) { }
10  };
11  class Stack {
12    Entry* top;
13  public:
14    Stack() : top(0) { }
15    ~Stack()
16    {
17      while (top != 0)
18      {
19        Entry* tmp = top;
20  //********** found**********
21        top =__________;
22        delete tmp;
23      }
24    }
25    void push(int data)
26    {
27  //********** found**********
28      top = new Entry(__________, data);
29    }
30    int pop()
31    {
32      if (top == 0) return 0;
33  //********** found**********
34      int result =__________;
35      top = top->next;
36      return result;
37    }
38  };
39  int main()
40  {
41    int a[] = { 0, 1, 2, 3, 4, 5, 6, 7, 8,
    9 };
42    Stack s;
43    int i = 0;
44    for (i = 0; i < 10; i ++) {
45      cout << a[i] << '';
46      s.push(a[i]);
47    }
48    cout << endl;
49    for (i = 0; i < 10; i ++) {
50      cout << s.pop() << '';
51    }
52    cout << endl;
53    return 0;
54  }
```

三、综合应用题

请使用【答题】菜单命令或直接用 VC6 打开考生文件夹下的工程 proj3，其中声明的 IntSet 是一个用于表示正整数集合的类。IntSet 的成员函数 IsSubSet 的功能是判断集合 B 是否是集合 A 的子集。在 IsSubSet 中可以使用成员函数 IsMemberOf 来判断一个正整数是否在此集合中，请编写成员函数 IsSubSet。在 main 函数中给出了一组测试数据，此时程序的输出应该为：

集合 A:1 2 3 5 8 10

集合 B:2 8

集合 B 是集合 A 的子集

注意：只能在函数 IsSubSet 的// ******** 333 ******** 和// ******** 666 ******** 之间填入若干语句，不要改动程序中的其他内容。

程序最后将结果输出到文件 out.dat 中。输出函数 writeToFile 已经编译为 obj 文件，并且在本程序中调用。

```
1  //Intset.h
2  #include <iostream>
3  using namespace std;
4  const int Max =100;
5  class IntSet
6  {
7  public:
8    IntSet()  // 构造一个空集合
9    {
10     end = -1;
11   }
12   IntSet(int a[],int size) // 构造一个包含数组 a 中 size 个元素的集合
13   {
14    if(size >=Max)
15      end =Max -1;
16    else
17      end =size -1;
18    for(int i =0;i < =end;i ++)
19      element[i] =a[i];
20   }
21   bool IsMemberOf(int a)
22 // 判断 a 是否为集合的元素
23   {
24     for(int i =0;i < =end;i ++)
25       if(element[i] ==a)
26         return true;
27     return false;
28   }
29   int GetEnd() { return end; }
30 // 返回最后元素的下标
31   int GetElement(int i) { return element[i]; }  // 返回下标 i 处的元素
32   bool IsSubSet(IntSet& set);
   // 判断集合 set 是否为当前集合的子集
33   void Print()
   // 输出集合中的所有元素
34   {
35     for(int i =0;i < =end;i ++)
36       if((i +1)% 20 ==0)
37         cout <<element[i] <<endl;
38       else
39         cout <<element[i] <<' ';
40     cout <<endl;
41   }
42 private:
43   int element[Max];
44   int end;
45 };
46 void writeToFile(const char * );
```

```
1  //main.cpp
2  #include "IntSet.h"
3  bool IntSet::IsSubSet(IntSet& set)
4  {
5  //******** 333********
6
7
8  //******** 666********
9  }
10 int main()
11 {
12   int a[] ={1,2,3,5,8,10};
13   int b[] ={2,8};
14   IntSet set1(a,6),set2(b,2);
15   cout <<"集合 A:";
16   set1.Print();
17   cout <<"集合 B: ";
18   set2.Print();
19   if(set1.IsSubSet(set2))
20     cout <<"集合 B 是集合 A 的子集" <<endl;
21   else
22     cout <<"集合 B 不是集合 A 的子集" <<endl;
23   writeToFile("");
24   return 0;
25 }
```

第 47 套　上机考试试题

一、程序改错题

请使用 VC6 或使用【答题】菜单打开考生文件夹 proj1 下的工程 proj1，此工程中含有一个源程序文件 proj1. cpp。其中位于每个注释“// ERROR　**** found ****”之后的一行语句存在错误。请改正这些错误，使程序的输出结果为：

The value of member objects is 8

注意：只修改注释“// ERROR　**** found ****”的下一行语句，不要改动程序中的其他内容。

```
1  //proj1.cpp
2  #include <iostream>
3  using namespace std;
4  class Member
5  {
6  public:
7    Member(int x) { val =x; }
8    int GetData() { return val; }
9  private:
10 // ERROR ******** found********
11   int val =0;
```

```
12 };
13
14 class MyClass
15 {
16 public:
17 // ERROR ******** found********
18   MyClass(int x) { data=x; }
19   void Print()
20 // ERROR ******** found********
21   { cout << "The value of member object
   is " << data.val << endl; }
22 private:
23   Member data;
24 };
25
26 int main()
27 {
28   MyClass obj(8);
29   obj.Print();
30   return 0;
31 }
```

二、简单应用题

请使用 VC6 或使用【答题】菜单打开考生文件夹 proj2 下的工程 proj2，此工程中含有一个源程序文件 proj2. cpp，请编写一个函数 int huiwen(int n)，用于求解所有不超过 200 的 n 值，其中 n 的平方是具有对称性质的回文数（回文数是指一个数从左向右读与从右向左读是一样的，例如：34543 和 1234321 都是回文数）。求解的基本思想是：首先将 n 的平方分解成数字保存在数组中，然后将分解后的数字倒过来再组成新的整数，比较该整数是否与 n 的平方相等。

注意：请勿修改主函数 main 和其他函数中的任何内容，只在横线处编写适当代码，也不要删除或移动"// **** found **** "。

```
1 //proj2.cpp
2 #include <iostream>
3 using namespace std;
4 int huiwen(int n)
5 {
6   int arr[16],sqr,rqs=0,k=1;
7   sqr=n* n;
8   for(int i=1;sqr!=0;i++)
9   {
10 //******** found********
11     ______________;
12     sqr/=10;
13   }
14   for(;i>1;i--)
15   {
16     rqs+=arr[i-1]* k;
17 //******** found********
18   ______________;
19   }
20 //******** found********
21   if(__________)
22     return n;
23   else
24     return 0;
25 }
26 int main()
27 {
28   int count=0;
29   cout << "The number are: " << endl;
30   for(int i=10;i<200;i++)
31     if(huiwen(i)) cout << ++count <<'
   \t' << i <<'\t' << i* i << endl;
32   return 0;
33 }
```

三、综合应用题

请使用 VC6 或使用【答题】菜单打开考生文件夹 proj3 下的工程 proj3，其中声明的 Matrix 是一个用于表示矩阵的类。operator + 的功能是实现两个矩阵的加法运算。例如，若有两个 3 行 3 列的矩阵

$$A=\begin{bmatrix}1&3&2\\1&0&0\\1&2&2\end{bmatrix},B=\begin{bmatrix}0&0&5\\7&5&0\\2&1&1\end{bmatrix}$$

则 A 与 B 相加的和为

$$C=\begin{bmatrix}1+0&3+0&2+5\\1+7&0+5&0+0\\1+2&2+1&2+1\end{bmatrix}=\begin{bmatrix}1&3&7\\8&5&0\\3&3&3\end{bmatrix}$$

请编写 operator + 函数。

要求：

补充编制的内容写在// ********** 333 ********** 与// ********** 666 ********** 之间，不得修改程序的其他部分。

注意：程序最后将结果输出到文件 out. dat 中。输出函数 writeToFile 已经编译为 obj 文件，并且在本程序中调用。

```
1 //Matvix.h
2 #include <iostream>
3 #include <iomanip>
4 using namespace std;
5
6 const int M = 18;
7 const int N = 18;
8
9 class Matrix {
10   int array[M][N];
11 public:
```

```
12  Matrix() { }
13  int getElement(int i, int j) const {
return array[i][j]; }
14  void setElement(int i, int j, int
value) { array[i][j] = value; }
15  void show(const char * s) const
16  {
17    cout << endl << s;
18    for (int i = 0; i < M; i++) {
19      cout << endl;
20    for (int j = 0; j < N; j++)
21      cout << setw(4) << array[i][j];
22    }
23  }
24  };
25  void readFromFile (const char *,
Matrix&);
26  void writeToFile (char *, const
Matrix&);
```

```
1   //main.cpp
2   #include <fstream>
3   #include "Matrix.h"
4
5   void readFromFile (const char *
filename, Matrix& m)
6   {
7     ifstream infile(filename);
8     if (! infile) {
9       cerr << "无法读取输入数据文件! \n";
10      return;
11    }
12    int d;
13    for (int i = 0; i < M; i++)
14      for (int j = 0; j < N; j++) {
15        infile >> d;
16        m.setElement(i, j, d);
17      }
18  }
19
20  Matrix operator + (const Matrix& m1,
const Matrix& m2)
21  {
22  //******** 333********
23
24
25  //******** 666********
26  }
27  int main()
28
29  {
30    Matrix m1, m2, sum;
31    readFromFile("", m1);
32    readFromFile("", m2);
33    sum = m1 + m2;
34    m1.show("Matrix m1:");
35    m2.show("Matrix m2:");
36    sum.show("Matrix sum=m1+m2:");
37    writeToFile("", sum);
38    return 0;
39  }
```

第48套　上机考试试题

一、程序改错题

请使用VC6或使用【答题】菜单打开考生文件夹proj1下的工程proj1,其中包含类MyClass的定义。程序中位于每个// ERROR ****found****下的一行语句有错误,请加以更正。更正后程序的输出结果应该是:

The value is 5

The value is 10

注意:只修改每个// ERROR ****found****下的那一行,不要改动程序中的其他内容。

```
1   #include <iostream>
2   using namespace std;
3   class MyClass {
4   public:
5   // ERROR ********** found**********
6     void MyClass() { value = 0; }
7   // ERROR ********** found**********
8     void setValue(int val) const
9     {
10      value = val;
11    }
12    int getValue() const { return value; }
13  private:
14  // ERROR ********** found**********
15    int value = 0;
16  };
17  int main()
18  {
19    MyClass obj;
20    obj.setValue(5);
21    cout << "The value is " << obj.
getValue() << endl;
22    obj.setValue(10);
23    cout << "The value is " << obj.
getValue() << endl;
24    return 0;
25  }
```

二、简单应用题

请使用 VC6 或使用【答题】菜单打开考生文件夹 proj2 下的工程 proj2，其中定义了 vehicle 类，并派生出 motorcar 类和 bicycle 类。然后以 motorcar 和 bicycle 作为基类，再派生出 motocycle 类。要求将 vehicle 作为虚基类，避免二义性问题。请在横线处填写适当的代码并删除横线，以实现上述类定义。此程序的正确输出结果应为：

A vehicle is running!
A vehicle has stopped!
A bicycle is running!
A bicycle has stopped!
A motorcar is running!
A motocycle is running!

注意：只在横线处填写适当的代码，不要改动程序中的其他内容，也不要删除或移动"// **** found **** "。

```
1  #include <iostream.h>
2  class vehicle
3  {
4  private:
5    int MaxSpeed;
6    int Weight;
7  public:
8    vehicle(): MaxSpeed(0), Weight(0){}
9    vehicle(int max_speed,int weight) :
   MaxSpeed(max_speed), Weight(weight)
10 {}
11 //********** found**********
12   _______________ Run()
13   {
14   cout << "A vehicle is running!" <<
   endl;
15   }
16 //********** found**********
17   _______________ Stop()
18   {
19     cout << "A vehicle has stopped!" <<
   endl;
20   }
21 };
22 class bicycle : virtual public vehi-
   cle
23 {
24 private:
25   int Height;
26 public:
27   bicycle(): Height(0){}
28   bicycle(int max_speed, int weight,
   int height)
29   : vehicle (max _ speed,  weight ),
   Height(height){};
30   void Run() {cout << "A bicycle is
   running!" << endl; }
31   void Stop() {cout << "A bicycle has
   stopped!" << endl; }
32 };
33 class motorcar : virtual public vehi-
   cle
34 {
35 private:
36   int SeatNum;
37 public:
38   motorcar(): SeatNum(0){}
39   motorcar(int max_speed, int weight,
   int seat_num)
40 //********** found**********
41   :_______________{}
42   void Run() {cout << "A motorcar is
   running!" << endl; }
43   void Stop () {cout << "A motorcar
   has stopped!" << endl; }
44 };
45 //********** found**********
46 class motorcycle : _______________
47 {
48 public:
49   motorcycle(){}
50   motorcycle (int max _ speed, int
   weight, int height, int seet_num): bi-
   cycle(max_speed, weight, height), mo-
   torcar(max_speed, weight, seet_num)
   {};
51   ~motorcycle (){};
52   void Run() {cout << "A motorcycle
   is running!" << endl; }
53   void Stop() {cout << "A motorcycle
   has stopped!" << endl; }
54 };
55 int main()
56 {
57   vehicle * ptr;
58   vehicle a;
59   bicycle b;
60   motorcar c;
61   motorcycle d;
62   a.Run();  a.Stop();
63   b.Run();  b.Stop();
64   ptr = &c;  ptr->Run();
65   ptr = &d;  ptr->Run();
66   return 0;
67 }
```

三、综合应用题

请使用 VC6 或使用【答题】菜单打开考生文件夹 proj3 下的工程 proj3，其中定义的 IntArray 是一个用于表示整型一维数组的类。成员函数 swap 可以将数组中的两个指定元素交换位置；成员函数 sort 的功能是将数组元素按照升序排序。请编写成员函数 sort。在 main 函数中给出了一组测试数据，此时程序运行中应显示：

读取输入文件...

--- 排序前 ---

a1 = 3 1 2

a2 = 5 2 7 4 1 6 3

--- 排序后 ---

a1 = 1 2 3

a2 = 1 2 3 4 5 6 7

要求：

补充编制的内容写在// ******** 333 ******** 与// ******** 666 ******** 之间，不得修改程序的其他部分。

注意：程序最后将结果输出到文件 out.dat 中。输出函数 WriteToFile 已经编译为 obj 文件，并且在本程序中调用。

```
1   //IntArray.h
2   #include <iostream>
3   #include <string.h>
4   using namespace std;
5
6   class IntArray {
7   public:
8     IntArray(unsigned int n)
9     {
10      size = n;
11      data = new int[size];
12    }
13
14    ~IntArray() { delete [] data; }
15
16    int getSize() const { return size; }
17    int& operator [] (unsigned int i)
    const { return data[i]; }
18    void swap(int i, int j)
19    {
20      int temp = data[i];
21      data[i] = data[j];
22      data[j] = temp;
23    }
24    void sort();
25
26    friend ostream& operator << (os-
    tream &os, const IntArray &array)
27    {
28      for (int i = 0; i < array.getSize
    (); i ++)
29        os << array[i] << ' ';
30        return os;
31    }
32  private:
33    int * data;
34    unsigned int size;
35  };
36  void readFromFile (const char * ,
    IntArray&);
37
38  void writeToFile (char * , const In-
    tArray &);
```

```
1   //main.h
2   #include <fstream>
3   #include "IntArray.h"
4   void IntArray::sort()
5   {
6   //******** 333********
7
8
9   //******** 666********
10  }
11  void readFromFile (const char *  f,
    IntArray& m)
12  {
13    ifstream infile(f);
14    if (infile.fail()) {
15      cerr << "打开输入文件失败!";
16      return;
17    }
18    int i = 0;
19    while (! infile.eof()) {
20      infile >> m[i ++];
21    }
22  }
23  int main()
24  {
25    IntArray a1(3), a2(7), a3(1000);
26    a1[0] = 3, a1[1] = 1, a1[2] = 2;
27    a2[0] = 5, a2[1] = 2, a2[2] = 7, a2[3]
    = 4, a2[4] = 1, a2[5] = 6, a2[6] = 3;
28    readFromFile("in.dat", a3);
29    cout << "--- 排序前 ---\n";
30    cout << "a1 = " << a1 << endl;
31    cout << "a2 = " << a2 << endl <<
    endl;
32    a1.sort();
33    a2.sort();
```

```
34    a3.sort();
35    cout << "--- 排序后 ---\n";
36    cout << "a1 = " << a1 << endl;
37    cout << "a2 = " << a2 << endl << endl;
38    writeToFile("", a3);
39    return 0;
40  }
```

第49套 上机考试试题

一、程序改错题

请使用VC6或使用【答题】菜单打开考生文件夹proj1下的工程proj1。程序中位于每个// ERROR **** found ****之后的一行语句有错误,请加以改正。改正后程序的输出结果应为:

Name:Smith Age:21 ID:99999 CourseNum:12 Record:970

注意:只修改每个// ERROR **** found **** 下的那一行,不要改动程序中的其他内容。

```
1   #include <iostream>
2   using namespace std;
3   class StudentInfo
4   {
5   protected:
6   // ERROR ********** found**********
7     char Name[];
8     int Age;
9     int ID;
10    int CourseNum;
11    float Record;
12  public:
13  // ERROR ********** found**********
14    void StudentInfo(char * name, int age, int ID, int courseNum, float record);
15  // ERROR ********** found**********
16    void ~StudentInfo() { delete [] Name; }
17    float AverageRecord(){
18      return Record/CourseNum;
19    }
20    void show()const;
21  };
22  StudentInfo::StudentInfo(char * name, int age, int ID, int courseNum, float record)
23  {
24    Name = strdup(name);
25    Age = age;
26    this->ID = ID;
27    CourseNum = courseNum;
28    Record = record;
29  }
30  void StudentInfo::show()
31  {
32    cout << "Name: " << Name << " Age: " << Age << " ID: " << ID
33        << " CourseNum: " << CourseNum << " Record: " << Record << endl;
34  }
35  int main()
36  {
37    StudentInfo st("Smith",21,99999,12,970);
38    st.show();
39    return 0;
40  }
```

二、简单应用题

请使用VC6或使用【答题】菜单打开考生文件夹proj2下的工程proj2。此工程中包含一个源程序文件main.cpp,其中有类Point("点")、Circle("圆")和主函数main的定义。请在横线处填写适当的代码并删除横线,以实现上述定义,此程序的正确输出结果应为:

[30,50]

center = [120,89];radius = 2.7

注意:只在横线处填写适当的代码,不要改动程序中的其他内容,也不要删除或移动"// ********** found ********"。

```
1   #include <iostream>
2   #include <iomanip>
3   using namespace std;
4   class Point{ //点类
5   public:
6     // 构造函数参数 xValue 为点的 X 坐标, yValue 为点的 Y 坐标
7     //********** found**********
8     Point(int xValue = 0, int yValue = 0)____________
9     {};
10    void setX(int xValue){ x = xValue; }
11    int getX(){ return x;}
12    void setY(int yValue){ y = yValue; }
13    int getY(){ return y;}
14    // 声明虚函数 Disp()
15    //********** found**********
16    ____________
17    { cout << '[' << getX() << "," << getY() <<']'; };
18  private:
```

```
27    int x; // x 坐标
28    int y; // y 坐标
20  };
21  class Circle : public Point{ // 圆类
22  public:
23    //构造函数参数 xValue 为圆心的 X 坐标,
    yValue 为圆心的 Y 坐标
24    Circle( int xValue = 0, int yValue =
    0, double radiusValue = 0.0)
25    //********** found**********
26    ____________{ }
27    void setRadius ( double
    radiusValue )
28    { radius = ( radiusValue < 0.0 ? 0.0
    : radiusValue ); }
29    double getRadius() { return radius;}
30    double getDiameter () { return 2 *
    getRadius();}
31    double getCircumference () { return
    3.14159 * getDiameter();} // 计算周长
32    double getArea () { return 3.14159 *
    getRadius() * getRadius();} // 计算面积
33    void Disp() // 输出圆对象
34    { cout << "center = "; Point::Disp
    ();
35      cout << "; radius = " << getRadi-
    us();
36    }
37  private:
38    double radius; // 圆半径
39  };
40  int main()
41  {
42    Point point( 30, 50 );
43    Circle circle( 120, 89, 2.7 );
44    Point * pointPtr;
45    pointPtr = &point;
46    pointPtr -> Disp();
47    cout << endl;
48    pointPtr = &circle; // 将派生类对象
    赋给基类指针
49    pointPtr -> Disp();
50    return 0;
51  }
```

三、综合应用题

请使用 VC6 或使用【答题】菜单打开考生文件夹 proj3 下的工程 prog3,其中声明了 ValArray 类,该类在内部维护一个动态分配的整型数组 v。ValArray 类的成员函数 equals 用于判断两个对象是否相等。两个 ValArray 对象相等,当且仅当两者的元素个数 size 相等,并且整型数组 v 的对应元素分别相等。如果两个对象相等,则 equals 返回 true,否则返回 false。请编写成员函数 equals。在 main 函数中给出了一组测试数据,此种情况下程序的输出结果应为:

v1 = {1,2,3,4,5}
v2 = {1,2,3,4}
v3 = {1,2,3,4,6}
v4 = {1,2,3,4,5}
v1 ! = v2
v1 ! = v3
v1 == v4

要求:

补充编制的内容写在// ******** 333 ******** 与// ******** 666 ******** 之间,不得修改程序的其他部分。

注意:程序最后将结果输出到文件 out. dat 中。输出函数 writeToFile 已经编译为 obj 文件,并且在本程序中调用。

```
1   //VatArray.h
2   #include <iostream>
3   using namespace std;
4   class ValArray {
5     int* v;
6     int size;
7   public:
8     ValArray (const int * p, int n) :
    size(n)
9     {
10      v = new int[size];
11      for (int i = 0; i < size; i ++)
12        v[i] = p[i];
13    }
14    ~ValArray() { delete [] v; }
15    bool equals(const ValArray& other);
    void print(ostream& out) const
16    {
17      out << '{';
18      for (int i = 0; i < size -1; i ++)
19        out << v[i] << ", ";
20      out << v[size -1] << '}';
21    }
22  };
23  void writeToFile(const char * );
```

```
1   //main.cpp
2   #include "ValArray.h"
3
4   bool ValArray:: equals ( const
    ValArray& other)
5   {
6   //******** 333********
```

```
7    //******** 666********
8    }
9
10   int main()
11   {
12     const int a[] = {1, 2, 3, 4, 5};
13     const int b[] = {1, 2, 3, 4};
14     const int c[] = {1, 2, 3, 4, 6};
15     const int d[] = {1, 2, 3, 4, 5};
16
17     ValArray v1(a, 5);
18     ValArray v2(b, 4);
19     ValArray v3(c, 5);
20     ValArray v4(d, 5);
21     cout << "v1 = ";
22     v1.print(cout);
23     cout << endl;
24
25     cout << "v2 = ";
26     v2.print(cout);
27     cout << endl;
28
29     cout << "v3 = ";
30     v3.print(cout);
31     cout << endl;
32
33     cout << "v4 = ";
34     v4.print(cout);
35     cout << endl;
36
37     cout << "v1" << (v1.equals(v2) ? "
     ==" : "!=") << "v2" << endl;
38     cout << "v1" << (v1.equals(v3) ? "
     ==" : "!=") << "v3" << endl;
39     cout << "v1" << (v1.equals(v4) ? "
     ==" : "!=") << "v4" << endl;
40     writeToFile("");
41     return 0;
42   }
```

第50套　上机考试试题

一、程序改错题

请使用VC6或使用【答题】菜单打开考生文件夹proj1下的工程proj1。此工程中包括类Date（"日期"）和主函数main的定义。程序中位于每个// ERROR ****found****之后的一行语句有错误，请加以改正。改正后程序的输出结果应为：

2006-1-1

2005-12-31

2005-12-31

2006-1-1

注意：只修改每个// ERROR ****found****下的那一行，不要改动程序中的其他内容。

```
1    #include <iostream>
2    using namespace std;
3
4    class Date {
5    public:
6      Date(int y = 2006, int m = 1, int d
     = 1)
7    // ERROR ********* found*********
8      : year = y, month = m, day = d
9      { }
10   // ERROR ********* found*********
11     Date(const Date d)
12     {
13       this->year = d.year;
14       this->month = d.month;
15       this->day = d.day;
16     }
17     void print() const
18     {
19       cout << year << '-' << month << '
     -' << day << endl;
20     }
21   private:
22   // ERROR ********* found*********
23     int year(2006), month(1), day(1);
     };
24   int main()
25   {
26     Date d1, d2(2005, 12, 31), d3;
27     d1.print();
28     d2.print();
29     d3 = d2;
30     d2 = d1;
31     d1 = d3;
32     d1.print();
33     d2.print();
34     return 0;
35   }
```

二、简单应用题

请使用VC6或使用【答题】菜单打开考生文件夹proj2下的工程proj2。其中在编辑窗口内显示的主程序文件中定义有类Point和Circle，以及主函数main。程序文本中位于每行// ****found****之后的一行内有一处或多处下画线，请在下画线处填写合适的内容，并删除下画线。经修改后运行程序，得到的输出结果应为：

Point:(0,0)3

Point:(4,5)6
28.2743 113.097

```
1  #include <iostream>
2  using namespace std;
3  class Point  //定义坐标点类
4  {
5    public:
6      Point(int xx=0, int yy=0)
7      {x=xx; y=yy;}
8      void PrintP(){cout<<"Point:("<<x<<","<<y<<")";}
9    private:
10     int x,y;  //点的横坐标和纵坐标
11 };
12 class Circle  //定义圆形类
13 {
14   public:
15     Circle():rr(0){}  //无参构造函数
16     Circle(Point& cen, double rad=0); //带参构造函数声明
17     double Area(){return rr* rr*3.14159;}
18 //返回圆形的面积
19     //PrintP 函数定义,要求输出圆心坐标和半径
20 //************* found*************
21     void PrintP(){_________; cout<<rr<<endl;}
22   private:
23     Point cc; //圆心坐标
24     double rr; //圆形半径
25 };
26 //带参构造函数的类外定义,要求由 cen 和 rad 分别初始化 cc 和 rr
27 //********** found**********
28 Circle::_________(Point& cen, double rad)
29 //********** found**********
30 _________{rr=rad;}
31 int main(){
32   Point x, y(4,5);
33   Circle a(x,3), b(y,6);
34   // 输出两个圆的圆心坐标和半径
35   a.PrintP();
36 //********** found**********
37     _______________;
38     cout<<a.Area()<<"<<b.Area()<<endl;
39     return 0;
40 }
```

三、综合应用题

请使用 VC6 或使用【答题】菜单打开考生文件夹 proj3 下的工程 proj3,其中包含源程序文件 main.cpp 和用户定义的头文件 Array.h,整个程序包含有类 Array 的定义和主函数 main 的定义。请把主程序文件中的 Array 类的成员函数 MinTwo()的定义补充完整,经修改后运行程序,得到的输出结果应为:

8
29,20,33,12,18,66,25,14
12,14

注意:只允许在// ******** 333 ******** 和// ******** 666 ******** 之间填写内容,不允许修改其他任何地方的内容。

```
1  //Arry.h
2  #include <iostream>
3  #include <cstdlib>
4  using namespace std;
5
6  template <class Type>
7  class Array { //数组类
8  public:
9    Array(Type b[], int mm):size(mm)
10 {  //构造函数
11     if(size<2) {cout<<"数组长度太小,退出运行!"; exit(1);}
12     a=new Type[size];
13     for(int i=0; i<size; i++)
14     a[i]=b[i];
15   }
16      ~Array() {delete []a;}  //析构函数
17      void MinTwo(Type& x1, Type& x2) const; //由 x1 和 x2 带回数组 a 中最小的两个值
18     int Length() const{ return size;}
19   //返回数组长度
19     Type operator [](int i)const {
   //下标运算符重载为成员函数
20       if(i<0 || i>=size) {cout<<"下标越界!"<<endl; exit(1);}
21       return a[i];
22   }
23 private:
24   Type * a;
25   int size;
26 };
27 void writeToFile(const char * );  //不用考虑此语句的作用
```

```
1  //main.cpp
2  #include "Array.h"
3  //由 a 和 b 带回数组 a 中最小的两个值
4  template<class Type>
5  void Array<Type>::MinTwo(Type& x1,
   Type& x2) const { //补充完整函数体的
   内容
6    a[0]<=a[1]?(x1=a[0],x2=a[1]):
   (x1=a[1],x2=a[0]);
7    //******** 333********
8
9
10   //******** 666********
11 }
12 int main() {
13   int s1[8]={29,20,33,12,18,66,25,
   14};
14   Array<int> d1(s1,8);
15   int i,a,b;
16   d1.MinTwo(a,b);
17   cout<<d1.Length()<<endl;
18   for(i=0;i<7;i++) cout<<d1[i]<
   <", "; cout<<d1[7]<<endl;
19   cout<<a<<", "<<b<<endl;
20   writeToFile(""); //不用考虑此语句的
   作用
21   return 0;
22 }
```

第三部分

Part 3

参考答案及解析

上机考试看似复杂，其实很简单，只要按照科学的思路去归纳、总结、分析，学通了一道题就等于学会了一类题，只要将我们总结出来的典型题学通、吃透，上机考试便可以从容应对。

本部分是对上一部分试题内容的分析解答，本着“授之以渔”的思想，将解析分为“参考答案、考点分析、解题思路、解题宝典、举一反三”等模块，详简有度地对上机试题进行分析、解答、点拨、总结，旨在帮助考生迅速学会解题思路、掌握解题技巧。

3.1 达标篇

内容说明：参考答案、考点分析、解题思路、解题宝典、举一反三

学习目的：对典型题目详尽学习、深入理解、学会分析，掌握部分题目的考试技巧。通过对同类题目进行反复练习，归纳巩固解题方法

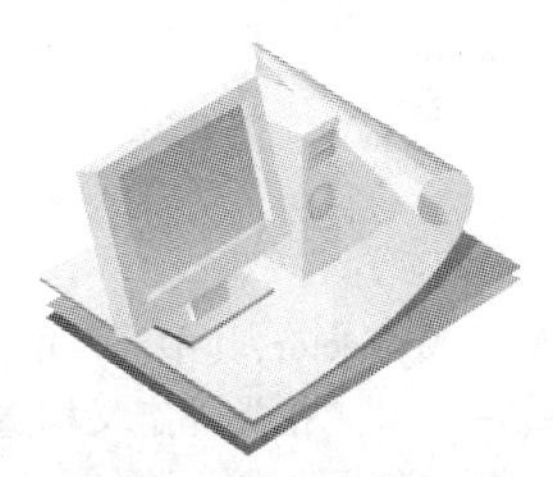

3.2 优秀篇

内容说明：参考答案、考点分析、解题思路

学习目的：以练为主、融会贯通

参考答案	完整答案及解析，让您轻松掌握每类题型的解题方法。
考点分析	结合对真考题库所有试题的分析，总结每道大题所考查到的知识点。
解题思路	点拨解题关键要素，明确解答本题该从何处入手。
解题宝典	总结实战考试经验，传授考生行之有效的上机考试技巧。
举一反三	通过对同类题型的反复练习，最终完全掌握每类题型的解题方法。

3.1 达　标　篇

第1套　参考答案及解析

一、程序改错题

【参考答案】

```
1  delete [] array;
2  cout << array[i] <<";
3  MyClass obj(10);
```

【考点分析】

本题考查 MyClass 类，其中涉及构造函数、析构函数、输出语句、动态数组和语句初始化。一般考到类时就会涉及构造函数，要注意构造函数的定义方法。析构函数就是考查 delete 语句的用法，其一般形式为：delete [] + 要释放的指针。

【解题思路】

(1)语法错误，使用 delete 语句删除一个指针时，直接把指针变量的名称放在 delete [] 后面即可。

(2)考查考生对输入、输出语句的运用。使用 cout 进行数据输出操作，一般格式为：cout << Expr;。其中，Expr 代表一个表达式，"<<"称为插入运算符，该语句的含义是，将表达式 Expr 的值输出到屏幕上。使用 cin 进行数据输入操作，一般格式为：cin >> var;。其中，var 代表一个变量，">>"称为提取运算符，该语句的含义是，将用户输入的数据保存到 var 中。

(3)考查语句的初始化，我们来看 MyClass 类的构造函数：

```
1  MyClass(int len)
2  {
3      array = new int[len];  //给数组动态分配空间,大小为 len
4      arraySize = len;  //赋值
5      for(int i = 0; i < arraySize; i ++)
6        array[i] = i +1;  //循环给数组赋值,从 1 到 10
7  }
```

请注意：形参 len 没有定义默认值，因此要想使 array 动态数组里依次存放 1,2,3,4,5,6,7,8,9,10，就是要给 len 赋值为 10。

【解题宝典】

delete 语句是最常考的知识点，用于释放指针变量，其一般形式为：delete[] + 要释放的指针。

二、简单应用题

【参考答案】

(1) a[num] = e;

(2) Array(s)

(3) a[j] = a[j - 1]

(4) a[i] = e

【考点分析】

本题考查数组类 Array 及 Array 的派生类 SortedArray，其知识点涉及构造函数、析构函数、虚函数和动态数组。一般考到函数时，首先要看函数名，通过函数名称能大概知道该函数的功能，比如 Array 类中的 virtual void add(int e) 函数，看到这个函数我们能得到如下信息。

(1)有关键字 virtual，说明该函数是虚函数，在 Array 类的派生类里肯定会有对 add 函数的定义。

(2)有关键字 void，说明此函数没有返回值。

(3)add 的意思是添加，它的形参是 int e，那么我们大概可以猜到该函数的功能是把整型数值 e 添加到数组 a 中。

【解题思路】

(1)考查的是虚函数 virtual void add(int e)的定义，即添加一个整型数 e 到 a[num] 中。

(2)主要考查的是 Array 类的派生类 SortedArray 类的构造函数的定义，定义之前要对基础类初始化。

(3)因为 SortedArray 类是排序类，所以数组 a 中的元素要从小到大排序。在 if (e < a[i])条件下，要把 i 后的元素逐个往后移一位，因此此处为 a[j] = a[j - 1]。

(4)主要考查虚函数 virtual void add(int e)在派生类 SortedArray 类中的定义，把插入的数据放在数组 a 的第 i+1 个位置，即 a[i] = e;。

【举一反三】第 31 套的简单应用题。

三、综合应用题

【参考答案】

(1) MyVector::MyVector

(2) i.x - j.x, i.y - j.y

(3) v1 + v2

【考点分析】

本题考查二维向量类 MyVector，其中涉及的知识点有构造函数，重载运算符 +、-、<<。在类外定义构造函数时，语法和定义其他类函数一样，前面要加上类名和作用域符号。重载运算符函数要注意其返回值类型和参数类型。

【解题思路】

(1)主要考查的是构造函数，在类外定义构造函数时要使用类名和作用域，即 MyVector::MyVector。

(2)主要考查重载运算符"-"的返回语句，返回值应为向量 i 和 j 的差，即 MyVector(i.x - j.x, i.y - j.y);。

(3)主要考查重载运算符"+"的使用，由题目可知 v3 是 v1 和 v2 的和，前面我们已经重新定义了运算符"+"，所以在这里直接使用语句 v3 = v1 + v2;即可。

第2套　参考答案及解析

一、程序改错题

【参考答案】

(1)MyClass(int i)

(2)int Max(int x, int y, int z)

(3)cout << "The value is " << obj.GetValue() << endl;

【考点分析】

本题考查MyClass类、构造函数、析构函数、成员函数和函数重载。函数重载必须要求形参类型不同,或者形参个数不同。

【解题思路】

(1)考查构造函数,构造函数前不加void或其他任何类型名,直接使用MyClass(int i)即可。

(2)主要考查函数重载,在

int Max(int x, int y) { return x > y ? x : y; }中两个形参变量都是int型,而语句int Max(int x, int y, int z = 0)的前两个形参也都是int型,第三个形参定义默认值,那么这两个Max函数在调用时它们的参数个数和参数类型都一样,因为函数重载要求形参类型或形参个数不同,所以要把int z = 0改为int z,才能构成函数重载。

(3)主要考查成员函数的调用,因为value是私有成员,所以不能被类外函数直接调用,而且value()的用法也是错误的,可以使用成员函数obj.GetValue()得到value的值。

【举一反三】第28套的程序改错题。

二、简单应用题

【参考答案】

(1)item(val)

(2)delete [] p

(3)temp = top

(4)temp -> next = top

【考点分析】

本题考查堆栈类Stack类、Item类、构造函数、析构函数、成员函数和函数调用。堆栈类的节点一般使用指针表示,也就会考查到指针的相关知识点,要注意释放指针应使用delete [ ] 语句。

【解题思路】

(1)主要考查构造函数,对私有成员进行初始化,即item(val)。

(2)主要考查使用delete语句释放指针,一般格式为:delete [ ] +指针。

(3)指向栈顶节点的是top指针,要使temp指向栈顶节点,故使用语句temp = top;。

(4)指向栈顶节点的是top指针,要使新节点的next指针指向栈顶数据,故使用语句temp -> next = top;。

【解题宝典】

本题涉及堆栈类,栈是先进后出,后进先出的存储结构。对于此类问题指针的使用是个难点,要记住栈中指向栈顶节点的是top指针,添加数据时要往栈顶添加。

【举一反三】第46套的简单应用题。

三、综合应用题

【参考答案】

(1)MyPoint p1, MyPoint p2

(2)up_left.getX(), down_right.getY()

(3)double MyRectangle::

【考点分析】

本题考查表示平面坐标系中的点的类MyPoint、表示矩形的类MyRectangle、构造函数和成员函数。

【解题思路】

(1)考查构造函数,构造函数中的参数要给私有成员赋值,在下句中up_left(p1),down_right(p2){}指出私有成员赋值要使用形参p1和p2,因此这里参数要定义为MyPoint p1, MyPoint p2。

(2)主要考查成员函数的返回语句,MyPoint My Rectangle::getDownLeft()const函数要求返回一个左下角的点坐标,因此使用语句MyPoint(up_left.getX(), down_right.getY());。

(3)主要考查成员函数的定义,在MyRectangle类中已经声明double area() const,因此此处只要添加double MyRectangle::即可。

【解题宝典】

构造函数的参数定义时要注意在赋值语句中使用的参数。考查构造函数一般都会考查到形参,应注意联系上下文。类的成员函数在类外定义时要在函数名前面加上:返回值类型 + 类名 + 作用域(::)。

【举一反三】第28套的综合应用题。

第3套　参考答案及解析

一、程序改错题

【参考答案】

(1)MyClass(int val) : value(val) {}

(2)void MyClass::SetValue(int val) { value = val; }

(3)cout << "The value is " << obj.GetValue() << endl;

【考点分析】

本题主要考查MyClass类、构造函数、成员函数及成员函数的调用。

【解题思路】

(1)考查构造函数,定义构造函数时不能使用void,直接使用MyClass(int val)即可。

(2)主要考查成员函数定义,类的成员函数定义时要使用前缀MyClass,而inline是内联函数的关键字,在此是错误的,应该删掉inline并在函数名前加上前缀MyClass,即void MyClass::SetValue(int val) { value = val; }。

(3)考查成员函数调用,value是私有成员,在主函数中不能直接调用value,可以使用成员函数GetValue()来得到value的值。

【解题宝典】

构造函数前不能添加任何类型,如void,int,double等。类的成员函数定义时要加上前缀,即类的名字。私有成员只能被类的成员函数调用。

【举一反三】第 32 套的程序改错题。

二、简单应用题

【参考答案】

(1)new char[s]

(2)delete [ ] p

(3)p[top] = c

(4)return p[top]

【考点分析】

本题主要考查的是表示栈的抽象类 Stack 类及它的派生类 ArrayStack 类、纯虚函数和成员函数。栈的节点一般使用指针表示，定义构造函数时要给指针分配空间，使用 new 语句来完成。~ArrayStack()是析构函数，因为前面已经使用 new 来分配空间了，因此在这里要用 delete 语句来释放指针。

【解题思路】

(1)主要考查的是 ArrayStack 类的构造函数，在函数中要为 p 申请 s 个 char 型空间，应使用语句 p = new char[s];。

(2)主要考查析构函数，使用 delete 语句释放指针，即 delete[ ]p;。

(3)主要考查 push 函数，top 表示栈顶元素下标，添加的数据放到栈顶，因此使用语句 p[top] = c;。

(4)主要考查 pop 函数，输出栈顶数据，top 表示栈顶元素下标，因此使用语句 return p[top];。

【解题宝典】

在构造函数时，要先给动态数组分配空间，使用 new 语句。在析构函数时，要将分配的空间释放，使用 delete 语句。

三、综合应用题

【参考答案】

```
1  int i, j;  //定义两个整数临时变量 i.j.
2  for(i = 0, j = length -1; i<j; i ++, j --)
3  {
4     char temp = str[i];  //把 Str[i]中的值保存在临时变量 temp
5     str[i] = str[j];  //把 Str[j]值赋给 Str[i]，实现字符前后替换
6     str[j] = temp;  //把保存在临时变量 temp 中的值再赋值给 Str[j]
7  }
```

【考点分析】

本题主要考查的是 doc 类、构造函数、成员函数和析构函数。

【解题思路】

题目要求将 myDoc 中的字符序列反转，在 main 函数中我们看到 myDoc 是 doc 类，根据 doc 类的定义可以知道它是把读取文件的字符串存到 str 动态数组中。reverse 函数实现将数组 str 中的 length 个字符中的第一个字符与最后一个字符交换，第二个字符与倒数第二个字符交换，依次类推。使用变量 i 和 j，分别表示第一个字符和最后一个字符的下标，定义 temp 作为中间变量进行交换。

【举一反三】第 31 套的综合应用题。

第 4 套　参考答案及解析

一、程序改错题

【参考答案】

(1)Point(double x, double y) : _x(x), _y(y) {}或 Point(double x, double y) {_x = x; _y = y;}

(2)void Move(double xOff, double yOff)

(3)cout <<'(' << pt.GetX() <<',' << pt.GetY() <<')' << endl;

【考点分析】

本题主要考查 Point 类，其中涉及构造函数、成员函数及成员函数的调用。构造函数的语法经常考查到，一般会考查形参的类型及名称，本题考查的比较特别，是考查函数成员初始化列表的基本知识。

【解题思路】

(1)主要考查的是构造函数的成员初始化列表的语法，在成员列表之前必须加“:”。

(2)主要考查成员函数中 const 的使用，先看 Move 函数的函数体：

{ _x += xOff; _y += yOff; }

可以看到 Point 类的两个私有成员_x 和_y 的值都发生了变化，因此 Move 函数不能使用 const，因为只有在函数内不改变类的成员的值时才能使用 const。

(3)主要考查私有成员不能被类外函数调用的知识。题目要求输出 pt 成员_x 和_y 的值，从 Point 类中的函数 double GetX() const { return _x; } 和 double GetY() const { return _y; }，可以分别得到_x 和_y 的值，因此这里使用语句 cout <<'(' << pt.GetX() <<',' << pt.GetY() <<')' << endl; 调用成员函数 GetX()和 GetY()来实现题目要求。

【解题宝典】

const 用于限定变量的值不发生改变，涉及 const 函数时，就要先看函数体内部成员的值是否改变，如果改变了就会出现错误。当题目要求输出类的私有成员的值时，首先头脑中就要有一个概念：类外函数不能调用私有成员，只能通过成员函数调用。

二、简单应用题

【参考答案】

(1)virtual void Show() = 0

(2)strcpy(_p, s)

(3)public Base1, private Base2

(4)Base2(s)

【考点分析】

本题主要考查抽象类 Base1、基类 Base2 及其派生类 Derived，其中涉及纯虚函数、构造函数、析构函数、派生类构造函数等知识点。编写抽象类的纯虚函数时要先看清在派生类中该函数的定义，注意返回值、参数类型、有无 const 关键字几个要点。派生类的构造函数一定要使用成员列表法先对基类初始化。

【解题思路】

(1)主要考查的是纯虚函数的定义。题目要求声明纯虚函数 Show,因此首先看 Base1 类的派生类 Derived 类中 Show 函数的定义:

void Show()

{ cout << _p << endl; }

这时就可以得出答案了,只要在 void 前加上 virtual,在()后加上 =0;,再把函数体去掉就可以了,即 virtual void Show() = 0;。特别注意纯虚函数和虚函数的区别,虚函数不能添加 =0。

(2)主要考查的是字符串赋值语句,题目要求将形参指向的字符串常量复制到该类的字符数组中。即把 s 复制给_p,直接使用语句 strcpy(_p, s);就可以了,strcpy 为系统提供的字符串复制函数。

(3)主要考查的是派生类的声明。题目要求 Derived 类公有继承 Base1,私有继承 Base2 类。公有继承使用 public,保护继承使用 protected,私有继承使用 private。如果一个类同时继承多个基类时,各个基类之间用“,”分开。

(4)主要考查的是派生类的构造函数,定义派生类的构造函数时要使用成员列表对基类初始化。基类一:Base1 类,没有构造函数,不需要使用参数。基类二:Base2 类,有构造函数:Base2(const char *s),因此需要成员列表:Derived(const char *s):Base2(s)。

【举一反三】考生可根据第 39 套的简单应用题进行练习。

三、综合应用题

【参考答案】

```
1  for (int i = 0; i < length; ++i)  //遍历整个数组
2      for (int j = i; j < length; ++j)  //从 i++遍历整数组
3      if (array[i] > array[j])  //如果 arrag[i] > array[j],把 array[i]与 array[i]进行对换
4      {
5          int temp;  //定义一个临时变量 temp
6          temp = array[i];  //把 array[i]值放到变量 temp
7          array[i] = array[j];  //把 array[j]值赋给 array[i]
8          array[j] = temp;  //把变量 temp 存放在值 array[j]中
9      }
10 for (int a = 0; a < length; ++a)  //遍历数组,把数组中的所有元素打印到控制台上
11     cout << array[a] << " ";
```

【考点分析】

本题主要考查 intArray 类,其中涉及构造函数、排序函数和析构函数。常用的排序算法有冒泡排序、选择排序、插入排序、堆排序等。

【解题思路】

题目要求对整数序列按非递减排序,要排序就必须要有比较,因此定义两个下标 i 和 j,按题目非递减排序要求,当 array[i]比 array[j]大时就交换其值,利用中间变量 temp 来实现。

【解题宝典】

排序算法有多种,其基本思想是相同的,即先遍历,后比较,再交换。不同之处在于它们遍历数列的顺序不同。考生可选择一至两种算法重点理解。

【举一反三】考生可根据第 48 套的综合应用题进行练习。

第5套　参考答案及解析

一、程序改错题

【参考答案】

(1)MyClass(int i=0) : NUM(0) {

(2)void Increment(MyClass& f) { f._i++; }

(3)Increment(obj);

【考点分析】

本题考查的是 MyClass 类,其中涉及友元函数、构造函数、常量数据成员、成员函数和友元函数的调用。友元函数的定义要与函数声明相呼应,即返回值、参数类型、参数个数要一致。友元函数的调用不需要使用类名和作用域。

【解题思路】

(1)主要考查考生对常量数据成员初始化方法的掌握,常量数据成员的初始化只能通过构造函数的成员初始化列表进行,并且要使用关键字 const 修饰。该题的前一条语句 const int NUM;,说明 NUM 是常量数据成员。

(2)主要考查考生对友元函数的掌握,友元函数的定义与声明要一致,先看该友元函数的声明部分:friend void Increment(MyClass& f);,返回类型为 void,函数参数为 MyClass& f;再比较出错的语句:void Increment() { f._i++; },错误在于该函数没有参数,应把 MyClass& f 填在括号内。

(3)主要考查友元函数的调用,友元函数并不属于类,因此调用友元函数时不需要添加类名及作用域,只需要像调用普通函数一样即可。

【解题宝典】

类的常量数据成员初始化必须使用成员初始化列表进行,否则必然出错。友元函数与普通函数的区别在于,友元函数可以通过对象名调用类的全部成员,包括私有成员。所有函数的声明和定义必须一致,包括函数返回值、参数类型、参数个数及有无 const 关键字。

【举一反三】考生可根据第 36 套的程序改错题进行练习。

二、简单应用题

【参考答案】

(1)i++

(2)_n-1

(3)_s[j] = _s[j-1]

(4)_s[j-1] = t

【考点分析】

本题考查 Score 类,其中涉及构造函数、成员函数和排序算法。

【解题思路】

(1)主要考查 for 循环语句,从题目要求可知循环变量 i 要从 0 到_n-2,因此 i 要递增操作,即 i++。

(2)主要考查考生对冒泡排序的掌握,这里要求从后往前扫描,比较相邻两个元素,若后者小则交换,因此在这里下标 j 要从最后开始,即 int j = _n-1。

(3)考查交换算法,在 if 语句中_s[j] < _s[j-1]满足条件,则实现交换。因为已经把_s[j]的值赋给了中间变量 t,所以这里要把_s[j-1]的值赋给_s[j],即_s[j] = _s[j-1];。

(4)考查交换算法,这里只需把中间变量 t 中的值赋给_s[j-1]即可。

【解题宝典】

本题考查的是考生对冒泡排序算法的掌握,要记住冒泡排序的思想是两两比较待排序序列中的元素,并交换不满足顺序要求的各对元素,直到全部满足顺序要求为止。

【举一反三】考生可根据第 35 套的简单应用题进行练习。

三、综合应用题

【参考答案】

```
1  size = other.size;  //把对象数组的大小赋值给 Size
2  v = new int [other.size];  //根据对象数组的大小动态分配数组 V
3  for (int i = 0; i < size; ++i)
4      v[i] = other.v[i];  //遍历整个对象的数组把值 other.v[i]放到数组 V 中
```

【考点分析】

本题主要考查的是 ValArray 类,其中涉及构造函数、成员函数和析构函数。题目要求编写 ValArray 类的复制构造函数,以实现对象的深层复制。即填写 ValArray::ValArray (const ValArray& other)函数的函数体。

【解题思路】

主要考查考生对复制构造函数的掌握。由函数名:ValArray::ValArray(const ValArray& other),知道要复制的对象是 other,对由 ValArray 类的成员:int * v; int size; 知道要复制的内容是动态数组 v 及整型变量 size。动态数组要使用 new 语句分配内存,最后利用 for 循环语句来完成复制过程。

第 6 套　参考答案及解析

一、程序改错题

【参考答案】

(1)public:

(2)MyClass(int val) : _m(val) {}或 MyClass(int val) {_m = val}

(3)cout << "The value is: " << obj -> GetValue() << endl;

【考点分析】

本题主要考查的是 Member 类和 MyClass 类,其中涉及构造函数、成员函数和类的指针。类的指针调用类的成员函数时要使用标识符"->",而不是".",这是最容易出错的地方。私有成员使用 private,公有成员使用 public,保护成员使用 protected,类的构造函数一定是公有成员函数。

【解题思路】

(1)主要考查考生对私有成员和公有成员的掌握,先看改错语句的下一条语句:Member(int val) : value(val) {},该语句是一个构造函数,因此我们可以得出此处为公有成员,因为构造函数不可能是私有成员。

(2)主要考查构造函数,构造函数要对类的成员进行初始化,因此在这里使用成员列表初始化,即 MyClass(int val) : _m(val){}或 MyClass(int val){_m = val}。

(3)指针调用类的成员函数时,应使用标识符"->"。

【解题宝典】

判断该成员是公有成员还是私有成员的方法很多,不必一一死记,只要记住公有成员可以被类外函数调用,私有成员则不可以,类的构造函数一定是公有成员函数就可以了。

【举一反三】考生可以参考第 43 套的程序改错题进行练习。

二、简单应用题

【参考答案】

(1)i

(2)_rows

(3)_cols

(4)CharShape& cs

【考点分析】

本题主要考查抽象类 CharShape 类及其派生类 Triangle 和 Rectangle,其中涉及构造函数、纯虚函数、成员函数和函数调用。着重考查函数 Show()在 Triangle 类与在 Rectangle 类中的定义,填空前应先理解 Show()函数在该类中的功能。

【解题思路】

(1)考查 for 循环语句,该语句所在的函数的功能是输出字符组成的三角形。从外层循环中可以看出下标 i 代表行数,那么下标 j 就代表每一行字符的个数,因为要输出的是三角形,所以每一行的个数等于该行的行数,即 j <= i;。

(2)考查 for 循环语句,该语句所在的函数的功能是输出字符组成的矩形。回到 Rectangle 类中可以知道矩形的长和宽就是类中私有成员的行数和列数,因此在这里只要要求下标 i 不大于行数即可。

(3)考查 for 循环语句,该语句所在的函数的功能是输出字符组成的矩形。回到 Rectangle 类中可以知道矩形的长和宽就是类中私有成员的行数和列数,因此在这里只要要求下标 j 不大于列数即可。

(4)主要考查考生对虚函数的掌握,该语句所在的函数是普通函数 fun，题目要求为 fun 函数添加形参。从函数体中可以知道形参名为 cs，那么形参的类型是什么呢？就是抽象类 CharShape，因此要使用 CharShape& cs 才可以实现题目要求输出的内容。

【解题宝典】

本题主要考查考生对 for 循环语句的掌握及虚函数的使用，for 循环是最常考到的知识点，要结合好上下文的语义来填写，首先要清楚该语句所在函数要实现的功能，其次要知道该语句的作用。

【举一反三】考生可参考第 43 套的简单应用题进行练习。

三、综合应用题

【参考答案】

```
1  for (int i = 0; i < length; i ++)  // 遍历对象 src 中的数组 array，然后依次把值放进数组 array 中
2      array[i] = src.array[i];
```

【考点分析】

本题主要考查 intArray 类，其中涉及动态数组、构造函数、运算符重载、析构函数及其他成员函数。

【解题思路】

主要考查考生对运算符重载的掌握，该函数要重载运算符“ = ”，该运算符的意思是赋值。先看该函数的其他语句：

```
1  if(array! = NULL) delete [] array;
2  length = src.length;
3  array = new int [length];
```

第一条语句是把原来动态数组释放，第二条语句是把形参 src 的成员 length 赋值给变量 length，第三条语句是给指针 array 分配内存。接下来要把动态数组中的值逐个赋给 array 数组，在这里使用 for 循环语句，循环变量 i 的范围是 0 ~ length，并进行赋值操作。

【举一反三】考生可参考第 35 套的综合应用题进行练习。

第 7 套　参考答案及解析

一、程序改错题

【参考答案】

(1) void Inc()

(2) int count;

(3) obj -> Inc();

【考点分析】

主要考查的是 MyClass 类，其中涉及构造函数、成员函数、私有成员及类的指针。const 用于限定变量的值不发生改变，const 函数的定义要谨慎，确保函数体内没有成员值的改变。私有成员只能声明不能初始化，只有通过构造函数或者成员函数来初始化。

【解题思路】

(1) 考查考生对 const 的掌握，在 Inc 函数的函数体{ cout << "no. " << ++count << endl; }中，有语句 ++count，将使私有成员 count 的值发生改变，因此该函数不能使用 const 修饰。

(2) 考查私有成员，在定义类时，私有成员只能声明不能初始化。

(3) 主要考查考生对类的指针的掌握，指针调用类的成员函数时要使用标识符“ -> ”，而不能使用“ . ”。

【解题宝典】

主要考查考生对 const 语法、私有成员及类的指针的理解。私有成员在类中只能声明不能初始化，这是最基础的知识，只要认真看程序一般没问题。判断一个函数是否为 const 函数关键看函数体内是否有成员值发生改变，如果发生改变，则不能用 const 修饰。

【举一反三】考生可参考第 47 套的程序改错题进行练习。

二、简单应用题

【参考答案】

(1) return NULL

(2) * buf = * src

(3) i ++

【考点分析】

主要考查的是 GetNum 函数、while 循环语句、if 语句和字符数组。从该函数的声明中，可以得到如下信息：该函数的返回值为字符指针，形参为两个字符指针 src 和 buf。该函数的功能是，函数从 src 开始扫描下一个数字字符序列，并将其作为一个字符串取出放入字符串空间 buf 中。

【解题思路】

(1) 主要考查考生对 if 语句的掌握，由判断条件 if(* src == '\0')，说明字符串 src 为空，则返回 NULL 即可。

(2) 主要考查考生对 while 循环语句的掌握，while 语句的循环条件为 * src! = '\0' && isdigit(* src)，该条件是指，若字符串 src 不为空并且 * src 指向的字符为数字字符，则进行循环。题目要求把数字字符放入字符串 buf 中，因此为 * buf = * src。

(3) 主要考查考生对 while 循环语句的掌握，从上一行语句 cout << "Digit string " << i << " is " << digits << endl; 中可以得出，题目要求输出的 i 是递增的，因此这里需添加语句 i ++。

【举一反三】考生可参考第 47 套的简单应用题进行练习。

三、综合应用题

【参考答案】

(1) delete [ ]idcardno, name

(2) name = new char[strlen(new_name) + 1]

(3) Person(id_card_no, p_name, is_male)

【考点分析】

主要考查的是 Person 类及其派生类 Staff，其中涉及构造函数、析构函数、动态数组及派生类的构造函数。

【解题思路】

(1) 主要考查考生对析构函数的掌握，题目要求释放两个指针成员所指向的动态空间。释放动态空间应使用 delete

语句,因为要释放两个指针,使用语句:delete [ ] idcardno, name;实现。注意当释放多个指针时,中间用逗号隔开。

(2)考查动态数组分配空间,题目要求指针 name 指向申请到的足够容纳字符串 new_name 的空间。使用 strlen(new_name)得到字符串 new_name 的长度,但是这里要注意加 1。

(3)主要考查考生对派生类构造函数的掌握,题目要求利用参数表中前几个参数对基类 Person 进行初始化。派生类的构造函数要使用成员列表初始化法对基类初始化,因此为 const char * dept,double sal):Person(id_card_no,p_name,is_male)。

【解题宝典】

使用 new 语句为字符串分配空间时,应注意分配的空间大小为字符串长度 +1。

【举一反三】考生可参考第 32 套的综合应用题进行练习。

第 8 套　参考答案及解析

一、程序改错题

【参考答案】

(1)const int Size = 4;

(2)void MyClass <T> ::Print()

(3)MyClass <int> obj(intArray);

【考点分析】

主要考查的是模板类 MyClass,其中涉及构造函数、成员函数和 const 变量。const 变量必须进行初始化,因为 const 确定了该变量 Size 不能改变。模板类的成员在定义时要加上模板符号"<T>",调用时也要注意添加相应的类型。

【解题思路】

(1)主要考查考生对 const 变量的掌握,因为 const 变量不能修改,所以在定义的同时必须初始化。

(2)主要考查考生对模板类的成员函数定义的掌握,因为 MyClass 类是模板类,所以在定义该函数时要加上模板标识符"<T>",即语句 void MyClass <T> ::Print()。

(3)主要考查考生对模板类构造函数的调用的理解,从上一条语句 int intArray[Size] = {1,2,3,4};中可以知道 intArray 为 int 型,因此定义 obj 时要使用 <int>,即 MyClass <int> obj(intArray);。

【解题宝典】

对于模板类,不论是其成员函数还是构造函数,调用时都要使用标识符"<T>"。

二、简单应用题

【参考答案】

(1)writer = new char[strlen(the_writer) +1];

(2)delete [ ]title,writer;

(3)Book(the_title,pages,the_writer)

(4)a_book. theCourse() << endl

【考点分析】

主要考查 Book 类及其派生类 TeachingMaterial,其中涉及动态数组、构造函数、析构函数、成员函数和成员函数调用。如果要使用指针,那么在构造函数中就会使用 new 分配空间,在析构函数中使用 delete 来释放空间。派生类的构造函数必须使用成员列表初始化法先对基类进行初始化。

【解题思路】

(1)主要考查考生对动态分配空间的掌握,在填空前可以参考 title 的初始化,即先分配空间,再使用 strcpy 函数复制字符串,因此这里使用 writer = new char[strlen(the_writer) +1]语句给 writer 分配空间,注意分配空间的大小应为字符串长度加 1。

(2)主要考查考生对析构函数的掌握,要填写的内容是析构函数的函数体,因为有两个动态数组 title 和 writer,所以要释放两个动态数组空间,使用语句 ~Book(){ delete [ ]title,writer; }来完成。

(3)主要考查考生对派生类的构造函数的掌握,派生类必须使用成员初始化列表法来先给基类进行初始化。

(4)主要考查成员函数调用,题目要求输出"相关课程:面向对象的程序设计"。可以知道这里要显示的是 course,但 course 是私有成员不能直接调用,要使用成员函数调用,即 theCourse()。

【举一反三】考生可参考第 44 套的简单应用题进行练习。

三、综合应用题

【参考答案】

(1)Number <60> seconds

(2)advanceMinutes(seconds. advance(k))

(3){ s ++; n -= base; }

【考点分析】

主要考查的是模板类 Number、构造函数、const 函数及 TimeOfDay 类。

【解题思路】

(1)主要考查考生对模板类的掌握,这里是一个定义数据成员 seconds 的语句,seconds 用来表示"秒",可以根据小时、分、毫秒的定义形式填写,即 Number <60> seconds。

(2)主要考查考生对成员函数的掌握,此处是函数 advanceSeconds 中的一条语句,它使时间前进 k 秒。将前后语句进行对比,可以知道应该填入语句 advanceMinutes(seconds. advance(k))。

(3)考查 while 循环语句,此处是函数 advance 中的一条语句,它确定增加 k 后 n 的当前值和进位,并返回进位。变量 s 表示累加进位,当 n 到达或超过 base 即进位,进位时 s 要自加 1,因此为{s ++; n -= base}。

第 9 套　参考答案及解析

一、程序改错题

【参考答案】

(1) ~MyClass() {}

(2)friend void Judge(MyClass &obj);

(3)MyClass object(10);

【考点分析】

主要考查的是 MyClass 类，其中涉及构造函数、析构函数和友元函数。

【解题思路】

(1)主要考查考生对析构函数的掌握，析构函数是没有形参的，因此把形参去掉即可，因为该类没有动态分配空间，所以不需要使用 delete 语句释放空间。

(2)主要考查考生对友元函数的掌握，在函数定义中有语句 void Judge(MyClass &obj)，在 main 函数中有语句 Judge(object);，即 Judge 函数是可以被类外函数调用的，并且定义时没有加上类名和作用域，因此可以知道 Judge 函数是友元函数，需要在类型前加上 friend。

(3)主要考查考生对构造函数调用的掌握，题目要求输出结果为：You are right.，在 Judge 函数体内有语句：

```
1  if(obj.number ==10)
2    cout <<"You are right." <<endl;
```

要想使屏幕输出语句：You are right.，就必须使 obj.number 的值为 10，因此要使用构造函数语句 MyClass object(10);。

二、简单应用题

【参考答案】

(1)x(x0), y(y0)

(2)Point point1, point2, point3

(3)return length(point1, point2) + length(point1, point3) + length(point2, point3)

(4)void show(Shape& shape)

【考点分析】

本题考查 Shape 类、Point 类和 Triangle 类，其中涉及虚函数、构造函数、成员函数和 const 函数。本题涉及 3 个文件，包括 shape.h、shape.cpp 和 main.cpp。解题时应先看 shape.h 文件，再看 shape.cpp 文件，最后看 main.cpp 文件。即先把类的声明看完，接着看类的定义，最后看在主函数中类的使用。

【解题思路】

(1)主要考查考生对构造函数的掌握，题目要求用 x0、y0 初始化数据成员 x、y，因此在这里使用成员列表初始化，即 Point (double x0,double y0): x(x0), y(y0) { }。

(2)主要考查考生对构造函数的掌握，题目要求定义 3 个私有数据成员。由构造函数可知 3 个私有数据成员的类型都是 Point，名称分别为 point1、point2 和 point3，因此空格处填写：Point point1, point2, point3。

(3)主要考查考生对成员函数的掌握，题目要求使用 return 语句，利用 length 函数计算并返回三角形的周长。

length 函数返回的是两点间的距离，因此 return 语句只要返回三角形三条边的距离和，即为三角形的周长。

(4)主要考查考生对成员函数的掌握，这里要定义 show 函数的函数头（函数体以前的部分）。由主函数 main 中 show 函数的使用情况 show(s) 和 show(tri) 可知，s 是 Shape 类，tri 是 Triangle 类，因为 Triangle 是 Shape 类的派生类，所以可知 show 函数的参数是 Shape 类型，无返回值，得出语句 void show(Shape& shape)。

【举一反三】考生可参考第 38 套的简单应用题进行练习。

三、综合应用题

【参考答案】

```
1  address = new char[strlen(_add) + 1];  //给类成员变量动态分配空间
2  strcpy(address, _add);  //把字符串_add复制给 address
```

【考点分析】

主要考查的是 Person 类，其中涉及动态数组、析构函数、构造函数和成员函数。

【解题思路】

函数 address_change (char * _add)的功能是地址修改，也就是说通过该函数把类的地址修改为 add 字符串。类的私有成员 address 是字符指针，因此首先要给 address 分配空间，通过 new 语句来实现：address = new char[strlen(_add) + 1];。接下来就是要复制字符串，使用系统函数 strcpy，其用法为 strcpy(参数 1，参数 2)，将参数 2 的内容复制到参数 1 中。

【举一反三】考生可参考第 39 套的综合应用题进行练习。

第 10 套　参考答案及解析

一、程序改错题

【参考答案】

(1)Book(const char * theTitle, int pages) : num_pages(pages)

(2)void openAtPage(int page_no) { //把书翻到指定页

(3)cur_page = 0;

【考点分析】

本题考查 Book 类，其中涉及动态数组、构造函数、析构函数、bool 函数和成员函数。

【解题思路】

(1)主要考查考生对构造函数的掌握，构造函数的成员列表初始化法要注意它的格式，即成员列表前要有标识符“:”，因此语句改为：Book(const char * theTitle, int pages) : num_pages(pages)。

(2)主要考查考生对 const 函数的掌握，在函数体中可以看到有语句 cur_page = page_no，即 cur_page 的值发生改变，因此该函数不是 const 函数。

(3)主要考查考生对成员函数的掌握，题目要求输出的最后一条是“当前页:0”，可知主函数中调用 close 函数后当前页为 0，因此应该是 cur_page = 0;。

【举一反三】考生可参考第 37 套的程序改错题进行练习。

二、简单应用题

【参考答案】

(1)return length * width;

(2)Room(the_room_no, the_length, the_width)

(3)depart, the_depart

(4)an_office(308,5.6,4.8,"会计科")

【考点分析】

主要考查的是 Room 类及其派生类 Office，其中涉及构造函数，const 函数，动态数组，析构函数。strcpy 函数用于复制字符串，其格式为：strcpy（字符串 1，字符串 2）；。

【解题思路】

（1）主要考查考生对成员函数的掌握，题目要求返回房间面积（矩形面积）。由此可知空格部分要填写的是一个 return 语句，返回房间面积，也就是 length * width，因此可以得出程序 return length * width；。

（2）主要考查考生对派生类的构造函数的掌握，派生类的构造函数要使用成员列表初始法先对基类进行初始化。

（3）考查 strcpy 函数，由前一条语句 depart = new char[strlen(the_depart) + 1]；可知，程序给 depart 分配了长度为 the_depart 串长加 1 的空间，因此要复制字符串 the_depart 串到 depart，直接填写 strcpy（depart, the_depart）即可。

（4）主要考查考生对类的掌握，题目要求输出的结果为：

办公室房间号：308

办公室长度：5.6

办公室宽度：4.8

办公室面积：26.88

办公室所属部门：会计科

由 Office 类的构造函数可知要定义的一个 Office 类的对象为 an_office（308，5.6，4.8，"会计科"）。

三、综合应用题

【参考答案】

```
1  length = otherString.length;  //把对象字符串 otherString 的长度赋值给变量 length
2  setString(otherString.sPtr);  //调用函数 setstring，实现给类变量 sptr 分配空间，以及逐个把对象 otherstring 字符串的值复制到 sptr 中
3  return * this;  //返回被赋值的对象
```

【考点分析】

本题考查 MiniString 类，其中涉及构造函数、动态数组、运算符重载和析构函数。运算符重载是 C ++ 的一个难点，应先了解要被重载的运算符的含义，再根据类的成员完成程序段。

【解题思路】

主要考查考生对运算符重载的掌握，题目要求重载赋值运算符函数。要重载的运算符是“=”，即赋值的意思。提示：可以调用辅助函数 setString。该函数的功能是复制形参的字符串到 sPtr 中，因此，首先复制 length，其次通过函数 setString 复制 sPtr，最后按要求返回 * this；。

【举一反三】考生可参考第 36 套的综合应用题进行练习。

第 11 套　参考答案及解析

一、程序改错题

【参考答案】

（1）MyClass（int i = 10）

（2）MyClass（const MyClass & p）

（3）~MyClass（）

【考点分析】

本题考查 MyClass 类，其中涉及构造函数、复制构造函数、成员函数和析构函数。复制构造函数的参数一般都是引用调用，并且不能改变参数值，因此要在参数前加上 const 来限制。析构函数一般会考查 delete 语句，同时要注意析构函数的语法，即函数名前不能有任何类型。

【解题思路】

（1）考查构造函数参数默认值，题目要求输出语句：The value is 10，从主函数中可以看出，obj1 并没有初始化，但是 obj1 调用 Print（）函数时它的值为 10，由此可知构造函数的形参有默认值，且值为 10，因此得出语句 MyClass（int i = 10）。

（2）主要考查考生对复制构造函数的掌握，复制构造函数的形参都为引用，同时为了不改变形参的值要加上 const，因此得出语句 MyClass（const MyClass & p）。

（3）主要考查考生对析构函数的掌握，析构函数和构造函数一样，前面不能添加任何类型，要把 void 去掉。

【解题宝典】

主要考查考生对构造函数、复制构造函数和析构函数的掌握。特别要注意析构函数和构造函数一样前面不能添加任何类型。

【举一反三】考生可参考第 31 套的程序改错题进行练习。

二、简单应用题

【参考答案】

（1）getElement（i, j）

（2）MatrixBase（rows, cols）

（3）new double[rows * cols]

（4）r == c

【考点分析】

本题考查 MatrixBase 类及其派生类 Matrix 和 UnitMatrix，其中涉及构造函数、const 函数、纯虚函数、动态数组和析构函数。派生类的构造函数要涉及基类的初始化，因此必须使用成员初始化列表。动态数组要先使用 new 语句分配空间，再赋值。

【解题思路】

（1）主要考查考生对纯虚函数的掌握，函数功能是分行显示矩阵中所有元素。因此在这里要输出行为 i、列为 j 的元素，使用纯虚函数 getElement（i,j）实现，输出语句为 cout << getElement（i, j）<< " "；。

（2）主要考查考生对派生类的构造函数的掌握，派生类的构造函数使用成员列表初始化法，先对基类初始化。

（3）主要考查考生对动态数组的掌握，val 是 double 型指针，要给 val 赋值，就要先给它分配空间，应使用 new 来完成。

（4）主要考查考生对成员函数的掌握，因为要输出单位矩阵，只有满足条件 r == c 的元素为 1.0，所以填写语句 if（r == c）return 1.0；。

三、综合应用题

【参考答案】

```
1 for(int i=0; i < len; ++i)  //遍历对象list中的数组和d数组,把对应的值相加后放到数组dd中。
2     dd[i] = d[i] + list.d[i];
```

【考点分析】

本题考查DataList类,其中涉及构造函数、动态数组、复制构造函数、const函数和运算符重载。

【解题思路】

主要考查考生对重载运算符的掌握,题目要求对两个数据表求和。程序已经定义了动态数组dd,并已经分配好了空间,接下来只要运用循环语句完成元素相加并进行赋值即可。

【举一反三】考生可参考第47套的综合应用题进行练习。

第12套　参考答案及解析

一、程序改错题

【参考答案】

(1)this -> color = color;

(2)const char getName() const { return *name; }

(3)Dog dog1("Hoho", WHITE), dog2("Haha", BLACK), dog3("Hihi", OTHER);

【考点分析】

主要考查的是Dog类,其中涉及enum、静态私有成员、const函数和构造函数。strcpy函数用来复制字符串,而对double、int等类型直接用"="赋值即可。定义同一类型的变量时,几个变量之间用","分开。

【解题思路】

(1)主要考查考生对strcpy函数的掌握,如果看到上一条语句strcpy(this -> name,name);,就以为本条语句也要用strcpy函数来赋值,这是错误的。Strcpy函数只能复制字符串,根据类的私有成员声明可知,color是DOGCOLOR型的,这里直接使用赋值语句"="即可。

(2)主要考查考生对函数返回值的掌握,先解读语句const char* getName()const{ return *name; },要返回的是一个const的字符指针,同时函数内的值不能改变,name在类的私有成员声明中是个字符数组,*name代表字符数组而不是字符指针,问题就出来了,需要修改返回类型:const char getName() const { return *name; }。

(3)语法错误,定义变量时,变量之间应使用","分开。

【举一反三】考生可参考第30套的程序改错题进行练习。

二、简单应用题

【参考答案】

(1)const Point& p

(2)p1(p1), p2(p2)

(3)Point p1, Point p2, Point p3

(4)(length1() + length2() + length3())/2

【考点分析】

主要考查的是坐标点类Point类、线段类Line类和三角形类Triangle类,其中涉及构造函数和const函数。构造函数的成员列表初始化是最常考查的知识点,定义函数的参数时要注意观察函数体及函数的注释,理解该函数的功能。

【解题思路】

(1)主要考查考生对函数形参的掌握,由函数的注释可知有本坐标点到达某个坐标点类的距离,再根据函数体return sqrt((x-p.x)*(x-p.x)+(y-p.y)*(y-p.y));可知,该坐标点类名为p,因此可以知道形参为Point& p,为了不改变该坐标点的值,前面要加上const。

(2)主要考查考生对构造函数的掌握,对于常变量型私有成员const Point p1,p2,只能用成员初始化列表进行赋值。

(3)主要考查考生对构造函数的掌握,由空格后面的语句:p1(p1),p2(p2),p3(p3){}可知,该构造函数需要进行成员列表初始化,再看类的私有成员const Point p1,p2,p3,可知p1,p2,p3是Point类型,因此形参为Point p1, Point p2, Point p3。

(4)主要考查考生对成员函数的掌握,根据函数注释,可知本函数要求计算三角形面积,再看题目的提示:s = (a+b+c)/2。可知空格处要填的是三角形的三条边之和除以2,而求边长的函数已经给出,这里直接调用即可。

【举一反三】考生可参考第37套的简单应用题进行练习。

三、综合应用题

【参考答案】

```
1 for(int i = 0; i < len; ++i)  //从头遍历数组d
2     for(int j = i; j < len; ++j)  //从i+1处遍历数组d
3       if( d[i] > d[j])  //d[i]和d[j]比较人,如果大于,就d[i]和d[j]值交换
4       {
5           int temp = d[i];  //把临时整型变量temp赋值为d[i]
6           d[i] = d[j];  //把d[j]赋值给d[i]
7           d[j] = temp;  //把temp值赋给d[j]
8       }
```

【考点分析】

主要考查的是DataList类,其中涉及动态数组、构造函数、析构函数、const函数和排序算法。Sort函数是一个排序函数,对于排序可以使用的方法很多,考生只需要使用自己最擅长的方法即可,题目并没有指定考生使用哪种方法。

【解题思路】

本题使用最简单的冒泡排序算法,首先明确要排序的动态数组d,其长度为len,在此可以使用两个下标i和j相比较,当d[i]>d[j]时,数组内的值利用中间变量temp进行交换。

【举一反三】考生可参考第41套的综合应用题进行练习。

第13套　参考答案及解析

一、程序改错题

【参考答案】

(1) Line(double x1, double y1, double x2, double y2) {

(2) cout << "), length = " << length(*this) << "。" << endl;

(3) return sqrt((l.getX1() - l.getX2()) * (l.getX1() - l.getX2()) + (l.getY1() - l.getY2()) * (l.getY1() - l.getY2()));

【考点分析】

本题考查Line类，其中涉及构造函数、this指针和const函数。判断一个函数是否为const函数，就要观察该函数体内是否有变量值发生改变，若有变量值发生改变，则该函数不是const函数。一般构造函数不能用const，因为要给私有成员赋初始值。类的私有成员不能被类外函数调用，只能通过成员函数调用。

【解题思路】

(1)主要考查考生对构造函数的掌握，构造函数要给私有成员赋初始值，因此不能使用const来限制。

(2)主要考查考生对this指针的掌握，由函数length的声明double length(Line);可知，length函数的形参是Line类，在void show() const函数里，this指针指向的是当前Line类，因此可以用*this表示当前Line类。

(3)主要考查考生对成员函数的掌握，length函数是类外函数，不能直接调用类的私有成员，因此要通过成员函数取得对应的值。

【解题宝典】

this是指向自身对象的指针，它是一个指针类型，因此要使用标识符"*"来取出它所指向的值。

【举一反三】考生可参考第38套的程序改错题进行练习。

二、简单应用题

【参考答案】

(1) getElement(length() - 1)

(2) delete [] val

(3) s += val[i]

(4) return 0.0;

【考点分析】

主要考查的是抽象基类VectorBase类及其派生类Vector和ZeroVector，其中涉及构造函数、纯虚函数、const函数、动态数组和析构函数。

【解题思路】

(1)主要考查考生对成员函数的掌握，题目要求显示最后一个元素。前面有纯虚函数virtual double getElement(int i) const =0，因此可以直接调用getElement函数来取得最后一个元素，注意最后一个元素位置是Length() - 1而不是Length()。

(2)主要考查考生对析构函数的掌握，前面定义了类的私有成员*val，因此析构函数要释放val，使用delete语句完成。

(3)主要考查考生对for循环的掌握，由函数名double sum() const可知，该函数要求元素之和，for循环语句的作用是遍历整个数组，在此使用语句s += val[i]完成程序。

(4)主要考查考生对成员函数的掌握，由该类的注释：零向量类，可以了解到该类的元素都为零，因此无论要取第几个元素都返回0，由于数据类型为double，所以为return0.0。

三、综合应用题

【参考答案】

```
1  for( int i = 0; i < len; ++i)  //遍历数组d
2      if (data < d[i])  //如果data小于d[i]
3      {
4          len ++;  //数组d的长度自加1
5            double * dd = new double[len];  //分配长度为len空间
6          for (int k = len; k >i; k --)  //在数组d中从k等于len到i做遍历
7              dd[k] = d[k-1];  //把d[k-1]赋值给dd[k]
8          dd[i] = data;  //把data赋值给dd[i]
9          for (int j = 0; j < i; j ++)  //把数组d从0到i做遍历
10             dd[j] = d[j];  //把d[j]赋值给dd[j]
11         delete []d;  //删d分配的空间
12         d = new double[len];  //给d分配长度为len的空间
13           for (int index = 0; index < len;
14 ++index)  //遍历数组dd从0到len
15             d[index] = dd[index];  //地dd[index]赋值给d[index]
16           delete [] dd;  //删dd分配的空间
17         break;  //跳出循环
18     }
```

【考点分析】

主要考查SortedList类，其中涉及动态数组、构造函数、析构函数、const函数和排序算法。插入算法有两个步骤，一是比较，即要插入的元素在哪里；二是插入元素，后面的元素要逐个后移一位，为新加入的元素空出位置。

【解题思路】

主要考查考生对插入算法的掌握，题目要求insert函数的功能是将一个数据插入到一个有序表中，使得该数据表仍保持有序。可以知道数据表d是一组有序的数组，那么就采取先比较再插入的步骤完成即可。

要注意动态数组d的长度是确定的，要添加元素，就要重新分配空间。

第14套　参考答案及解析

一、程序改错题

【参考答案】

(1) char * Name;

(2) ~StudentInfo() {}

(3) StudentInfo::StudentInfo(char * name, int age, int ID, int courseNum, float record)

【考点分析】

本题考查StudentInfo类,其中涉及构造函数、动态数组、析构函数和成员函数。声明数组时要指定数组的大小,否则将会导致程序出错,不论是构造函数还是析构函数都不能在函数名前添加返回类型。

【解题思路】

(1)主要考查考生对动态数组的掌握,由题目可知Name应该指向一个动态数组,而不是一个有效char型字符,因此要定义成char型指针。

(2)主要考查考生对析构函数的掌握,析构函数不需要函数返回类型,应把void去掉。

(3)主要考查考生对构造函数定义的掌握,构造函数也要使用作用域符号"::"。

【举一反三】考生可参考第49套的程序改错题进行练习。

二、简单应用题

【参考答案】

(1) MaxSpeed(maxspeed), Weight(weight) {};

(2) virtual

(3) virtual

(4) public bicycle, public motorcar

【考点分析】

本题考查vehicle类及其派生类motorcar和bicycle,再由这两类派生出motorcycle类,其中涉及构造函数、成员函数和析构函数。构造函数采用成员初始化列表来完成对私有成员的初始化,派生类的书写要注意关键字。

【解题思路】

(1)主要考查考生对构造函数的掌握,构造函数使用初始化列表来对私有成员MaxSpeed和Weight初始化。

(2)主要考查考生对派生类的掌握,题目要求将vehicle作为虚基类,避免二义性问题。因此在这里添加virtual使vehicle成为虚基类。

(3)主要考查考生对派生类的掌握,题目要求以motorcar和bicycle作为基类,再派生出motorcycle类。在主函数中可以看到motorcycle类的实例a调用getHeight函数和getSeatNum函数,由此可知这两个基类都是公有继承,因此得出语句:public bicycle, public motorcar。

【解题宝典】

虚基类继承时要添加关键字virtual,以避免二义性。

【举一反三】考生可参考第48套的简单应用题进行练习。

三、综合应用题

【参考答案】

```
1  n = r.n;  //把对象r字符长度赋值给n
2  delete []p;  //删除动态数组p
3  p = new int[n];  //给动态数组p分配空间为n
4  for (int i = 0; i < n; i ++)  //遍历对象r中的数组p
5     p[i] = r.p[i];  //把r.p[i]赋值给p[i]
6  return * this;  //返回被赋值的对象
```

【考点分析】

本题考查CDeepCopy类,其中涉及动态数组、构造函数、析构函数和运算符重载。运算符重载要先把类的定义弄清,其次要理解被重载的运算符的含义。

【解题思路】

主要考查考生对运算符重载的掌握,由注释可知此处要实现赋值运算符函数。要重载的运算符是"=",该类的成员是动态数组p,数组元素个数为n,因此先释放原来的动态数组,再分配空间,然后逐个复制元素即可。

第15套　参考答案及解析

一、程序改错题

【参考答案】

(1) MyClass(int val) : N(1)

(2) ~MyClass() { delete [] p; }

(3) void print(MyClass & obj)

【考点分析】

本题考查MyClass类,其中涉及动态数组、构造函数、析构函数和友元函数。构造函数的成员列表初始化格式为:私有成员(参数)…… {},不能用赋值语句。析构函数使用delete语句,delete语句的语法是:delete [ ]指针。

【解题思路】

(1)主要考查考生对构造函数的掌握,在这里不能使用赋值语句。

(2)主要考查考生对析构函数的掌握,析构函数的delete语句要使用标识符"[ ]",即delete [ ] p;。

(3)主要考查考生对友元函数的掌握,友元函数并不属于类,因此定义时前面不用加类名和作用域符号。

【解题宝典】

友元函数考查较少,但也是很关键的,友元函数并不属于类,只是可以使用类的私有成员而已,因此定义的时候就当作普通函数处理即可。

【举一反三】考生可参考第33套的程序改错题进行练习。

二、简单应用题

【参考答案】

(1) virtual void print() const = 0

(2) Component * child

(3) cout << "Leaf Node" << endl;

【考点分析】

本题考查抽象类 Component 类及其派生类 Composite 和 Leaf,其中涉及纯虚函数和成员函数。纯虚函数要根据在派生类中该函数的返回值、参数、有无 const 来确定。

【解题思路】

(1)主要考查考生对纯虚函数的掌握,题目要求声明纯虚函数 print()。在其派生类中 print()函数的定义为 virtual void print() const,由此可知纯虚函数为 virtual void print() const = 0。

(2)主要考查考生对成员函数的掌握,题目要求填写函数 void setChild 的形参,由 setChild 的函数体可知形参为 child,再看类的私有成员 m_child 的定义:Component * m_child;。由此可知形参为:Component * child。

(3)主要考查考生对纯虚函数的掌握,先看主函数的程序:

```
1  Leaf node;
2  Composite comp;
3  comp.setChild(&node);
4  Component* p = &comp;
5  p ->print();
```

第一条和第二条语句都是定义语句,第三条语句调用函数 setChild,由 setChild 函数的定义可知,comp 中的 m_child 等于 node,第四条语句定义了个指针 p 指向 comp 的地址,也就是 node,最后一条语句通过指针 p 调用函数 print,也就是调用类 Leaf 的函数 print,因为题目要求输出:Leaf Node,因此在这里添加语句:cout << "Leaf Node" << endl;。

三、综合应用题

【参考答案】

```
1  int temp = 0;  //定义整数变量 temp,并赋值为零
2  for (int i = 0; i < M; i ++)  //遍历矩阵的行
3     for (int j = 0; j < N; j ++)  //遍历矩阵的列
4        if (temp < array[i][j])  //如果 temp 小于 array[i][j]
5           temp = array[i][j];  //把 array[i][j]赋值给 temp
6  return temp;  //返回 temp
```

【考点分析】

本题考查 Matrix 类,其中涉及构造函数、二维数组、成员函数和 const 函数。

【解题思路】

主要考查考生对二维数组的掌握,题目要求成员函数 max_value 的功能是求出所有矩阵元素中的最大值。因此只要逐个元素比较即可,下标 i 和 j 作为矩阵行和列的标记,使用双层 for 循环来遍历数组中的所有元素。

【解题宝典】

主要考查考生对二维数组的掌握,二维数组使得存储的数据大幅增加,只要把二维数组想象成矩阵,利用矩阵相关知识求解即可。

【举一反三】考生可参考第 38 套的综合应用题进行练习。

第 16 套　参考答案及解析

一、程序改错题

【参考答案】

(1)this -> num = num;

(2)if(! closed)

(3)void lock(){

【考点分析】

本题考查 Door 类,其中涉及 bool 型私有成员及成员函数、构造函数和其他成员函数。在构造函数中 this 指针指向的是当前类,因此当参数名与要赋值的成员名称一样时,使用 this 指针来区别。

【解题思路】

(1)主要考查考生对 this 指针的掌握,在构造函数中 this 指针指向的是当前类,因此要给 num 赋值使用语句 this -> num = num;完成。

(2)主要考查考生对 if 语句的掌握,先看类的私有成员中关于 closed 的定义:bool closed; // true 表示门关着。再看下一条语句:cout << "门是开着的,无须再开门。";。即满足条件时就会输出:门是开着的,无须再开门。因此 if 括号内应该是! closed。

(3)主要考查考生对 const 函数的掌握,lock 函数体中存在语句 locked = true,即有参数发生改变,因此不能用 const。

【举一反三】考生可参考第 40 套的程序改错题进行练习。

二、简单应用题

【参考答案】

(1)is_male(is_male), birth_date(birth_date)

(2)return strcmp(name, p. getName());

(3) << birth_date. getMonth() << "月"

【考点分析】

本题考查 Date 类和 Person 类,其中涉及构造函数、const 函数、bool 型私有成员及成员函数,以及 strcmp()函数。

【解题思路】

(1)主要考查考生对构造函数的掌握,由函数体内 strcpy(this -> name, name);可知,要使用成员列表初始化的成员为 is_male 和 birth_date。

(2)主要考查考生对 strcmp()函数的掌握,先看程序对该函数的功能要求:利用 strcmp()函数比较姓名,返回一个正数、0 或负数,分别表示大于、等于、小于。因为 strcmp()函数的功能是比较字符串大小,因此可以直接被 return 语句调用:return strcmp(name, p. getName());。

(3)主要考查考生对成员函数的掌握,程序的注释为:显示出生月,由此可以知道这里要输出出生月份,直接调用函数 getMonth()即可。

【解题宝典】

strcmp()函数、strcpy()函数、strlen()函数等是经常会用到的系统函数,要了解各个函数的功能:stralt(连接)、strcly(复制)、strump(比较)、strlen(求长度)。

【举一反三】考生可参考第40套的简单应用题进行练习。

三、综合应用题

【参考答案】

```
1 for (int i = 0; i < counter; i ++)  //遍历整个集合(数组elem)
2     if (element == elem[i])  //如果element等于elem[i]
3     {
4         for (int j = i; j < counter - 1; j ++)  //从i开始遍历集合elem
5             elem[j] = elem[j + 1];  //把elem[j+1]赋值给elem[j]
6         counter --;  //elem长度自减1
7         return;  //返回
8     }
```

【考点分析】

本题考查IntegerSet类,其中涉及数组、构造函数、成员函数、const函数和插入排序。类中的数组elem是一个按升序存放的数组,要填写的程序段是完成remove函数的功能,即删除指定元素。

【解题思路】

主要考查考生对有序数组的掌握,题目要求成员函数remove从集合中删除指定的元素(如果集合中存在该元素)。遍历数组elem中的元素,找出与形参element相等的元素,并将其删除,每删除一个元素,即将该元素之后的每个元素前移一位,如果不存在与形参element相等的元素则没有操作。使用下标i遍历数组,if语句判断是否与element相等。

【举一反三】考生可参考第40套的综合应用题进行练习。

第17套 参考答案及解析

一、程序改错题

【参考答案】

(1)TVSet(int size) : size(size) {

(2)void turnOnOff()

(3)cout << "规格:" << getSize() << "英寸"

【考点分析】

主要考查TVSet类,其中涉及构造函数、const函数和bool型函数。TVSet类的私有成员中有个常变量const int size,这种变量只能使用成员列表初始化来赋值,判断一个函数是否为const函数,就要看函数体内是否有成员变量的值发生了改变。

【解题思路】

(1)主要考查考生对构造函数的掌握,因为size是常变量,所以只能用成员初始化列表来初始size,即TVSet(int size) : size(size) {。

(2)主要考查考生对const函数的掌握,在turnOnOff函数中,有语句:on = ! on;,使得on的值发生改变,因此该函数不能使用const。

(3)主要考查考生对输出语句的掌握,下一条语句:<<",电源:" << (isOn() ? "开" : "关"),说明输出语句还没结束,因此不能用";"。

【举一反三】考生可参考第41套的程序改错题进行练习。

二、简单应用题

【参考答案】

(1)x1(root), x2(root), num_of_roots(1)

(2)cout << "无实根"; break;

(3)a(a), b(b), c(c)

(4)return Quadratic(a - x.a, b - x.b, c - x.c);

【考点分析】

本题考查Root类和Quadratic类,其中涉及构造函数和const函数。

【解题思路】

(1)主要考查考生对构造函数的掌握,题目要求创建一个"有两个相同的实根"的Root对象。说明两个根x1和x2相等,根的数量为1,因此可以得出语句:x1(root), x2(root), num_of_roots(1) {}。

(2)主要考查考生对switch语句的掌握,在语句switch(num_of_roots){中,num_of_roots代表根的数量,当为0时,表示没有根,因此输出无实根,注意要在句尾加break。

(3)主要考查考生对构造函数的掌握,本题使用成员初始化列表来构造函数。

(4)主要考查考生对成员函数的掌握,题目要求求两个多项式的差。两个多项式的差就是各个次方的系数相减,因此得出语句:return Quadratic(a - x.a, b - x.b, c - x.c);。

【举一反三】考生可参考第41套的简单应用题进行练习。

三、综合应用题

【参考答案】

```
1 for (int i = 0; i < counter; i ++)  //遍历数组elem
2     for (int j = counter - 1; j > i; j --)  //从最后一位到i到前一位遍历elem
3         if (elem[i] > elem[j])  //如果elem[i]大于elem[j],则两值替换
4         {
5             int temp = elem[i];  //定义整形变量temp并赋值为elem[i];
6             elem[i] = elem[j];  //给elem[i]赋值elem[i]
7             elem[j] = temp;  //给elem[j]赋值temp
8         }
```

【考点分析】

本题考查 Integers 类，其中涉及数组、构造函数、成员函数、const 函数和排序算法。

【解题思路】

主要考查考生对排序算法的掌握，要排序的数组为 elem，元素个数为 counter，在这里使用下标 i 和 j 进行比较，当 elem[i] > elem[j]时，数组元素通过中间变量 temp 进行交换。

第 18 套　参考答案及解析

一、程序改错题

【参考答案】

(1)int Foo::y_ = 42;

(2)Foo f('a');

(3)cout << "X = " << f.getX() << endl;

【考点分析】

本题考查的是 Foo 类，其中涉及构造函数、const 函数和静态成员。给类的静态成员赋值时要加上类名和作用域符号，与类的成员函数一样，类的私有成员不能被类外函数调用。

【解题思路】

(1)主要考查考生对静态成员的掌握，因为静态整型变量 y_是 Foo 类的公有成员，所以给 y_赋值时要加上“Foo::”，即 int Foo::y_ = 42;。

(2)主要考查考生对构造函数的掌握，题目要求程序输出：

X = a

Y = 42

可以知道，在给 Foo 类的 f 声明时要同时初始化为字符 a，即语句 Foo f('a');。

(3)主要考查考生对成员函数的掌握，因为 x 是类 Foo 的私有成员，所以不能在 main 函数中直接调用，要通过公有成员函数 getX()调用。

【解题宝典】

类的静态成员和类的成员函数一样，赋值时要加上类名和作用域符号，要注意通过观察题目对程序输出结果的要求，来给类赋初始值。

【举一反三】考生可参考第 29 套的程序改错题进行练习。

二、简单应用题

【参考答案】

(1)point.getX() + width, point.getY() + height

(2)radius * radius

(3)center.getX() - radius, center.getY() - radius

(4)2 * radius

【考点分析】

本题考查 Point 类、Rectangle 类和 Circle 类，其中涉及构造函数、const 函数和静态成员。

【解题思路】

(1)主要考查考生对成员函数的掌握，程序要求返回右下角顶点，该点的 x 坐标为左上角顶点的 x 坐标加上 width，该点的 y 坐标为左上角顶点 y 坐标加上 height，即 return Point(point.getX() + width, point.getY() + height);。

(2)主要考查考生对成员函数的掌握，程序要求计算圆形面积，也就是返回圆面积，即 return PI * radius * radius;。

(3)主要考查考生对成员函数的掌握，首先看函数声明：Rectangle Circle::boundingBox() const，可知该函数要返回的是一个 Rectangle 类型，即要返回的是圆的外切矩形。再看 Rectangle 类的构造函数 Rectangle(Point p, int w, int h)，由此可知，空格处要定义的点 pt 为左上角点，即 Point pt(center.getX() - radius, center.getY() - radius);。

(4)由函数声明和 Rectangle 类的构造函数可知，w 和 h 应该为直径，即 w = h = 2 * radius;。

【举一反三】考生可参考第 49 套的简单应用题进行练习。

三、综合应用题

【参考答案】

```
1  int length = strlen(str);  //把字符串str的长度赋值给lenth
2  for (int i = 0, j = length -1; i < j; i ++, j --)  //从i=0,j=length-1,i<j为条件开始遍历,并把Str[i]和Str[j]交换
3  {
4     char temp = str[i];  //给定义的临时变量temp赋值为str[i]
5     str[i] = str[j];  //给Str[i]赋值Str[j]
6     str[j] = temp;  //给Str[j]赋值为temp
7  }
```

【考点分析】

主要考查 MyString 类，其中涉及动态数组、构造函数、析构函数、成员函数和友元函数。本题要把动态数组中的字符串反转过来，用两个变量 i 和 j 来代表要调换的元素的下标，再通过中间变量 temp 进行交换即可。

【解题思路】

主要考查考生对动态数组的掌握，先看题目要求：成员函数 reverse 的功能是将字符串进行“反转”。再由类的定义可知，字符串存放在动态数组 str 中，由 strlen 函数得出字符串的长度，最后一个字符的下标为 length -1，第一个字符的下标为 0，将这两个字符交换，然后 j 依次减 1 同时 i 依次加 1，继续交换，直到 i 大于 j 时停止循环即可。

【举一反三】考生可参考第 43 套的综合应用题进行练习。

第 19 套　参考答案及解析

一、程序改错题

【参考答案】

(1)this -> type = type;

(2)delete [] name;

(3)strcpy(this -> name, s.name);

【考点分析】

主要考查的是 Pets 类，其中涉及 enum 类型、动态数组、

构造函数、运算符重载、析构函数和 const 函数。本题程序很长,涉及的函数类型较多,但考查的内容较简单,只要注意细节便可答对此题。

【解题思路】

(1)主要考查考生对构造函数的掌握情况,因为形参名和类的私有成员名称都是 type,为了避免混淆,所以规定类的私有成员使用 this 指针调用,即:this -> type = type;。

(2)主要考查考生对析构函数的掌握情况,题目中要求,释放 name 所指向的字符串。要释放 name 指针用 delete 语句,即 delete [ ] name;。

(3)主要考查考生对 strcpy 函数的掌握情况,strcpy 函数的形参为两个字符串,而 name 为指向字符串的指针,因此使用语句:strcpy(this -> name, s. name);。

【解题宝典】

主要考查考生对构造函数、析构函数和 strcpy( ) 函数的掌握,构造函数中当类的私有成员和形参名称相同时,为了区别类的成员要调用 this 指针来区分。析构函数必须要用 delete 语句释放指针。

二、简单应用题

【参考答案】

(1) virtual int area(void) = 0;

(2) area( )

(3) length * height

(4) CPolygon

【考点分析】

主要考查的是 CPolygon 类及其派生类 CRectangle 类和 CTriangle 类,其中涉及纯虚函数和构造函数。在定义纯虚函数时要参考在派生类中的同名函数的定义,要特别注意函数的返回类型和形参。

【解题思路】

(1)主要考查考生对纯虚函数的掌握,在定义纯虚函数时要看在派生类中函数的定义:int area (void)。由此可知纯虚函数应该为:virtual int area(void) = 0;。

(2)主要考查考生对纯虚函数的掌握情况,由 void print-area (void)可知,该函数要打印面积,因此在此要调用纯虚函数 area,即 cout << area( )。

(3)主要考查考生对数学公式的掌握,该函数要返回三角形面积,三角形的面积公式为长乘以该边上的高除以 2,即 return (length * height)/2;。

(4)主要考查考生对抽象类的掌握情况,根据程序段:

ppoly1 = ▭

ppoly2 = &trgl;

可知指针 ppoly1 指向 CRectangle 类,而指针 ppoly2 指向 CTriangle 类,因此在这里只能填这两种类的基类 CPolygon 类。

【解题宝典】

主要考查考生对纯虚函数、抽象基类及成员函数的掌握情况,常用的数学公式,如三角形面积是长乘以高除以 2,矩形面积是长乘以高等。

三、综合应用题

【参考答案】

```
1  size = other.size;
2  v = new int[size];
3  for (int i = 0; i < size; i ++)
4  setArray(i,other.v[i]);
```

【考点分析】

主要考查的是 ValArray 类,其中涉及动态数组、构造函数、复制构造函数、析构函数和 const 函数。注意动态数组的复制构造函数要先给动态数组分配空间,再逐个元素复制。

【解题思路】

主要考查考生对复制构造函数的掌握,ValArray 类的复制构造函数应实现对象的深层复制。由 ValArray 类的构造函数:

```
1  ValArray(const int* p, int n) : size(n)
2  {
3    v = new int[size];  //给 v 分配大小为 Size 的空间
4      for (int i = 0; i < size; i ++)  //遍历 p
5        v[i] = p[i];  //把 p[i]赋值给 v[i]
6  }
```

可知类中 v 是动态数组,size 表示数组长度,因此要先给 v 分配空间为 size,再逐个元素复制以达到对象的深层复制。

第 20 套　参考答案及解析

一、程序改错题

【参考答案】

(1) :x(x), y(y) { }或 this -> x = x, this -> y = y;

(2) void show( ) const { cout << '(' << x << ',' << y << ')'; }

(3) : p1(pt1), p2(pt2) { }或{p1 = pt1;p2 = pt2}

【考点分析】

本题考查的是 Point 类和 Line 类,其中涉及构造函数、const 函数和成员函数。构造函数一般使用成员列表初始化,语句最后有个";"作为结束符。

【解题思路】

(1)主要考查考生对构造函数的掌握,因为形参名和私有成员名称一样,因此不能直接赋值,在这里使用成员列表初始化,也可以使用 this 指针赋值。

(2)主要考查考生对语句基本语法的掌握,根据语句:void show( ) const { cout << '(' << x << ',' << y << ')' }。可看出函数体内并没有";"作为 cout 语句的结束符,因此程序错误。

(3)主要考查考生对构造函数的掌握,形参是 pt1 和 pt2,这里写反了,也可以使用成员列表初始化法,可以避免这种错误。

二、简单应用题

【参考答案】

(1)top(-1)

(2)data[top --]

(3)top(NULL)

(4)p -> next = top

【考点分析】

本题考查的是 IntStack 类及其派生类 SeqStack 类和 LinkStack 类,其中涉及纯虚函数、数组、构造函数和动态数组。本题对栈的知识要求很高,栈的特点是先进后出,后进先出。

【解题思路】

(1)主要考查考生对构造函数的掌握情况,先看语句注释:把 top 初始化为 -1 表示栈空,即要把 top 赋值为 -1 即可。

(2)主要考查考生对纯虚函数的掌握情况,先看纯虚函数在基类的注释:出栈并返回出栈元素。要返回栈顶元素可以通过 data[top]得到,出栈同时要使得 top 往下移动,即 top —。

(3)主要考查考生对构造函数的掌握情况,先看语句注释:把 top 初始化为 NULL 表示栈空,因此使用成员列表初始化直接把 top 赋值为 NULL 即可。

(4)主要考查考生对栈的掌握,push 为入栈函数,top 指向栈顶元素,因此新添加的指针的 next 要指向 top,即 p -> next = top;。

三、综合应用题

【参考答案】

```
1  for (int i = 0; i <= set.GetEnd(); i ++)  //遍对象 set 数组
2      if (IsMemberOf (set.GetElement(i)))  //判断对象 Set 数组第 i 个值是不是集合中的值,如果是则把它插入到 a 中
3          a[size ++] = set.GetElement(i);
```

【考点分析】

本题考查的是 IntSet 类,其中涉及构造函数、bool 函数和成员函数。本类是一个用于表示正整数集合的类,题目要求填写的函数能实现交集的功能,也就是将两个数组内的元素进行比较,将一样的元素提取出来。

【解题思路】

主要考查考生对数组的掌握,根据 IntSet 类的构造函数:

IntSet(int a[ ],int size) // 构造一个包含数组 a 中 size 个元素的集合

```
1  {
2      if(size >= Max)
3      end = Max -1;
4      else
5      end = size -1;
6      for(int i = 0;i <= end;i ++)
7      element[i] = a[i];
8  }
```

可知数组 element 用来装载集合,end 表示数组长度,因此调用函数 IsMemberOf 来判断 set 中的元素是否存在于集合中,如果存在则放入数组 a 中。

【解题宝典】

主要考查考生对数组的掌握,集合可以用数组来实现,交集就是将两个数组中相等的元素提取出来放入一个新建立的数组。

【举一反三】考生可参考第 44 套的综合应用题进行练习。

第 21 套　参考答案及解析

一、程序改错题

【参考答案】

(1)const char * theBrand( ) const{ return brand;} //返回电扇品牌

(2)void turnOff( ){ intensity = 0; } //关电扇

(3)if (inten >=1 && inten <= 3) intensity = inten;

【考点分析】

本题考查的是 ElectricFan 类,其中涉及动态数组、构造函数、strcpy( )函数、析构函数、const 函数和 bool 函数。ElectricFan 是一个“电扇”类,动态数组存储的是品牌名称,即字符串。

【解题思路】

(1)主要考查考生对指针的掌握情况,因为 brand 是一个动态指针,* brand 表示字符串的首个字符,brand 表示动态数组,这里要返回动态数组存储的品牌名称。

(2)主要考查考生对成员函数的掌握情况,根据题目中类的定义中私有成员的定义:int intensity; //风速:0 - 关机,1 - 弱,2 - 中,3 - 强,可知本函数要关电扇,因此在这里 intensity = 0;。

(3)主要考查考生对成员函数的掌握,根据题目中函数的注释:开电扇并设置风速,可知 if 语句里要判断的应该是形参 inten 而不是 intensity。

【解题宝典】

主要考查考生对指针和成员函数的掌握,成员函数主要考查考生的逻辑思维,尤其要注意类的定义。

【举一反三】考生可参考第 44 套的程序改错题进行练习。

二、简单应用题

【参考答案】

(1)strcpy(brand, the_brand)

(2)number = new char[strlen(the_number) + 1]

(3)theBrand( )

(4)const { return "卡车"; }

【考点分析】

本题考查的是 AutoMobile 类及其派生类 Car 类和 Truck 类,其中涉及动态数组、构造函数、strcpy( )函数、析构函数、纯虚函数和虚函数。本题程序较多,基类较复杂,但细心看会发现程序很容易读,考的知识点都很简单,和前后语句一

对比就可以得到答案。

【解题思路】

(1)主要考查考生对 strcpy 函数的掌握情况,在上一条语句程序给 brand 指针分配了空间,在这里要复制字符串 the_brand,即 strcpy(brand,the_brand);。

(2)主要考查考生对动态分配的掌握情况,参考 brand 指针的复制过程完成该语句,先给指针 number 分配空间,通过 new 来完成:number = new char[strlen(the_number) + 1];。

(3)主要考查考生对成员函数的掌握,由程序可知这里要输出的是品牌,因此调用成员函数 theBrand()来输出品牌。

(4)主要考查考生对纯虚函数的掌握,根据纯虚函数的定义:virtual const char * category() const = 0;,可知在这里要填写:const { return "卡车"; }。

【举一反三】考生可参考第 45 套的简单应用题进行练习。

三、综合应用题

【参考答案】

```
1  int min = x.a < x.b ? x.a : x.b;  //此处为取出 x.a 与 x.b 中的最小值
2  for (int i = 2; i <= min; i ++)  //从 i 到 min 遍历数组
3      if (x.a% i == 0 && x.b% i == 0)
4    //如 i 能同时整除 x.a 来的 x.b,则仅回 i
           return i;
5  return -1;
```

【考点分析】

本题考查的是 FriFunClass 类,其中涉及构造函数和友元函数。题目要求完成友元函数,在函数体内可以任意调用 FriFunClass 类的私有成员。

【解题思路】

主要考查考生对友元函数的掌握情况,友元函数可以访问类的私有数据成员,题目要求函数求出两个数据成员的大于 1 的最小公因子,从 2 开始往上算,因此要同时可以被两个私有成员整除,这里用取余符号完成,取余为 0 即为整除。

【解题宝典】

主要考查考生对友元函数的掌握情况,友元函数可以访问类的私有数据成员。

【举一反三】考生可参考第 29 套的综合应用题进行练习。

第 22 套　参考答案及解析

一、程序改错题

【参考答案】

(1):base(the_base), bonus(the_bonus), tax(the_tax)

(2) ~Salary() { delete []staff_id; }

(3)cout << "实发工资:" << pay.getNetPay() << endl;

【考点分析】

本题考查的是 Salary 类,其中涉及动态数组、构造函数、析构函数和 const 函数。构造函数一般使用成员列表初始化,括号内应该为形参。析构函数使用 delete 语句释放指针,格式为:delete []指针。

【解题思路】

(1)主要考查考生对构造函数的掌握情况,构造函数的成员初始列表要把形参放在括号内。

(2)主要考查考生对析构函数的掌握情况,析构函数使用 delete 释放指针,delete 后要跟标识符"[]"。

(3)主要考查考生对成员函数调用的掌握情况,调用类的成员函数使用标识符".",而不是作用域符"::"。

二、简单应用题

【参考答案】

(1)strcpy(this -> office, office);

(2)return office

(3)dept(my_dept)

(4)dept.changeOfficeTo("311");

【考点分析】

本题考查的是 Department 类和 Staff 类,其中涉及构造函数、strcpy()函数和 const 函数。复制字符串使用函数 strcpy,构造函数的成员列表初始化时不能初始化指针。

【解题思路】

(1)主要考查考生对 strcpy 函数的掌握情况,根据上一条语句:strcpy(this -> name,name);可知,这条语句复制的是 office,即 strcpy(this -> office,office);。

(2)主要考查考生对成员函数的掌握情况,根据语句的注释:返回办公室房号可知,要填写的是一条 return 语句。在私有成员里:char office[20];//部门所在办公室房号,表明 office 即为办公室房号。因此直接返回 office 即可。

(3)主要考查考生对构造函数的掌握情况,根据函数体:

strcpy(this -> staff_id,my_id);

strcpy(this -> name,my_name);

可知,只有 dept 没有初始化,而空格前有字符":",这是成员列表初始化的标识符,因此填写 dept(my_dept)即可。

(4)主要考查考生对成员函数的调用的掌握情况,根据题目要求:人事处办公室由 521 搬到 311。在 Department 类中有函数 void changeOfficeTo(const char * office)可以修改办公室的房间号,直接调用即可。

【解题宝典】

主要考查考生对 strcpy()函数及构造函数的掌握情况,strcpy(参数一,参数二)函数的功能是复制参数二的字符串给参数一。

三、综合应用题

【参考答案】

```
1      if (income <= 2000)  //如果收入小于2000
2          return tax_payable;  //直接tex_payable(初始代为零)
3      if (taxable > lower_limits[i])
4  {  //如果 taxable(收入超出起征额的部分)大于 lower_limits[i]阶段最低限额
5          tax_payable += (taxable - lower_limits[i]) * rates[i];  //把起过阶段最低限额的部分乘以该阶段的税率后,加到 tax_payable(个人所得税)
6          taxable = lower_limits[i];  //把 fower_limits[i]赋值于 taxable
7      }
```

【考点分析】

本题考查的是 TaxCalculator 类,其中涉及构造函数、析构函数和动态数组。TaxCalculator 类是个税计算器,首先要明白如何计算税率,然后结合类中的成员完成函数。

【解题思路】

主要考查考生对成员函数的掌握情况,根据题目要求可知,完成计算应纳个人所得税额的成员函数 getTaxPayable,其中参数 income 为月收入。同时题目还表明:不超过 2000 元的所得不征收个人所得税。因此先用 if 语句判断是否要征收个人所得税。然后根据题目所给表格,来判断收入多少及应该收多少个人所得税。

【解题宝典】

主要考查考生对成员函数的掌握,程序和生活息息相关,关于这类程序考生仔细琢磨题目。

第 23 套　参考答案及解析

一、程序改错题

【参考答案】

(1)ABC() : a(0), b(0), c(0) {}

(2)int s1 = x.Sum() + y.Sum();

(3)int s2 = s1 + w->Sum();

【考点分析】

本题考查的是 ABC 类,其中涉及构造函数、成员函数和常变量私有成员。构造函数中因为要给常变量私有成员初始化,所以必须使用成员列表初始化来赋初值。只有类的指针在调用成员函数时才使用标识符“->”。

【解题思路】

(1)主要考查考生对构造函数的掌握情况,根据私有成员的定义:const int c;可知,c 为常变量,因此构造函数必须使用成员列表初始化来给 c 赋初始值。

(2)主要考查考生对类的指针的掌握情况,根据主函数的第一条语句:ABC x(1,2,3), y(4,5,6);可知,x 和 y 都是 ABC 类,但不是指针,因此它们调用 ABC 类的成员函数要使用标识符“.”,而不是“->”。

(3)主要考查考生对类的指针的掌握情况,根据主函数的第二条语句:ABC z, * w = &z;可知,w 是 ABC 类的指针,指向 z,因此 w 调用 ABC 类的成员函数时要使用标识符“->”,而不是“.”。

二、简单应用题

【参考答案】

(1)public Base

(2)Base::sum()

(3)Derived::

(4)Base(m1, m2)

【考点分析】

本题考查的是 Base 类及其派生类 Derived 类,其中涉及构造函数和成员函数。构造函数在类外定义时,因为构造函数是属于类的函数,所以函数前也要加上类名和作用域符,派生类的构造函数要先给基类初始化,使用成员列表初始化。

【解题思路】

(1)主要考查考生对公有继承的掌握情况,根据题目要求:派生类 Derived 从基类 Base 公有继承,因此这里使用 public 来公有继承。

(2)主要考查考生对成员函数的掌握情况,根据题目对 sum 函数的要求:sum 函数定义,要求返回 mem1、mem2 和 mem3 之和,因此这里直接调用基类的 sum 函数,再加上 mem3 就满足题目要求。

(3)主要考查考生对构造函数的掌握情况,由于 Derived 的构造函数在类外定义,因此要加上类名和作用域符,即Derived::。

(4)主要考查考生对构造函数的掌握情况,因为 Derived 是 Base 类的派生类,所以其构造函数要使用成员列表初始化先给 Base 初始化。

【解题宝典】

主要考查考生对公有继承、成员函数和构造函数的掌握程度,在派生类中直接调用基类的函数,要在前面加上基类名和作用域符,从而防止派生类中也有相同函数时产生的二义性。

三、综合应用题

【参考答案】

```
1  for (int i = 0, j = m-1; i < j; i++, j--)
2  {  //i 从 0 开始自加, j 从数组最一位开始自减,条件是 i<j, 开始遍历数组 a
3      Type temp = a[i];  //把 a[i]赋值给变量 temp
4      a[i] = a[j];  //把 a[j]赋值给[j]
5      a[j] = temp;  //把 temp 赋值给 a[j],最终使 a[i]与 a[j]值的互换
6  }
```

【考点分析】

本题考查的是 Array 类,其中涉及构造函数、const 函数和运算符重载。交换数组中前后对称的元素的值,要使用两

个下标 i 和 j，一个代表第一个元素，一个代表最后一个元素，交换后 i ++，j -- 即可。

【解题思路】

主要考查考生对交换算法的掌握情况，根据题目对要完成的函数 Contrary 的要求：交换数组 a 中前后位置对称的元素的值。这里取下标 i = 0，即为数组中的第一个元素，j = m - 1，即为数组中的最后一个元素，利用中间值 temp 交换元素的值，然后 i 逐次递增的同时 j 逐次递减，再交换，循环到 i > j 时停止交换即可。

【解题宝典】

主要考查考生对数组中元素交换的掌握情况，交换算法要使得两个下标 i 和 j 移动的范围能覆盖全部元素，同时要确定 for 循环的终止条件。

【举一反三】考生可参考第 50 套的综合应用题进行练习。

第 24 套　参考答案及解析

一、程序改错题

【参考答案】

(1) strcpy(student_id, the_id);

(2) const char * getID() const { return student_id; }

(3) int Score::getFinal() const {

【考点分析】

本题考查的是 Score 类，其中涉及动态数组、构造函数、strcpy 函数、const 函数和成员函数。strcpy() 函数和 strlen() 函数等经常会考到，要注意它们的参数要求。类的成员函数在类外定义时需要加上类名的作用域符。

【解题思路】

(1) 主要考查考生对 strcpy() 函数的掌握情况，strcpy(参数一，参数二) 函数的功能是将参数二的字符串复制给参数一，因此在这里 student_id 应该位于参数一的位置，即 strcpy(student_id, the_id);。

(2) 主要考查考生对函数返回值的掌握情况，根据注释：返回学号可知学号应该由一个字符串组成。再看函数要返回的类型：const char *，可知要返回一个 char 型指针，也就是一个 char 型数组，而 &student_id 是一个 char 型数组指针，因此直接写 stuent_id 即可。

(3) 主要考查考生对类的成员函数的掌握情况，因为 getFinal 函数是 Score 类的成员函数，所以在定义时要加上类名和作用域符，即 Score::。

【解题宝典】

主要考查考生对 strcpy 函数、函数返回值和成员函数的掌握情况，在含有动态数组或者字符数组的类中，常常会涉及 strcpy、strlen 等函数的使用，要注意这些函数的参数要求。

二、简单应用题

【参考答案】

(1) strcpy(classroom, room);

(2) return classroom;

(3) my_class(the_class)

(4) cla.changeRoomTo("311");

【考点分析】

本题考查的是 Class 类和 Student 类，其中涉及构造函数、const 函数和 strcpy 函数。在 Student 类中使用 Class 类，在 C ++ 中很常见，在调用的时候要注意类的调用格式及构造函数。

【解题思路】

(1) 主要考查考生对 strcpy 函数的掌握情况，根据上一条语句：strcpy(class_id, id); 可知，这条语句要复制字符串 room，因此使用 strcpy 函数复制，即 strcpy(classroom, room);。

(2) 主要考查考生对函数返回值的掌握情况，根据函数要求：返回所在教室房号及函数要求返回的类型为 const char *，可以得出这里直接使用 return 语句返回 classroom 即可。

(3) 主要考查考生对构造函数的掌握情况，先看函数体中：

strcpy(my_id, the_id);

strcpy(my_name, the_name);

可知只有参数 Class &the_class 未使用，因此在这里使用成员列表初始化给 my_class 赋初始值。

(4) 主要考查考生对成员函数调用的掌握，程序要求 062113 班的教室由 521 改换到 311。在类 Class 中已经定义了函数：void changeRoomTo(const char * new_room)，因此直接调用函数 changeRoomTo 即可。

三、综合应用题

【参考答案】

```
1  for (int i = 1; i < num_of_terms; i ++)  //从 i=1 开始遍历数组 coef 的所有项
2  {
3      int j = i-1;  //把 i-1 赋值给 j，保证从零次方开始
4      double x_value = x;  //把 x 赋给 x_value
5      while(j > 0)  //当 j 大于零时，做相乘操作，即完成该项的乘方动作
6      {
7          x_value * = x;
8           j --;
9      }
10     value += coef[i]* x_value;  //把 i 项的乘方结果乘以该项系数后加进 value 中
11 }
```

【考点分析】

本题考查 Polynomial 类，其中涉及构造函数、动态数组、析构函数和 const 函数。

【解题思路】

题目要求成员函数 getValue 计算多项式的值，多项式中 x 的值由参数指定，多项式的值 value 为各次项的累加和。由类的定义可知数组 coef 中存储的是各次项的系数，这里使用 for 循环来完成题目要求，当次项为 0 时，value = coef[0]。当次项为 1 时，value = coef[1] * x + coef[0]。依次类推直到 x 的最高次数。

第 25 套　参考答案及解析

一、程序改错题

【参考答案】

(1) void Clock::print() const

(2) set(++ total_sec);

(3) return * this;

【考点分析】

本题考查 Clock 类,其中涉及构造函数、成员函数、const 函数和运算符重载。"时钟"类考查关于时间的基本常识,进位时要注意:60 秒进 1 分钟,60 分钟进 1 小时,24 小时进 1 天。

【解题思路】

(1)主要考查考生对成员函数的掌握,由 Clock 类中对函数 print 的声明 void print() const;可知,在定义 print 函数时少了 const。

(2)主要考查考生对 ++ 操作的掌握,根据函数要求,时间要先前进一秒,再调用函数 set,因此 total_sec ++ 应改为 ++ total_see。

(3)主要考查考生对 this 指针的掌握,函数要求返回值 Clock,即返回一个类,而不是指针,因此使用 * this。

【解题宝典】

掌握 ++ 操作符,当自增、自减运算的结果要被用来继续参与其他操作时,前置与后置的情况是不同的,例如 i 的值为 1,cont << i ++ ;//首先输出值 1,然后 i 自增变为 2;cout << ++ i;//首先 i 自增为 2,然后输出值 2。

二、简单应用题

【参考答案】

(1) char[strlen(str) + 1];

(2) Mammal(str)

(3) return output[MOUSE];

(4) Elephant

【考点分析】

本题考查的是 Mammal 类及其派生类 Elephant 和 Mouse,其中涉及动态数组、纯虚函数、构造函数和析构函数。动态数组往往伴随着分配和释放空间,使用 new 语句分配空间,使用 delete 语句释放空间。

【解题思路】

(1)主要考查分配空间,程序要给 name 分配空间,由下一条语句中 strcpy(name,str)可知程序要把字符串 str 复制给 name,因此要分配的空间大小为 strlen(str) + 1。

(2)主要考查考生对构造函数的掌握,因为 Elephant 类是 Mammal 类的派生类,所以其构造函数要使用成员列表先对 Mammal 类初始化。

(3)主要考查考生对枚举类型的掌握,先看程序:enum category {EMPTY, ELEPHANT, MOUSE}。再参考 Elephant 类中的 WhoAmI 函数:char * WhoAmI() { return output[ELEPHANT]; }。可知这里要填写的返回语句为:return output[MOUSE];。

(4)主要考查考生对派生类的掌握,题目要求输出:

ELEPHANT

MOUSE

可知,要先调用 Elephant 类的 WhoAmI 函数,因此给指针 pm 分配 Elephant 类空间。

三、综合应用题

【参考答案】

```
1  sListItem* temp = new sListItem;  //动态分配空间给结构体 temp 的指针
2  temp -> data = c;  //把 c 赋值于结构体 temp 成员 data
3  temp -> next = h;  //把 h 赋值于结构体成员 next
4  h = temp;  //把 temp 赋值给 h,即 h 指向 temp 指向的空间.
```

【考点分析】

本题考查的是 sList 类,其中涉及构造函数、字符指针、析构函数、成员函数和 const 函数。

【解题思路】

主要考查考生对链表的掌握,成员函数 Prepend 的功能是在链表头部加入一个新元素。形参 c 是一个 char 型变量,因此要定义一个新的结构体指针 temp,并给它分配 sListItem 类型空间,把形参 c 中的值赋给 temp 的数据域,并使 temp 通过指针链接到链表上。

【解题宝典】

主要考查考生对链表的掌握,单向链表是指针的一大应用,运用指针对单向链表进行操作有很多优点,如插入和删除元素很方便等。

第 26 套　参考答案及解析

一、程序改错题

【参考答案】

(1) public:

(2) SetDate(d,m,y);

(3) cout << m_nYear << " - " << m_nMonth << " - " << m_nDay;

【考点分析】

本题考查 CDate 类,其中涉及构造函数和成员函数。判断函数是公有成员还是保护成员,主要通过在主函数中函数的调用来确定,如果函数在主函数中被调用则说明是公有成员,否则为私有成员或者保护成员。

【解题思路】

(1)通过主函数中成员函数的调用可知这里应该为公有成员,而且构造函数必须为公有继承。

(2)主要考查考生对成员函数的掌握,程序在这里调用成员函数 SetDate,直接把形参代入即可。

(3)题目要求输出原日期:2005 - 9 - 25。可以知道输出顺序为:先输出年,其次月,最后是日。

【解题宝典】

主要考查考生对公有成员,成员函数的掌握,构造函数一般情况下肯定是公有成员，当涉及派生类时才会使用保护成员。

二、简单应用题

【参考答案】

(1)name_(name), dept_(dept)

(2)return dept_;

(3)Employee(name, dept), level_(level)

(4)Employee::print();

【考点分析】

本题考查 Employee 类及其派生类 Manager，其中涉及构造函数、虚函数和 cosnt 函数。构造函数使用成员列表初始化，特别是派生类的构造函数要先调用基类的构造函数。

【解题思路】

(1)主要考查考生对构造函数的掌握，这里使用成员列表初始化法对私有成员初始化。

(2)主要考查考生对成员函数的掌握，题目要求返回部门名称，因此这里是一条返回语句。函数要求返回的类型为 string，因此直接返回 dept_即可。

(3)主要考查考生对构造函数的掌握，因为 Manager 类是 Employee 类的派生类，因此它的构造函数要先对基类初始化，应使用成员列表初始化。

(4)主要考查考生对虚函数的掌握，因为 Manager 类是 Employee 类的派生类，因此它的 print 函数可以先调用基类的 print 函数，再输出自身要输出的数据，故为 Employee::print();。

三、综合应用题

【参考答案】

(1)cout << firstname << " " << surname

(2)head[i] = start[i]

(3)return new Name2(s); else return new Name1(s)

【考点分析】

本题考查 Name 类及其派生类 Name1 和 Name2，其中涉及动态数组、析构函数、纯虚函数和构造函数。

【解题思路】

(1)主要考查考生对成员函数的掌握，题目要求按先名后姓的格式输出姓名，因此输出语句的顺序应该是先输出 firstname，然后再输出 surname，注意它们之间还要输出一个空格。

(2)主要考查考生对字符串复制的掌握，题目要求把一个字符序列复制到 head 所指向的字符空间中，复制从 start 所指向的字符开始，共复制 end - start 个字符。程序已经把 for 循环语句写好了，此处只要把复制语句完成即可，即 head[i] = start[i]。

(3)主要考查考生对动态分配的掌握，题目要求对象必须是动态对象，因此使用 new 来分配空间，建立动态对象：if (p) return new Name2(s); else return new Name1(s);。

第 27 套 参考答案及解析

一、程序改错题

【参考答案】

(1)public:

(2)for(int i = 0; i < n; i ++) a[i] = aa[i];

(3)for(int i = 0; i < 6; i ++) sum += x.Geta(i);

【考点分析】

本题考查 AAA 类，其中涉及数组、构造函数和成员函数。

【解题思路】

(1)构造函数肯定是公有成员，所以应使用 public。

(2)主要考查考生对赋值语句的掌握，因为数组 a 是私有成员，因此 a 应该在左边，而数组 aa 是形参，要赋值给数组 a。

(3)主要考查考生对成员函数调用的掌握，数组 a 是类的私有成员，因此不能被 main 函数直接调用，要通过成员函数 Geta 来调用数组 a。

【解题宝典】

主要考查考生对公有成员的掌握，构造函数只能是公有成员，而私有成员不能被类外函数调用。

二、简单应用题

【参考答案】

(1)! InSet(*s)

(2)setdata[num ++] = *s

(3)c == setdata[i]

(4)return true

【考点分析】

本题考查 Set 类，其中涉及 const 变量、构造函数、const 函数和 bool 函数。

【解题思路】

(1)主要考查考生对成员函数的掌握，题目要求：添加代码，测试元素在集合中不存在，由类的定义可知函数 bool InSet(char c)可以测试字符 c 是否在集合中，因此这里直接调用函数 bool InSet(char c)即可。

(2)题目要求：添加一条语句，加入元素至集合中，集合用数组 setdata 表示，直接把元素添加到数组中即可。

(3)主要考查考生对 if 语句的掌握，题目要求：测试元素 c 是否与集合中某元素相同。前一条语句是个 for 循环，利用下标 i 遍历整个集合，通过 if 语句中的判断条件判断 c 是否在集合中，用“==”判断。

(4)主要考查考生对成员函数的掌握，先看函数的注释：判断一个字符 c 是否在集合中，若在，返回 true，否则返回 false。if 语句成立时，说明字符 c 存在于集合中，因此应该返回 true。

三、综合应用题

【参考答案】

```
1  MiniComplex sum;  //定义复数对象 Sum
2  sum.imagPart = this -> imagPart + otherComplex.imagPart;  //把 this 中的虚部(this -> imagPart)和 othercomplex 虚部相加赋值给 Sum 虚部
3  sum.realPart = this -> realPart + otherComplex.realPart;  //把 this 中的实部(this -> reapart)加上 othercomplex 实部赋值给 Sum 实部
4  return sum;  //返回对象 Sum
```

【考点分析】

本题考查 MiniComplex 类,其中涉及友元函数、运算符重载和构造函数。运算符重载首先要理解被重载的运算符的含义,其次要掌握类的定义。

【解题思路】

主要考查考生对运算符重载的掌握,题目要求编写 operater + 运算符函数,以实现复数的求和与运算。复数的和的实部等于两个复数的实部之和,虚部等于两个复数的虚部之和。函数要返回的类型是 MiniComplex,因此要先定义一个 MiniComplex 类型变量 sum,然后对它们的实部和虚部各自求和,返回 sum 即可。

3.2　优　秀　篇

第 28 套　参考答案及解析

一、程序改错题

【参考答案】

(1)void Print( ) const

(2) ~ MyClass( )

(3)int value;

【考点分析】

本题考查 MyClass 类,其中涉及构造函数、const 函数和析构函数。

【解题思路】

(1)主要考查考生对 const 函数的掌握,主函数中 obj 的定义为:const MyClass obj(10);,要使 obj 能调用 Print 函数,必须使 Print 函数为 const 类型。

(2)析构函数不需要返回类型,应将 void 去掉。

(3)主要考查考生对私有成员的掌握,私有成员只能声明不能初始化。

二、简单应用题

【参考答案】

(1)InBag(bag[i]) ! = b. InBag(bag[i])

(2)return false

(3)ball == bag[i]

(4) count ++

【考点分析】

本题考查 Bag 类,其中涉及构造函数、运算符重载和成员函数。

【解题思路】

(1)主要考查考生对成员函数的掌握,题目要求:判断当前袋子中每个元素在当前袋子和袋子 b 中是否出现次数不同。在类的定义中有函数:int InBag(int ball);,用于返回某一小球在袋子内的出现次数,返回 0 表示不存在,这里可直接调用该函数。

(2)由下一条语句:return true;可知,当 if 条件不成立时返回 true,故条件成立时返回 false。

(3)题目要求判断小球 ball 是否与当前袋子中某一元素相同,因此判断条件为 ball == bag[i]。

(4)count 作为计数,存放小球出现的次数,因此当满足条件 if (ball == bag[i])时,变量 count 加 1。

三、综合应用题

【参考答案】

(1)point1(p1), point2(p2), point3(p3)

(2)::perimeter( )const

(3)(this -> perimeter( ))/2

【考点分析】

主要考查的是 MyPoint 类和 MyTriangle 类,其中涉及构造函数、const 函数和成员函数。

【解题思路】

(1)主要考查考生对构造函数的掌握,使用成员列表初始化。

(2)主要考查考生对成员函数的掌握,根据类的定义中对该函数的声明:double perimeter( ) const;可知返回类型为 double 型。

(3)主要考查考生对成员函数调用的掌握,程序要求使用 perimeter 函数,因此这里直接调用 perimerter 函数即可。

第 29 套　参考答案及解析

一、程序改错题

【参考答案】

(1)MyClass(int i = 0):value(i)

(2)int MyClass::count = 0;

(3)obj2. Print( );

【考点分析】

本题考查 MyClass 类,其中涉及构造函数、成员函数、常变量和静态数据成员。

【解题思路】

(1)主要考查考生对构造函数的掌握,使用成员列表初始化给常变量赋初始值。

(2)主要考查考生对静态数据成员的掌握,静态数据成员的赋值不需要使用 static 关键字。

(3)主要考查考生对成员函数调用的掌握,MyClass 是类名,不能调用函数,应使用对象 obj2 调用函数。

二、简单应用题

【参考答案】

(1) ++q; ++s;

(2)(*p = *s) ! = 0

【考点分析】

本题考查 String 类,其中涉及动态数组、构造函数、成员函数、const 函数和析构函数。

【解题思路】

(1)主要考查考生对 while 循环的掌握,先看语句注释:添加代码将字符串 s 复制到字符指针 q 中。程序已经给出了赋值语句,这里只要使 q 和 s 递增即可。

(2)主要考查考生对 for 循环的掌握,先看语句注释:添加代码将字符串 s 复制到 buf 中。因为循环体中没有语句,直接用分号结束,因此需要在循环条件中完成赋值,同时进行条件判断,赋值语句为 * p = * s,判断条件为当前字符不是字符串结束符。

三、综合应用题

【参考答案】

(1) rad(r)

(2) 2 * c. radius()

(3) MyCircle a

【考点分析】

本题考查 MyPoint 类和 MyCircle 类,其中涉及构造函数、成员函数、const 函数和友元函数。

【解题思路】

(1)主要考查考生对构造函数的掌握,使用成员列表初始化给 rad 赋初始值。

(2)主要考查考生对成员函数的掌握,函数功能为返回圆 c 的周长。要返回圆的周长,应利用公式 PI * 2 * c. radius()完成。

(3)主要考查考生对成员函数的掌握,因为函数功能为返回圆 a 的面积,所以函数的形参应该为 MyCircle a。

第 30 套　参考答案及解析

一、程序改错题

【参考答案】

(1) strcpy(this -> name, name);

(2) PetType getType() const {return type;}

(3) return "an unkown animal";

【考点分析】

本题考查 Pet 类,其中涉及 enum 类型、构造函数、const 函数和成员函数。

【解题思路】

(1)主要考查字符串复制函数 strcpy(),其格式为:strcpy(字符串 1,字符串 2)或 strcpy(指向字符串 1 的指针,指向字符串 2 的指针),功能是将字符串 2 复制到字符串 1 中,本题使用第二种格式。

(2)主要考查考生对成员函数的掌握,根据私有成员的定义类型 PetType type,可知要返回的是 type。

(3)主要考查考生对 switch 语句的掌握,当在 switch 语句体中找不到相应的字段时,跳出 switch 语句,程序返回"an unkown animal"。

二、简单应用题

【参考答案】

(1) item < setdata[i]

(2) setdata[size + i - j] = setdata[size + i - j - 1]

(3) setdata[size] = item

【考点分析】

本题考查模板函数 insert,其中涉及 for 循环、数组和排序。

【解题思路】

(1)主要考查考生对 if 语句的掌握,题目要求判断查找元素的插入位置。因为要插入的序列是升序排列的,当 item < setdata[i]时,即为要插入的位置。

(2)主要考查考生对 for 循环的掌握,因为要在第 i 个位置外插入元素,所以将插入位置后的所有元素往后移动一个位置,移动时应从最后一个位置开始,因此使用语句 setdata[size + i - j] = setdata[size + i - j - 1];。

(3)主要考查考生对成员函数的掌握,题目要求将元素加到最后一个位置上。size 表示数组的长度,因为数组下标是从 0 开始的,所以最后一个位置为 size,即 setdata[size] = item;。

三、综合应用题

【参考答案】

(1) point1(p1), point2(p2)

(2) length() const

(3) point2. getY() - point1. getY()

【考点分析】

本题考查 MyPoint 类和 MyLine 类,其中涉及构造函数、const 函数和成员函数。

【解题思路】

(1)主要考查考生对构造函数的掌握,这里使用成员列表初始化给 point1 和 point2 赋初始值。

(2)主要考查考生对成员函数的掌握,由类的定义中函数的声明:double length() const; //返回线段的长度,可知这里要输入 length() const。

(3)主要考查考生对成员函数的掌握,由函数声明:double slope() const;//返回直线的斜率,可知返回语句要返回直线的斜率,因此要输入:point2. getY() - point1. getY()。

第 31 套　参考答案及解析

一、程序改错题

【参考答案】

(1) MyClass(const MyClass & copy) { p = new char; * p = * (copy. p); }

(2) ~MyClass() {delete p; }

(3) return * this;

【考点分析】

本题考查 MyClass 类,其中涉及动态数组、构造函数、复制构造函数、析构函数和运算符重载。

【解题思路】

(1)主要考查考生对复制构造函数的掌握,复制构造函数的形参是引用调用。

(2)主要考查考生对析构函数的掌握,析构函数使用 delete 语句释放指针。

(3)主要考查考生对 this 指针的掌握,函数要求返回 MyClass,可知要返回的是 this 指针指向的当前类,而非 this 指针。

二、简单应用题

【参考答案】

(1)new int [size]

(2)_p[index] = value

(3)return _p[index]

(4) index > _size

【考点分析】

本题考查 Array 类,其中涉及构造函数、析构函数、成员函数和 const 函数。

【解题思路】

(1)主要考查考生对动态分配的掌握,题目要求分配一个 int 类型数组,数组长度为 size,应使用 new 语句分配空间,因此为 new int[size]。

(2)主要考查考生对成员函数的掌握,先看函数功能:设置指定元素的值。index 为指定的下标,value 为指定的值,因此使用语句:_p[index] = value;。

(3)主要考查考生对成员函数的掌握,函数功能为获取指定元素的值,index 为要求返回的元素的下标,直接使用 return 语句返回数组元素即可。

(4)主要考查考生对 if 语句的掌握,函数功能是检查索引是否越界,当 index <0 或者 index >_size 时,index 越界,返回 true。

三、综合应用题

【参考答案】

```
1   void doc::count()
2   {
3       for (int i = 0; i < length; ++i)
    //从 0 开始遍整个文本字符
4       {
5         if(str[i] > ='a'&&str[i] <='z')
    //如是小写字母
6           counter[str[i] -'a'] ++;  //在
    数组 counter 对加,做计数
7         if (str[i] >'A'&&str[i] <='Z')
    //如果是大写字母
8           couner[str[i] -'A'] ++;  //在
    数组 counter 对应的做计数
9       }
10      for (int index = 0; index < 26; +
    +index)  //遍历数组数 counter,将下标
    转化为字母,然后输出其出现次数
11          cout << (char)(index + 65) <<
    " or " << (char)(index + 97)
             << " 出现的次数是:" << counter
    [index] << endl;
12  }
```

【考点分析】

本题考查 doc 类,其中涉及动态数组、构造函数、成员函数和析构函数。

【解题思路】

主要考查考生对统计字母的掌握,首先要判断该字符是否为字母,即当字符的 ASCⅡ码大于等于 a,小于等于 z 时,为小写字母;当大于等于 A,小于等于 Z 时,为大写字母,则用于计量该字母出现次数的元素值加 1。如何确定计量字母次数的元素下标是本题的难点。当字母为小写时,用该字母的 ASCⅡ码减去 a 的 ASCⅡ码;当字母为大写时,用该字母的 ASCⅡ码减去 A 的 ASCⅡ码,即可得到计量该字母的元素下标。

第 32 套　参考答案及解析

一、程序改错题

【参考答案】

(1)MyClass(int x) : flag(x) {}

(2)void MyClass::Judge()

(3)break;

【考点分析】

本题考查 MyClass 类,其中涉及构造函数、成员函数和 switch 语句。

【解题思路】

(1)主要考查考生对构造函数定义的掌握,构造函数前不能有返回类型。

(2)类的成员函数在类外定义时要加上类名和作用域符。

(3)主要考查考生对 switch 语句的掌握,在 switch 语句中,使用 break 跳出。

二、简单应用题

【参考答案】

(1)int num = 0

(2)int digital = *str

(3)str ++;

【考点分析】

本题考查 Invert 函数,其中涉及 while 循环和字符数组。

【解题思路】

(1)主要考查考生对成员函数的掌握,num 用于存放累加值,因此这里要定义 num 同时初始化为 0。

(2)主要考查考生对指针的掌握,对整型变量 digital 赋值字符串 str 的第一个字符,即将第一个字符的 ASCⅡ码赋给 digital。

(3)考查指针的操作,while 循环要累加代表整数的字符,因此这里指针要指向下一个字符。

三、综合应用题

【参考答案】

(1)strcpy(idcardno,id_card_no)

(2)Person(id_card_no,p_name,birth_date,is_male)

(3)Staff Zhangsan("123456789012345","张三",Date(1979,5,10),false,"人事部",1234.56)

【考点分析】

本题考查Date类、Person类及其派生类Staff类，其中涉及构造函数、const函数、bool函数和成员函数。

【解题思路】

(1)主要考查考生对strcpy函数的掌握，复制字符串要使用strcpy函数，其格式为：strcpy(字符串1，字符串2)；。

(2)主要考查考生对构造函数的掌握，派生类的构造函数要使用成员列表初始化先调用基类的构造函数。

(3)主要考查考生对构造函数的掌握，由题目要求可知要将对象初始化为：Zhangsan("123456789012345","张三",Date(1979,5,10),false,"人事部",1234.56)；。

第33套 参考答案及解析

一、程序改错题

【参考答案】

(1)protected:

(2)msg = new char[strlen(str) + 1];

(3) ~Base() { delete [] msg; }

【考点分析】

本题考查Base类及其派生类Derived，其中涉及动态数组、构造函数、strcpy()函数和析构函数。

【解题思路】

(1)主要考查保护成员，因为在Base类的派生类中直接调用了msg，所以这里应该是保护成员。

(2)主要考查考生对动态分配的掌握，由下一条语句：strcpy(msg, str)；可知，程序要将字符串str复制给msg，因此要给msg分配空间，空间大小应该为str的长度加1。

(3)主要考查考生对析构函数的掌握，delete语句要加上标识符“[]”。

二、简单应用题

【参考答案】

(1)q -> link = head

(2)p = new node

(3)Insert(p)

【考点分析】

主要考查的是Insert函数，其中涉及结构体及链表知识。

【解题思路】

(1)主要考查考生对链表的掌握，函数功能是将节点插入链表首部后。在插入链表首部，即将该节点的指针域指向头节点head。

(2)主要考查考生对动态分配的掌握，用new为节点p动态分配存储空间，节点p为node类型，因此直接使用new node分配空间并将首地址赋给p即可。

(3)程序要求插入该节点，应调用Insert函数，并将指针p作为函数的实参。

三、综合应用题

【参考答案】

```
1  for (int i = 0; i < size -1; i ++)  // 从0到Size-2遍历整数组v,把前位与后位值相互交换
2  {
3      int temp = v[i];  //把v[i]赋值给temp
4      v[i] = v[i+1];  //把v[i+1]赋值给v[i]
5      v[i+1] = temp;  //temp赋值给v[i+1]
6  }
```

【考点分析】

本题考查ValArray类，其中涉及动态数组、构造函数、析构函数、const函数和成员函数。

【解题思路】

程序要将数组v中的size个整数依次移动到它的前一个单元，其中第一个整数移到原来最后元素所在的单元。for循环语句用于遍历整个数组，每循环一次便将当前元素与后一个元素互换，因此循环变量的取值范围是0～size-2，最后一个元素无须遍历。

第34套 参考答案及解析

一、程序改错题

【参考答案】

(1) ~MyClass()

(2)int value;

(3)void MyClass::Print() const

【考点分析】

本题考查MyClass类，其中涉及构造函数、析构函数和const函数。

【解题思路】

(1)主要考查考生对析构函数定义的掌握，析构函数前不能有任何类型，因此应将void去掉。

(2)value是类的私有成员，私有成员只能声明不能定义初始值。

(3)主要考查考生对成员函数的掌握，由类的定义中关于函数的声明void Print() const；可知，在函数定义时应加上const。

二、简单应用题

【参考答案】

(1)virtual const char * toString()const = 0

(2)HexNumber(int k) : Number(k) {}

(3)cout << number.toString()

(4) show(HexNumber(11))

【考点分析】

本题考查的是Number类及其派生类HexNumber，OctNumber和DecNumber，其中涉及纯虚函数和构造函数。

【解题思路】

(1)主要考查考生对纯虚函数的掌握,参考在派生类中该函数的定义:const char * toString()const;可知,纯虚函数应该写为:virtual const char * toString()const = 0;。

(2)主要考查考生对构造函数的掌握,构造函数应使用成员列表初始化。

(3)主要考查考生对纯虚函数的掌握,程序要求按既定的数制显示输出参数对象 number 的值,直接调用纯虚函数,可以使派生类调用自身定义的函数。

(4)主要考查考生对派生类的掌握,使用十六进制的派生类初始为 11,就可以调用该派生类的 toString 函数。

三、综合应用题

【参考答案】

```
1  MiniString(const char * s = "")
2  {
3      length = strlen(s);  //求字符串 s 的长度赋值给 lenath
4      sPtr = new char[length+1];  //动态分配长度为(length+1)的空间给 Spet
5      strcpy(sPtr, s);  //把字符串 s 复制到 sptr 中
6  }
7  ~MiniString() { delete [] sPtr; }  //删除空间 sptr
```

【考点分析】

本题考查 MiniString 类,其中涉及动态数组、运算符重载、构造函数和析构函数。

【解题思路】

主要考查考生对构造函数和析构函数的掌握,题目要求完成默认构造函数和析构函数,先看私有成员:

int length; // 字符串长度(不超过 100 个字符)

char * sPtr; // 指向字符串起始位置

因此先使用 strlen 函数计算字符串长度,然后给 sPtr 分配空间,再使用 strcpy 复制字符串,最后在析构函数中使用 delete 语句释放空间。

第 35 套　参考答案及解析

一、程序改错题

【参考答案】

(1)Circle(int r) : radius(r) {}

(2)void Circle::Display()

(3)c.Display();

【考点分析】

本题考查 Circle 类,其中涉及构造函数、常变量私有成员和成员函数。

【解题思路】

(1)主要考查考生对构造函数的掌握,常变量私有成员只能通过成员列表进行初始化。

(2)主要考查考生对成员函数的掌握,在定义类的成员函数时要加上类名和作用域符。

(3)主要考查考生对成员函数调用的掌握,调用成员函数时应使用标识符"."。

二、简单应用题

【参考答案】

(1)x = y

(2)Sort(a0, n0)

(3)swap(a[j], a[j-1])

(4)break

【考点分析】

本题考查 Sort 类及其派生类 InsertSort,其中涉及动态数组、构造函数和纯虚函数。

【解题思路】

(1)主要考查考生对成员函数的掌握,题目要求将 Sort 类的成员函数 swap 补充完整,实现两个整数的交换操作,因此这里是一个交换操作,程序利用中间变量 tmp 交换 x 和 y 的值。

(2)主要考查考生对构造函数的掌握,派生类的构造函数使用成员列表初始化基类。

(3)主要考查考生对成员函数调用的掌握,题目提示:在交换数据时,请使用基类的成员函数 swap。因此这里可以直接调用 swap 函数交换 a[j]和 a[j-1]的值。

(4)主要考查考生对成员函数的掌握,当条件 a[j] < a[j-1]不满足时,说明顺序没问题不需要交换,使用 break 语句跳出本次循环。

三、综合应用题

【参考答案】

```
1  MiniString& operator += (const MiniString& s)
2  {
3      char * pt = new char[length+1];  //给 pt 动态分配 length+1 大小的空间
4      strcpy(pt, sPtr);  //把字符串 sptr 复制到 pt 中
5      int blength = length;  //把 length 赋值给 blength
6      length += s.length;  //把对象 s 中 length 加到 length 中
7      delete []sPtr;  //删除字符串 SPtr
8      sPtr = new char[length+1];  //给 sptr 分配 length+1 大小的内存空间
9      strcpy(sPtr,pt);  //把 pt 复制到 Sptr 中
10     delete []pt;  //删除字符串 pt
11     for (int i = 0; i < length; ++i)  //遍 s 中的 sptr 数组,并且把字符拷到 sptr 中
12         sPtr[blength + i] = s.sPtr[i];
13     return * this;  //返回 this 对象
14 }
```

【考点分析】

本题考查 MinString 类,其中涉及构造函数、运算符重载、动态数组和析构函数。

【解题思路】

主要考查考生对运算符重载的掌握,因为有动态数组,所以要使用 new 语句来重新分配空间。

第 36 套　参考答案及解析

一、程序改错题

【参考答案】

(1) void Judge(MyClass &obj)

(2) (ptr + i) -> Set (i + 1);

(3) delete [] ptr;

【考点分析】

本题考查 MyClass 类,其中涉及构造函数、成员函数和友元函数。

【解题思路】

(1) 主要考查考生对友元函数的掌握,由类的定义中关于 Judge 函数的声明可知该函数为友元函数,因此在定义时不能使用类名和作用域符。

(2) 主要考查考生对指针的掌握,ptr 是指针,(ptr + i) 也是指针,表示指针 ptr 向后移动 i 个位置,因此在调用成员函数时要使用标识符"->"。

(3) 主要考查考生对 delete 语句的掌握,释放指针使用 delete 语句,其格式为:delete[]指针;。

二、简单应用题

【参考答案】

(1) strlen(s) + 1

(2) delete [] m_str

(3) m_str[n - i - 1]

(4) m_str[n - i - 1] = tmp

【考点分析】

本题考查 MyString 类,其中涉及构造函数、动态数组、析构函数和成员函数。

【解题思路】

(1) 考查使用 new 语句动态分配内存空间,要分配的空间大小应为字符串的长度加 1。

(2) 主要考查考生对析构函数的掌握,析构函数使用 delete 语句释放指针。

(3) 和 (4) 主要考查考生对成员函数的掌握,这里是一个变量交换操作,通过中间变量 tmp 交换。

三、综合应用题

【参考答案】

```
1   MiniString& operator + (const MiniString& s)
2   {
3       char * pt = new char [length+1];  //给 pt 动态分配大小为 lenth+1
4       strcpy(pt, sPtr);  //把 sptr 中的内容复制到 pt 中
5       int blength = length;  //把 length 赋值给变量 biength
6       length += s.length;  //把对象 s 成员变量 length 加到 length
7       delete []sPtr;  //删除 sptr 的空间
8       sPtr = new char[length+1];  //给 sptr 动态分配大小 length 的空间
9       strcpy(sPtr,pt);  //把 pt 中的内容复制到 sptr 中
10      delete []pt;  //删除 pt 的空间
11      for (int i = 0; i < length; ++i)  //从零到 length 遍历
12          sPtr[blength + i] = s.sPtr[i];  //把对象 s 中成员变量 sptr[i]赋值给 sptr[blength+i]
13      return * this;  //返回 this 指的对象
14  }
```

【考点分析】

本题考查 MiniString 类,其中涉及构造函数、友元函数、运算符重载和析构函数。

【解题思路】

主要考查考生对运算符重载的掌握,因为有动态数组,所以要先分配空间,再复制字符串。

第 37 套　参考答案及解析

一、程序改错题

【参考答案】

(1) Rectangle(double x1, double y1, double x2, double y2){

(2) void show(Rectangle r){

(3) cout << r.getX1() << " , " << r.getY1() << "), down right = (" << r.getX2() << " , " << r.getY2();

【考点分析】

本题考查 Rectangle 类,其中涉及构造函数和 const 函数。

【解题思路】

(1) 主要考查考生对构造函数的掌握,函数的参数要使用","隔开,不能使用";"。

(2) 主要考查考生对 const 函数的掌握,程序中调用函数 r.area(),该函数修改了成员值,因此不能使用 const。

(3) 主要考查考生对成员函数的掌握,类外函数不能直接调用类的私有成员,只能通过成员函数调用。

二、简单应用题

【参考答案】

(1) const Point& p

(2) distanceTo(p2)

(3) Point(down_right. x, upper_left. y)

(4) width( ) * height( )

【考点分析】

本题考查 Point 类、Line 类和 Rectangle 类，其中涉及构造函数、const 函数和常变量成员。

【解题思路】

(1)主要考查考生对成员函数的掌握，根据函数体可知形参应为 const Point& p。

(2)主要考查考生对成员函数的掌握，求线段的距离直接调用函数 distanceTo 即可。

(3)主要考查考生对成员函数的掌握，函数功能是求矩形水平边长度，这里程序直接构造 Line 类型并调用 length 函数。

(4)主要考查考生对成员函数的掌握，矩形面积为高乘宽，因此调用函数 height 和 width 取得高和宽。

三、综合应用题

【参考答案】

```
1  strcpy(name, _name);  //把_name 中的内容复制到 name 中
2  address = new char[strlen(_add) + 1];  //动态给 address 分配 strlen(_add)+1 大小的空间
3  strcpy(address, _add);  //把_add 中的内容复制到 address 中
```

【考点分析】

本题考查 Person 类，其中涉及数组、构造函数、成员函数和析构函数。

【解题思路】

主要考查考生对构造函数的掌握，根据题目要求，首先使用 strcpy( ) 函数把字符串_name 复制到数组 name 中，然后使用 new 语句分配一个动态空间，使 address 指向空间首地址，最后把字符串_add 复制到该数组中。

第 38 套　参考答案及解析

一、程序改错题

【参考答案】

(1) this -> value = value;

(2) ~MyClass( )

(3) int MyClass::count = 0;

【考点分析】

本题考查 MyClass 类，其中涉及构造函数、析构函数和静态成员函数。

【解题思路】

(1)主要考查考生对 this 指针的掌握，this 是一个指针变量，调用成员时应使用标识符"->"。

(2)主要考查考生对析构函数的掌握，定义析构函数时不能使用任何返回类型。

(3)主要考查考生对静态成员的掌握，静态成员赋值时不用添加 static，但声明时要使用。

二、简单应用题

【参考答案】

(1) virtual void draw( ) const =0;

(2) const Point& pt

(3) double x_, y_;

(4) x_ << ',' << y_

【考点分析】

本题考查 Shape 类及其基类 Point，其中涉及纯虚函数、const 函数和构造函数。

【解题思路】

(1)主要考查考生对纯虚函数的掌握，参考在派生类中该函数的定义可得到，注意纯虚函数要"=0"。

(2)主要考查考生对成员函数的掌握，由函数体可知形参为 const Point& pt。

(3)主要考查考生对私有成员的掌握，由构造函数可知私有成员为 double x_, y_。

(4)根据题目要求输出私有成员变量 x_,y_。

三、综合应用题

【参考答案】

```
1   for(int i = 0; i < M; i ++)
2   //行从 i 等于 0 到 m 遍历
3       for(int j = 0; j < i; j ++)
4   //列从 j 等于 0 到 j<i 遍历，实现 a[i][j] 和 a[j][i]的值互换
5       {
6           int temp = array[i][j];
7     //把 array[i][j]赋值给 temp[i]
8           array[i][j] = array[j][i];
9     //把 array[j][i]赋值给 array[i][j]
10          array[j][i] = temp;
11  //把 temp 的值赋给 array[j][i]
12      }
```

【考点分析】

考查 Matrix 类，其中涉及二维数组、const 函数和成员函数。

【解题思路】

主要考查考生对二维数组的掌握，程序用二维数组表示矩阵，编写矩阵转置功能。要实现矩阵的转置，只要使矩阵中的元素 array[i][j]与 array[j][i]交换，程序使用循环语句遍历矩阵元素，外层循环用于控制行下标，内层循环用于控制列下标。

第 39 套　参考答案及解析

一、程序改错题

【参考答案】

(1) char * Name;

(2) StudentInfo(char * name, int age, int ID, int courseNum, float record);

(3) ~StudentInfo( ) { delete [ ] Name; }

【考点分析】

本题考查 StudentInfo 类，其中涉及构造函数、析构函数和成员函数。

【解题思路】

(1)根据构造函数的定义可知，Name 应定义为指针变量。

(2)主要考查考生对构造函数定义的掌握，构造函数前不能添加任何类型。

(3)主要考查考生对析构函数定义的掌握，析构函数前不能添加任何类型。

二、简单应用题

【参考答案】

(1) virtual

(2) virtual

(3) itsLength(len), itsWidth(width)

(4) Shape * sp;

【考点分析】

本题考查抽象基类 Shape 类及其派生类 Circle 和 Rectangle，其中涉及纯虚函数、构造函数、析构函数和成员函数。

【解题思路】

(1)和(2)主要考查考生对纯虚函数定义的掌握，纯虚函数前要添加关键字 virtual。

(3)主要考查考生对构造函数的掌握，使用成员列表初始化。

(4)主要考查考生对指针的掌握，由下一条语句：sp = new Circle(5);，可知 sp 为 Shape 型指针。

三、综合应用题

【参考答案】

```
1  n = r.n;  //把对象 r 的成员变量 n 赋值给 n
2  p = new int[n];  //给 p 动态分配大小为 n 的空间
3  for (int index = 0; index < n; index ++)  //index 从零开始，小于 n 为条件遍历
4      p[index] = r.p[index];  //把对象 r 中的成员变量 p[index]赋值给 p[index]
```

【考点分析】

本题考查 CDeepCopy 类，其中涉及动态数组、构造函数、析构函数和复制构造函数。

【解题思路】

主要考查考生对复制构造函数的掌握，复制构造函数要复制动态数组，应先使用 new 分配空间，然后使用循环语句逐个复制，注意这里不能使用 strcpy 函数复制，因为 p 是整型动态数组。

第 40 套　参考答案及解析

一、程序改错题

【参考答案】

(1) Door(int n) : num(n), closed(true), locked(true) {}

(2) void open() { // 开门

(3) if(! closed) {

【考点分析】

本题考查 Door 类，其中涉及 bool 型私有成员、构造函数和成员函数。

【解题思路】

(1)主要考查考生对构造函数的掌握，使用成员列表初始化，注意私有成员是 locked，而不是 lock。

(2)主要考查考生对 const 函数的掌握，函数体内有语句 closed = false，使成员值发生改变，因此不能使用 const。

(3)结合上下文即可得知当门不处于 closed 状态时，输出：先关门…。

二、简单应用题

【参考答案】

(1) name

(2) n = p.birth_date.getMonth() - birth_date.getMonth()

(3) (is_male ? "男" : "女")

(4) ps[m]

【考点分析】

本题考查 Date 类和 Person 类，其中涉及构造函数、const 函数、bool 函数和成员函数。

【解题思路】

(1)主要考查考生对 strcpy()函数的掌握，strcpy()函数的功能是复制字符串，其格式为：sercpy(字符串 1，字符串 2);。

(2)主要考查考生对成员函数的掌握，函数功能是比较两个人的年龄，返回正数、0 或负数分别表示大于、等于和小于。前面语句比较了年份，因此这里应该比较月份。

(3)主要考查考生对成员函数的掌握，程序要求显示性别("男"或"女"，双引号内不含空格)，因此这里要进行判断，使用三目运算符?:完成语句。

(4)这里是一个变量交换操作，使用中间变量 p 交换 ps[m]和 ps[i]的值。

三、综合应用题

【参考答案】

```
1  for (int i = counter -1; i >= 0; i --)  //i 从 counter -1 开始到 0 遍历数组 elem
2      if (elem[i] < 0)  //如果 elem[i]小于零
3      {
4          for (int j = i; j < counter - 1; j ++)  //j 从 i 到 counter -2 遍历
5              elem[j] = elem[j +1];  //把 elem[j +1]赋值给 elem[j]
6          counter --;  //counter 自减
7      }
```

【考点分析】

本题考查的是 Integers 类，其中涉及数组、构造函数、成员函数和 const 函数。

【解题思路】

主要考查考生对数组的掌握，函数要求去除集合中的所有负整数，程序使用循环语句遍历整数数组，使用条件语句判断当前整数是否为负数，如果是，则将该元素删除并使后面的所有元素前移一个位置。

第41套　参考答案及解析

一、程序改错题

【参考答案】

(1){ volume = 18; }

(2)channel = chan;

(3)void setVolumeTo(int vol){

【考点分析】

本题考查 TVSet 类，其中涉及构造函数、成员函数、const 函数和 bool 函数。

【解题思路】

(1)主要考查考生对构造函数的掌握，有题目要求输出音量为18，因此使用构造函数将 volume 初始为18。

(2)主要考查考生对成员函数的掌握，满足 if 条件的要设置频道，即 channel = chan;。

(3)主要考查考生对 const 函数的掌握，函数体内存在语句 volume = vol;，使变量的值发生改变，因此不能用 const 定义函数。

二、简单应用题

【参考答案】

(1)x1(root1), x2(root2), num_of_roots(2)

(2)num_of_roots

(3)a(x.a), b(x.b), c(x.c)

(4)return Root()

【考点分析】

本题考查 Root 类和 Quadratic 类，其中涉及常变量、构造函数、成员函数和 const 函数。

【解题思路】

(1)主要考查考生对构造函数的掌握，应使用成员列表初始化。

(2)主要考查考生对 switch 语句的掌握，使用 num_of_roots 判断根的信息。

(3)主要考查考生对构造函数的掌握，应使用成员列表初始化。

(4)主要考查考生对成员函数的掌握，结合数学知识可知，当 delta < 0.0 时，方程式无解。

三、综合应用题

【参考答案】

```
1 int n = 0;  //给变量n赋为0
2 n = p.birth_date.getYear() - birth_date.getYear();  //把参数对象p的年减当前对象person年，结果赋值给n
3 if (n != 0) return n;  //如果n不等零，则返回n
4 n = p.birth_date.getMonth() - birth_date.getMonth();  //把参数对象p的月数减当前对象person的月数，结果赋值给n
5 if (n != 0) return n;  //如果n不等于零，则返回n
6 return p.birth_date.getDay() - birth_date.getDay();  //返回参数对象p的日减当前对象person日的结果
```

【考点分析】

主要考查的是 Date 类和 Person 类，其中涉及构造函数、const 函数和成员函数。

【解题思路】

compareAge 函数的功能是比较年龄大小并排序，先比较年，再比较月，最后比较日。

第42套　参考答案及解析

一、程序改错题

【参考答案】

(1)if ((++seconds) == 60)

(2)return *this;

(3)show(++sw);

【考点分析】

本题考查 StopWatch 类，其中涉及构造函数、运算符重载和成员函数。

【解题思路】

(1)主要考查考生对"++"运算符的掌握，结合程序可知，应先使 seconds 加1，再判断是否需要进位，因此为 ++seconds。

(2)主要考查考生对 this 指针的掌握，应返回 this 指针指向的类。

(3)主要考查考生对"++"运算符的掌握，判断 sw 是要先取值再自加1还是先自加1再取值。

二、简单应用题

【参考答案】

(1)Person()

(2)virtual void

(3): Person(s), gpa(g)

(4)Person * p

【考点分析】

本题考查的是 Person 类及其派生类 Student 类和 Professor 类，其中涉及动态数组、构造函数、析构函数、虚函数和成员函数。

【解题思路】

(1)主要考查考生对构造函数的掌握情况，构造函数使用成员列表初始化 name。

(2)主要考查考生对虚函数的掌握情况，虚函数使用关键字 virtual，参考派生类中 Disp 函数可知函数返回类型为 void。

(3)主要考查考生对构造函数的掌握情况，使用成员列表初始化。

(4)主要考查考生对指针的掌握情况，由语句：p = &x;

p -> Disp( );可知,要定义 p 为 Person 类的指针。

三、综合应用题

【参考答案】

```
1  if (s == NULL) return true;  //如果 s 等于 NUll,返回 true
2  int len = strlen(s);  //把字符串 s 的长度赋给 len
3  if (len > size) return false;  //如 len 大于 Size,返回 false
4  for (int i = 0; i < len; i ++)  //i 从 0 到 len -1 遍历
5      if ( str[i] != s[i])  //如果 str[i]不等于 s[i]
6          return false;  //返回 false
7      return true;  //否则返回 true
```

【考点分析】

本题考查的是 MyString 类,其中涉及动态数组、构造函数、析构函数和 const 函数。

【解题思路】

主要考查考生对动态数组的掌握情况,根据题目要求知,函数的功能是判断此字符串是否以指定的前缀开始。利用 for 循环,逐个字符进行判断,如果满足条件 str[i] != s[i],返回 false,否则返回 true。

第 43 套　参考答案及解析

一、程序改错题

【参考答案】

(1) Point(int x = 0, int y = 1)

(2) void move(int xOff, int yOff)

(3) p -> print( );

【考点分析】

本题考查的是 Point 类,其中涉及构造函数、成员函数和 const 函数。

【解题思路】

(1)主要考查考生对构造函数的掌握情况,默认构造函数的参数值必须从右到左。

(2)主要考查考生对 const 函数的掌握情况,函数体中有语句:x_ += xOff;,成员变量值发生改变,因此函数不能使用 const。

(3)主要考查考生对指针的掌握情况,由于 p 为指针类型,因此调用成员函数时要使用标识符“ -> ”。

二、简单应用题

【参考答案】

(1) int[s]

(2) delete [ ]a

(3) a[num]

(4) return a[i]

【考点分析】

本题考查的是 Collection 类及其派生类 Array 类,其中涉及纯虚函数、构造函数和析构函数。

【解题思路】

(1)主要考查考生对构造函数的掌握情况,要使用 new 给动态数组分配空间。

(2)主要考查考生对析构函数的掌握情况,使用 delete 释放空间。

(3)主要考查考生对成员函数的掌握情况,为数组添加元素,使用语句:a[num] = e;。

(4)主要考查考生对成员函数的掌握情况,返回数组元素。

三、综合应用题

【参考答案】

```
1  if (str == NULL) return 0;  //如字符串 str 为空,返回零
2      int counter = 1;  //给 counter 赋值为 1
3      int length = strlen(str);  //把字符串 str 长度赋值给 length
4      for (int i = 0; i < length; i ++)
   //i 从零到 length -1 遍历
5          if (isspace(str[i]))  //如果 str[i]为空格字符
6          counter ++;  //counter 自加 1
7      return counter;  //返回 counter;
```

【考点分析】

本题考查的是 MyString 类,其中涉及动态数组、构造函数、析构函数和 const 函数。

【解题思路】

主要考查考生对动态数组的掌握情况,计算单词个数通过计算空格数目来完成。

第 44 套　参考答案及解析

一、程序改错题

【参考答案】

(1) bool isOn( ) const{ return intensity == 1;} //返回电源开关状态

(2) void turnOff( ){ intensity = 0;} //关电扇

(3) intensity = inten;

【考点分析】

本题考查的是 ElectricFan 类,其中涉及构造函数、const 函数、bool 函数和成员函数。

【解题思路】

(1)主要考查考生对 bool 函数的掌握情况,理清函数的逻辑关系。

(2)主要考查考生对成员函数的掌握情况,理清函数的逻辑关系。函数中有 intensity = 0;参数值发生改变,因此函数不能为 const。

(3)主要考查考生对成员函数的掌握情况,intensity 是类的私有成员。

二、简单应用题

【参考答案】

(1) num_pages(pages)

(2) writer = new char[strlen(the_writer) + 1];

(3) Book(the_title, pages, the_writer)

(4) a_book.theCourse()

【考点分析】

本题考查的是 Book 类及其派生类 TeachingMaterial 类，其中涉及构造函数、析构函数和 const 函数。

【解题思路】

(1)主要考查考生对构造函数的掌握情况，使用成员列表进行初始化。

(2)主要考查考生对动态分配的掌握情况，使用 new 给 writer 分配空间。

(3)主要考查考生对构造函数的掌握情况，使用成员列表初始化给基类初始化。

(4)主要考查考生对成员函数调用的掌握情况，函数 theCourse()返回相关课程。

三、综合应用题

【参考答案】

```
1  for (int i = 0; i <= end; i ++)  //i 从零开始到 end 遍历，即实现把数组 element 复制到数组 a[i]
2  {
3      a[i] = element[i];  //把 element[i]赋值给 a[i]
4      size ++;  //size 自加 1
5  }
6  for (int k = 0; k <= set.GetEnd(); k ++)  //k 从 0 到 set.GetElement 遍历
7      if (! IsMemberOf(set.GetElement(k)))  //如果 set.GetElement(k)不是 element 中的元素
8          a[size ++] = set.GetElement(k);  //把 set.GetElement(k)放到数组 a 中
```

【考点分析】

本题考查的是 IntSet 类，其中包括构造函数、bool 函数和成员函数。

【解题思路】

主要考查考生对数组的掌握情况，题目要求计算集合的并集，定义一个新集合 a，先复制一个数组的元素，再判断另一个数组中的元素，只要元素不重复就添加到集合 a 中。

第 45 套　参考答案及解析

一、程序改错题

【参考答案】

(1) title = new char[strlen(theTitle) + 1];

(2) bool isOpen() const{ return cur_page ! = 0;}

(3) cur_page = 0;

【考点分析】

本题考查的是 Book 类，其中涉及构造函数、析构函数、bool 函数和 const 函数。

【解题思路】

(1)主要考查考生对动态分配的掌握情况，如果要复制字符串 theTitle，就要分配空间，空间大小应该为 theTitle 的长度加 1。

(2)主要考查考生对 bool 函数的掌握情况，根据私有成员定义：int cur_page; //当前打开页面的页码，0 表示书未打开，可知应该返回 cur_page ! = 0;。

(3)主要考查考生对成员函数的掌握情况，根据私有成员定义：int cur_page; //当前打开页面的页码，0 表示书未打开，可知应给 cur_page 赋值为 0。

二、简单应用题

【参考答案】

(1) brand = new char[strlen(the_brand) + 1]

(2) strcpy(number, the_number)

(3) category()

(4) AutoMobile::show();

【考点分析】

本题考查的是 AutoMobile 类及其派生类 Car 类和 Truck 类，其中涉及构造函数、const 函数、析构函数、纯虚函数和成员函数。

【解题思路】

(1)主要考查考生对动态分配的掌握情况，要复制字符串就要先给 brand 分配空间。

(2)主要考查考生对 strcpy 函数的掌握情况，该函数用于复制字符串。

(3)主要考查考生对成员函数的掌握情况，纯虚函数 category()返回汽车类型。

(4)主要考查考生对虚函数的掌握情况，调用基类的虚函数 show。

三、综合应用题

【参考答案】

```
1  int s_size = strlen(s);  //把字符串 s 的长度赋值给 s_size
2  for (int i = 0; i < s_size; i ++)  //i 从 0 到 s_size -1 开始遍历
3      if (str[size - s_size + i] ! = s[i])  //如果 str[size_s_size + i]不等于 s[i]
4          return false;  //返回 false
5  return true;  //否则返回 true
```

【考点分析】

本题考查的是 MyString 类，其中涉及构造函数、析构函数和 bool 函数。

【解题思路】

主要考查考生对字符串的掌握情况，根据题目要求可知，函数用来判断此字符串是否以指定的后缀结束。判断过程是先求形参的长度,从形参的第一个字符开始判断字符串是否一致。该函数是 bool 函数,最后要确定是返回 true 还是 false。

第 46 套　参考答案及解析

一、程序改错题

【参考答案】

(1) return MyClass::v2;

(2) int MyClass::v2 = 42;

(3) int v1 = obj.getValue();

【考点分析】

本题考查的是 MyClass 类,其中涉及静态数据成员、构造函数和成员函数。

【解题思路】

(1)主要考查考生对静态成员函数的掌握情况,根据函数定义:static int getValue(int dummy)可知,函数要求返回一个静态整型值。

(2)主要考查考生对静态成员的掌握情况,给静态成员赋值要使用作用域符"::"。

(3)主要考查考生对成员函数的掌握情况,由于 v1 是类的私有成员,故不能被 main 函数直接调用。

二、简单应用题

【参考答案】

(1) next(n)

(2) top -> next

(3) top ++

(4) top -> data

【考点分析】

本题考查的是 Entry 类和 Stack 类,其中涉及指针、构造函数、析构函数和成员函数。

【解题思路】

(1)主要考查考生对构造函数的掌握情况,使用成员列表初始化。

(2)主要考查考生对栈的掌握情况,新元素需要添加到栈顶。

(3)主要考查考生对动态分配的掌握情况,给栈顶添加元素。

(4)主要考查考生对栈的掌握情况,推出栈顶元素。

三、综合应用题

【参考答案】

```
1  if (end < set.GetEnd())   //如 end 小于 set.GetEnd()
2     return false;  //返回 false
3  for (int i = 0; i <= set.GetEnd(); i ++)  //i 从 0 到 set.GetEnd 遍历
4      if (! IsMemberOf(set.GetElement(i)))  //如果 set.GetElement(i)不在对象集合中
5          return false;  //返回 false
6  return true;  //否则返回 true
```

【考点分析】

本题考查的是 IntSet 类,其中涉及数组、构造函数、bool 函数和成员函数。

【解题思路】

主要考查考生对数组的掌握情况,题目要求完成函数 bool IntSet::IsSubSet(IntSet& set)的函数体,该函数用来判断集合 B 是否是集合 A 的子集。使用 for 循环遍历集合 B 的每个元素,调用函数 IsMemberOf 判断每个元素是否是集合 A 中的元素,如果全是则集合 B 是集合 A 的子集,否则不是集合 A 的子集。

第 47 套　参考答案及解析

一、程序改错题

【参考答案】

(1) int val;

(2) MyClass(int x) : data(x) {}

(3) { cout << "The value of member object is " << data.GetData() << endl; }

【考点分析】

本题考查的是 Member 类和 MyClass 类,其中涉及构造函数和成员函数。

【解题思路】

(1)主要考查考生对私有成员的掌握情况,类的私有成员只能声明而不能对其赋初值。

(2)主要考查考生对构造函数的掌握情况,data 是 Member 类,而 x 是 int 型,因此这里使用成员列表初始化法,调用 Member 的构造函数初始化。

(3)主要考查考生对成员函数的掌握情况,val 为私有成员,因此不能被类外函数调用。

二、简单应用题

【参考答案】

(1) arr[i] = sqr%10

(2) k *= 10

(3) n * n == rqs

【考点分析】

本题考查的是 huiwen 函数,其中涉及数组、for 循环和 if 语句。

【解题思路】

(1)主要考查考生对数组的掌握,使用数组存储整型数字,分解整数 sqr。

(2)主要考查考生对数组的掌握,利用数组元素组成整数 rqs。

(3)主要考查考生对 if 语句的掌握,如果两数相等就说明 n 是回文数。

三、综合应用题

【参考答案】

```
1  Matrix m;  //定义 Matrix 的对象 m
2  for (int i = 0; i < M; i ++)  //i 从零到 m-1 遍历(行)
```

```
3     for (int j = 0; j < N; j ++)  //j 从零到 N - 1 遍历 <列>
4         m.setElement (i, j, (m1.getElement(i,j) + m2.getElement(i,j)));  //调用 m 对象的成员函数 setElement,第三个参数为对象 m1 和对象 m2 在(i,j)处的和
5 return m;  //返回对象 m
```

【考点分析】

主要考查的是 Matrix 类,其中涉及二维数组、const 函数和成员函数。

【解题思路】

主要考查考生对运算符重载的掌握,本题使用二维数组表示矩阵,使用 for 循环遍历数组的每个元素,将位置一样的两个数组元素相加,放入新的二维数组中。

第 48 套　参考答案及解析

一、程序改错题

【参考答案】

(1)MyClass() { value = 0; }

(2)void setValue(int val)

(3)int value;

【考点分析】

本题考查的是 MyClass 类,其中涉及构造函数、成员函数和 const 函数。

【解题思路】

(1)主要考查考生对构造函数的掌握,构造函数前不能添加任何返回类型。

(2)主要考查考生对 const 的掌握,由函数中 value = val;语句,可知成员的值发生改变,因此不能用 const。

(3)主要考查考生对私有成员的掌握,私有成员只能声明,不能赋初始值。

二、简单应用题

【参考答案】

(1)virtual void

(2)virtual void

(3)vehicle(max_speed, weight), SeatNum(seat_num)

(4)public bicycle, public motorcar

【考点分析】

本题考查 vehicle 类及其派生类 bicycle、和 motorcar 类和 motorcycle 类,其中涉及虚函数、虚基类、构造函数和成员函数。

【解题思路】

(1)和(2)主要考查考生对虚函数的掌握,虚函数使用 virtual 定义。

(3)主要考查考生对构造函数的掌握,使用成员列表初始化。

(4)主要考查考生对派生类的掌握,派生类继承基类时要表明继承方式,公有继承为 public,多个继承时要使用“,”隔开。

三、综合应用题

【参考答案】

```
1 for (int i = 0; i < size; i ++)  //i 从 0 到 size - 1 遍历
2     for (int j = i + 1; j < size; j ++)  //j 从(i + 1)到(size - 1)遍历
3         if (data[i] > data[j])  //如果 data[i] > data[j]
4             swap(i, j);  //i 与 j 交换位子
```

【考点分析】

本题考查的是 IntArray 类,其中涉及动态数组、构造函数、析构函数和成员函数。

【解题思路】

主要考查考生对排序算法的掌握,sort 函数的功能是将数组元素按照从小到大的顺序排序。使用 for 循环遍历数组元素,变量 i 和 j 代表数组元素下标,将数组元素 i 和 j 进行比较,顺序不对就调用 swap 函数交换元素。

第 49 套　参考答案及解析

一、程序改错题

【参考答案】

(1)char * Name;

(2)StudentInfo(char * name, int age, int ID, int courseNum, float record);

(3)void StudentInfo::show() const

【考点分析】

本题考查 StudentInfo 类,其中涉及动态数组、构造函数、析构函数和成员函数。

【解题思路】

(1)主要考查考生对字符指针的掌握,由构造函数的函数体 Name = strdup(name);语句,可知 Name 应该为字符指针。

(2)主要考查考生对构造函数的掌握,构造函数前不能添加任何返回类型。

(3)主要考查考生对 const 函数的掌握,由类的定义 void show() const;可知,show 函数是 const 函数。

二、简单应用题

【参考答案】

(1)x(xValue), y(yValue)

(2)virtual void Disp()

(3): Point(xValue,yValue), radius(radiusValue)

【考点分析】

本题考查 Point 类及其派生类 Circle 类,其中涉及构造函数、成员函数和虚函数。

【解题思路】

(1)主要考查考生对构造函数的掌握,使用成员列表初始化。

(2)主要考查考生对虚函数的掌握,先看语句注释:声明

虚函数 Disp()。可知该函数为虚函数,注意虚函数要使用关键字 virtual。

(3)主要考查考生对构造函数的掌握,使用成员列表初始化。

三、综合应用题

【参考答案】

```
1  if (size != other.size)   //判断数组长度,如果 other 对象的长度和 this 对象的长度不相等
2      return false;  //返回 false
3  for (int i = 0; i < size; i ++)   //i 从零到 size-1 遍历,判断对象数组元素是否相同
4      if (v[i] != other.v[i])   //如果 v[i]不等于 other 对象的 v[i]
5          return false;  //返回 false
6  return true;  //否则返回 true
```

【考点分析】

本题考查 ValArray 类,其中涉及构造函数、动态数组、析构函数、const 函数和 bool 函数。

【解题思路】

主要考查考生对数组的掌握,函数 bool ValArray::equals(const ValArray& other)要求判断两个数组是否相等,先判断数组长度,如果长度相同再根据数组元素依次判断。

第 50 套　参考答案及解析

一、程序改错题

【参考答案】

(1): year(y), month(m), day(d)

(2)Date(const Date & d)

(3)int year, month, day;

【考点分析】

本题考查的是 Date 类,其中涉及构造函数、复制构造函数和成员函数。

【解题思路】

(1)主要考查考生对构造函数的掌握,使用成员列表初始化。

(2)主要考查考生对复制构造函数的掌握,复制构造函数的形参使用引用调用。

(3)主要考查考生对私有成员的掌握,私有成员只能声明不能定义初始值。

二、简单应用题

【参考答案】

(1)cc. PrintP()

(2)Circle

(3)cc(cen)

(4) b. PrintP()

【考点分析】

本题考查 Point 类和 Circle 类,其中涉及构造函数和成员函数。

【解题思路】

(1)主要考查考生对成员函数的掌握,cc 是 Point 类,直接调用类的 PrintP 函数输出点坐标即可。

(2)主要考查考生对复制构造函数的掌握,复制构造函数的函数名就是类名。

(3)主要考查考生对复制构造函数的掌握,可以使用成员列表初始化。

(4)主要考查考生对成员函数调用的掌握,按题目要求输出 b 的信息。

三、综合应用题

【参考答案】

```
1   for (int i = 2; i < size; i ++)   //i 从 2 到 size-1 遍历数组
2   if (x2 > a[i])  //如果 x2 大于 a[i]
3       if (x1 > a[i])  //如果 x1,大于 a[i]
4       {
5           x2 = x1;  //把 x1 赋值给 x2
6           x1 = a[i];  //a[i]赋值给 x1
7       }
8       else  //否则
9       {
10          x2 = a[i];  //a[i]赋值给 x2
11      }
```

【考点分析】

本题考查 Array 类,其中涉及构造函数、析构函数和 const 函数。

【解题思路】

主要考查考生对数组的掌握,函数要求由 a 和 b 带回数组 a 中最小的两个值。使用 for 循环遍历数组,使用条件语句对数组元素进行比较操作,并把最小值赋给 a 和 b。

第四部分

2009年9月典型上机真题

通过对历年上机考试的不断总结与分析，本书已几乎收录了上机真考题库中的全部题目，上机真题不再是“镜花水月”。学通本书，考生就掌握了考试的“底牌”，复习起来有的放矢。

本部分选自2009年9月上机真考试题。由于篇幅所限，这里只列出了抽中几率较高的数套典型上机真题。本书第二部分（上机考试试题）囊括了真考题库所有试题。

历年考试本书命中情况表

年份	命中率
2007年4月份	88%
2007年9月份	85%
2008年4月份	86%
2008年9月份	90%
2009年3月份	93%
2009年9月份	96%

4.1 2009年9月典型上机真题

第1套 上机真题

一、程序改错题

请使用VC6或使用【答题】菜单打开考生文件夹proj1下的工程proj1，此工程包含一个源程序文件proj1.cpp。文件中将表示数组元素个数的常量Size定义为4，并用int类型对类模板进行了实例化。文件中位于每个注释"// ERROR **** found ****"之后的一行语句存在错误。请改正这些错误，使程序的输出结果为：

1 2 3 4

注意：模板参数名用T。只修改注释"// ERROR ******** found ********"的下一行语句，不要改动程序中的其他内容。

```
1  //proj1.cpp
2  #include <iostream>
3  using namespace std;
4  // 将数组元素个数 Size 定义为 4
5  // ERROR ******** found********
6  const int Size;
7  template <typename T>
8  class MyClass
9  {
10 public:
11   MyClass(T * p)
12   {
13   for(int i=0;i<Size;i++)
14     array[i]=p[i];
15   }
16   void Print();
17 private:
18   T array[Size];
19 };
20 template <typename T>
21 // ERROR ******** found********
22 void MyClass::Print()
23 {
24   for(int i=0;i<Size;i++)
25     cout<<array[i]<<'\t';
26 }
27 int main()
28 {
29   int intArray[Size]={1,2,3,4};
30 // ERROR ******** found********
31   MyClass <double> obj(intArray);
32   obj.Print();
33   cout<<endl;}
34   return 0;
35 }
```

二、简单应用题

请使用VC6或使用【答题】菜单打开考生文件夹proj2下的工程proj2。该工程中包含一个程序文件main.cpp，其中有"书"类Book及其派生出的"教材"类TeachingMaterial的定义，还有主函数main的定义。请在程序中// ******** found ********下的横线处填写适当的代码，然后删除横线，以实现上述类定义和函数定义。此程序的正确输出结果应为：

教 材 名：C++语言程序设计
页　　数：299
作　　者：张三
相关课程：面向对象的程序设计

注意：只能在横线处填写适当的代码，不要改动程序中的其他内容，也不要删除或移动"// **** found ****"。

```
1  #include <iostream>
2  using namespace std;
3  class Book{  //"书"类
4    char * title;  //书名
5    int num_pages;  //页数
6    char * writer;  //作者姓名
7  public:
8    Book(const char * the_title, int pages, const char * the_writer):num_pages(pages){
9      title=new char[strlen(the_title)+1];
10     strcpy(title,the_title);
11     //********** found**********
12     _______________
13     strcpy(writer,the_writer);
14   }
15   //********** found**********
16   ~Book(){_______________}
17   int numOfPages()const{ return num_pages;} //返回书的页数
18   const char * theTitle()const{ return title;} //返回书名
19   const char * theWriter()const{ return writer;} //返回作者名
20 };
21 class TeachingMaterial: public Book{
22 //"教材"类
23   char * course;
24 public:
```

```
25  TeachingMaterial(const char * the_title, int pages, const char * the_writer, const char * the_course)
26  //********** found**********
27    :______________{
28    course = new char[strlen(the_course)+1];
29    strcpy(course,the_course); }
30    ~TeachingMaterial(){ delete []course;
31  }
32    const char * theCourse()const{ return course;}  //返回相关课程的名称
33  };
34  int main(){
35    TeachingMaterial a_book("C++语言程序设计", 299, "张三", "面向对象的程序设计");
36    cout << "教 材 名:" << a_book.theTitle() << endl
37      << "页  数:" << a_book.numOfPages() << endl
38      << "作  者:" << a_book.theWriter() << endl
39    //********** found**********
40      << "相关课程:" << _________;
41    cout << endl;
42    return 0;
43  }
```

三、综合应用题

请使用VC6或使用【答题】菜单打开考生目录proj3下的工程文件proj3,其中定义了用于表示特定数制的数的模板类Number和表示一天中的时间的类TimeOfDay;程序应当显示:

01:02:03.004

06:04:06.021

但程序中有缺失部分,请按照以下的提示,把缺失部分补充完整:

(1)在//**1** ****found****的下方是一个定义数据成员seconds的语句,seconds用来表示"秒"。

(2)在//**2** ****found****的下方是函数advanceSeconds中的一个语句,它使时间前进k秒。

(3)在//**3** ****found****的下方是函数advance中的一个语句,它确定增加k后n的当前值和进位,并返回进位。例如,若n的当前值是表示时间的55分,增加10分钟后当前值即变为5分,进位为1(即1小时)。

注意:只在指定位置编写适当代码,不要改动程序中的其他内容,也不要删除或移动"****found****"。填写的内容必须在一行中完成,否则评分将产生错误。

```
1   //proj3.cpp
2   #include<iostream>
3   #include<iomanip>
4   using namespace std;
5   template<int base>  //数制为base的数
6   class Number
7   {
8     int n;  //存放数的当前值
9   public:
10    Number(int i):n(i){}
11  //i必须小于base
12    int advance(int k);  //当前值增加k个单位
13    int value()const{ return n; }  //返回数的当前值
14  };
15  class TimeOfDay{
16  public:
17    Number<24> hours;  //小时(0~23)
18    Number<60> minutes;  //分(0~59)
19  //**1**  ********** found**********
20    _________;  //秒(0~59)
21    Number<1000> milliseconds;  //毫秒(0~999)
22    TimeOfDay(int h=0, int m=0, int s=0, int milli=0)
23    :hours(h),minutes(m),seconds(s),milliseconds(milli){}
24    void advanceMillis(int k){ advanceSeconds(milliseconds.advance(k)); }  //前进k毫秒
25    void advanceSeconds(int k)  //前进k秒
26    {
27  //**2**  ********** found**********
28    ______________;
29    }
30    void advanceMinutes(int k){ advanceHour(minutes.advance(k)); }  //前进k分钟
31    void advanceHour(int k){ hours.advance(k); }  //前进k小时
32    void show()const{  //按"小时:分:秒.毫秒"的格式显示时间
33    int c=cout.fill('0');  //将填充字符设置为'0'
34    cout << setw(2) << hours.value() << ':'  //显示小时
35      << setw(2) << minutes.value() << ':'  //显示分
36      << setw(2) << seconds.value() << '.'  //显示秒
```

```
37      << setw(3) << milliseconds.value
  (); //显示毫秒
38    cout.fill(c); //恢复原来的填充字符
39    }
40  };
41  template<int base>
42  int Number<base>::advance(int k)
43  {
44    n+=k; //增加k个单位
45    int s=0; //s用来累计进位
46  //** 3** ********** found**********
47    while(n>=base)__________
48  //n到达或超过base即进位
49    return s; //返回进位
50  }
51  int main()
52  {
53    TimeOfDay time(1,2,3,4);
54  //初始时间:1小时2分3秒4毫秒
55    time.show(); //显示时间
56    time.advanceHour(5); //前进5小时
57    time.advanceSeconds(122);
58  //前进122秒(2分零2秒)
59    time.advanceMillis(1017);
60  //前进1017毫秒(1秒零17毫秒)
61    cout<<endl;
62    time.show(); //显示时间
63    cout<<endl;
64    return 0;
65  }
```

第2套　上机真题

一、程序改错题

请使用VC6或使用【答题】菜单打开考生文件夹proj1下的工程proj1。程序中位于每个// ERROR **** found ****之后的一行语句有错误，请加以改正。改正后程序的输出结果应为：

value = 63

number = 1

注意：只修改每个// ERROR **** found ****下的那一行，不要改动程序中的其他内容。

```
1   #include <iostream>
2   using namespace std;
3
4   class MyClass {
5     int* p;
6     const int N;
7   public:
8   // ERROR ********** found**********
9     MyClass(int val) : N=1
10    {
11      p = new int;
12      * p = val;
13    }
14  // ERROR ********** found**********
15    ~MyClass() { delete * p; }
16    friend void print(MyClass& obj);
17  };
18  // ERROR ********** found**********
19  void MyClass::print(MyClass& obj)
20  {
21    cout << "value = " << * (obj.p) <<
  endl;
22    cout << "number = " << obj.N <<
  endl;
23  }
24  int main()
25  {
26    MyClass obj(63);
27    print(obj);
28    return 0;
29  }
```

二、简单应用题

请使用VC6或使用【答题】菜单打开考生文件夹proj2下的工程proj2，其中定义了Component类、Composite类和Leaf类。Component是抽象基类，Composite和Leaf是Component的公有派生类。请在横线处填写适当的代码并删除横线，以实现上述类定义。此程序的正确输出结果应为：

Leaf Node

注意：只能在横线处填写适当的代码，不要改动程序中的其他内容，也不要删除或移动“// **** found ****”。

```
1   #include <iostream>
2   using namespace std;
3
4   class Component {
5   public:
6   //声明纯虚函数print()
7   //********** found**********
8   __________
9   };
10
11  class Composite : public Component {
12  public:
13  //********** found**********
14    void setChild(__________)
15    {
16      m_child = child;
17    }
18    virtual void print() const
```

```
19      {
20        m_child->print();
21      }
22    private:
23      Component* m_child;
24    };
25
26    class Leaf : public Component {
27    public:
28      virtual void print() const
29      {
30    //********** found**********
31        _______________
32      }
33    };
34
35    int main()
36    {
37      Leaf node;
38      Composite comp;
39      comp.setChild(&node);
40      Component* p = &comp;
41      p->print();
42      return 0;
43    }
```

三、综合应用题

请使用VC6或使用【答题】菜单打开考生文件夹proj3下的工程proj3，其中定义的Matrix是一个用于表示矩阵的类。成员函数max_value的功能是求出所有矩阵元素中的最大值。例如，若有3×3矩阵

$$A=\begin{bmatrix}1&3&2\\1&0&0\\1&2&2\end{bmatrix}$$

则调用max_value函数，返回值为3。请编写成员函数max_value。

要求：

补充编制的内容写在// ******** 333 ******** 与// ******** 666 ******** 之间，不得修改程序的其他部分。

注意：程序最后将结果输出到文件out.dat中。输出函数writeToFile已经编译为obj文件，并且在本程序中调用。

```
1     //Matrix.h
2     #include <iostream>
3     #include <iomanip>
4     using namespace std;
5     const int M = 18;
6     const int N = 18;
7     class Matrix {
8       int array[M][N];
9     public:
10      Matrix() { }
11      int getElement(int i, int j)const{
      return array[i][j]; }
12      void setElement(int i, int j, int
      value){ array[i][j]=value; }
13      int max_value()const;
14      void show(const char * s)const
15      {
16        cout << endl << s;
17        for (int i = 0; i < M; i++){
18          cout << endl;
19          for (int j = 0; j < N; j++)
20          cout << setw(4) << array[i][j];
21        }
22      }
23    };
24
25    void readFromFile (const char *,
      Matrix&);
26    void writeToFile (char *, const
      Matrix&);
```

```
1     //main.cpp
2     #include "Matrix.h"
3     #include <fstream>
4
5     void readFromFile (const char * f,
      Matrix& m){
6       ifstream infile(f);
7       if(infile.fail()){ cerr << "打开输入
      文件失败!"; return; }
8       int k;
9       for(int i=0; i<M; i++)
10        for(int j=0; j<N; j++){
11          infile >> k;
12          m.setElement(i, j, k);
13        }
14    }
15    int Matrix::max_value() const
16    {
17    //******** 333********
18
19    //******** 666********
20    }
21    int main()
22    {
23      Matrix m;
24      readFromFile("", m);
25      m.show("Matrix:");
```

```
26    cout << endl << "最大元素:" << m.max_
  value() <<endl;
27    writeToFile("",m);
28    return 0;
29  }
```

第3套　上机真题

一、程序改错题

请使用VC6或使用【答题】菜单打开考生文件夹proj1下的工程proj1,该工程中包含程序文件main.cpp,其中有关TVSet("电视机")和主函数main的定义。程序中位于每个// ERROR ******** found ********之后的一行语句有错误,请加以改正。改正后程序的输出结果应该是:

规格:29英寸,电源:开,频道:5,音量:18

规格:29英寸,电源:关,频道:-1,音量:-1

注意:只修改每个// ERROR **** found ****下的那一行,不要改动程序中的其他内容。

```
1   #include <iostream>
2   using namespace std;
3   class TVSet{  //"电视机"类
4     const int size;
5     int channel;  // 频道
6     int volume;  // 音量
7     bool on;  // 电源开关:true表示开,
  false表示关
8   public:
9   // ERROR ********* found*********
10    TVSet(int size){
11  this->size(size);
12      channel=0;
13      volume=15;
14      on=false;
15    }
16    int getSize()const{ return size;}
17    // 返回电视机规格
18    bool isOn()const{ return on;}
19    // 返回电源开关状态
20    // 返回当前音量,关机情况下返回 -1
21    int getVolume()const{ return isOn
  ()? volume : -1;}
22    //返回当前频道,关机情况下返回 -1
23    int getChannel()const{ return isOn
  ()? channel : -1;}
24  // ERROR ********* found*********
25    void turnOnOff()const
26    // 将电源在"开"和"关"之间转换
27    { on=! on;}
28    void setChannelTo(int chan){
29  // 设置频道(关机情况下无效)
30      if(isOn() && chan >=0 && chan < =
  99)
31        channel=chan;
32    }
33    void setVolumeTo(int vol){
34    // 设置音量(关机情况下无效)
35      if(isOn() && vol >=0 && vol < =30)
36        volume=vol;
37    }
38    void show_state(){
39  // ERROR ********* found*********
40      cout << "规格:" << getSize() << "英
  寸";
41      << ",电源:" << (isOn()? "开" : "关")
42      << ",频道:" << getChannel()
43      << ",音量:" << getVolume() << endl;
44    }
45  };
46  int main(){
47    TVSet tv(29);
48    tv.turnOnOff();
49    tv.setChannelTo(5);
50    tv.setVolumeTo(18);
51    tv.show_state();
52    tv.turnOnOff();
53    tv.show_state();
54    return 0;
55  }
```

二、简单应用题

请使用VC6或使用【答题】菜单打开考生文件夹proj2下的工程proj2。该工程中包含一个程序文件main.cpp,其中有类Quadritic、类Root及主函数main的定义。一个Quadritic对象表示一个ax^2+bx+c的一元二次多项式。一个Root对象用于表示方程$ax^2+bx+c=0$的一组根,它的数据成员num_of_roots有3种可能的值,即0、1和2,分别表示根的3种情况:无实根、有两个相同的实根和有两个不同的实根。请在程序中的横线处填写适当的代码并删除横线,以实现上述类定义。此程序的正确输出结果应为(注:输出中的X^2表示x^2):

3X^2+4X+5=0.0　　无实根

4.5X^2+6X+2=0.0　有两个相同的实根:-0.666667和-0.666667

1.5X^2+2X-3=0.0　有两个不同的实根:0.896805和-2.23014

注意:只能在横线处填写适当的代码,不要改动程序中的其他内容,也不要删除或移动"// **** found ****"。

```
1  #include<iostream>
2  #include<iomanip>
3  #include<cmath>
4  using namespace std;
5  class Root{  //一元二次方程的根
6  public:
7    const double x1;  //第一个根
8    const double x2;  //第二个根
9    const int num_of_roots; //不同根的数量:0、1或2
10   //创建一个"无实根"的Root对象
11   Root():x1(0.0), x2(0.0), num_of_roots(0){}
12   //创建一个"有两个相同的实根"的Root对象
13   Root(double root)
14 //********** found**********
15      :_______________{}
16 //创建一个"有两个不同的实根"的Root对象
17   Root(double root1, double root2):x1(root1), x2(root2), num_of_roots(2){}
18   void show()const{  //显示根的信息
19     cout<<"\t\t";
20     switch(num_of_roots){
21       case 0:
22 //********** found**********
23         _______________
24       case 1:
25         cout<<"有两个相同的实根:"<<x1<<" 和 "<<x2; break;
26       default:
27         cout<<"有两个不同的实根:"<<x1<<" 和 "<<x2; break;
28     }
29   }
30 };
31 class Quadratic{  //二次多项式
32 public:
33   const double a,b,c; //分别表示二次项、一次项和常数项等3个系数
34   Quadratic(double a, double b, double c) //构造函数
35 //********** found**********
36     :_______________{}
37   Quadratic(Quadratic& x)  //复制构造函数
38     :a(x.a), b(x.b), c(x.c){}
39   Quadratic add(Quadratic x)const{ //求两个多项式的和
40     return Quadratic(a+x.a, b+x.b, c+x.c);
41   }
42   Quadratic sub(Quadratic x)const{ //求两个多项式的差
44 //********** found**********
45     _______________
46   }
47   double value(double x)const{ //求二次多项式的值
49     return a*x*x+b*x+c;
50   }
51   Root root()const{  //求一元二次方程的根
52     double delta=b*b-4*a*c; //计算判别式
53     if(delta<0.0) return Root();
54     if(delta==0.0)
55     return Root(-b/(2*a));
56     double sq=sqrt(delta);
57     return Root((-b+sq)/(2*a), (-b-sq)/(2*a));
58   }
59   void showFunction()const{  //显示多项式
60     cout<<endl<<a<<"X^2"<<showpos<<b<<"X"<<c<<noshowpos;
61   }
62   void showFunction(){ //显示一元二次方程
64     show();
65     cout<<"=0.0";
66   }
67 };
68 int main(){
69   Quadratic q1(3.0, 4.0, 5.0), q2(4.5, 6.0, 2.0), q3(q2.sub(q1));
70   q1.showFunction();
71   q1.root().show();
72   q2.showFunction();
73   q2.root().show();
74   q3.showFunction();
75   q3.root().show();
76   cout<<endl;
77   return 0;
78 }
```

三、综合应用题

请使用VC6或使用【答题】菜单打开考生文件夹proj3下的工程proj3,其中包含了类Integers和主函数main的定义。一个Integers对象就是一个整数的集合,其中包含0个或多个可重复的整数。成员函数add的作用是将一个元素添加到集合中,成员函数remove的作用是从集合中删除指定

的元素(如果集合中存在该元素),成员函数sort的作用是将集合中的整数按升序进行排序。请编写这个sort函数。此程序的正确输出结果应为:

```
5 28 2 4 5 3 2 75 27 66 31
5 28 2 4 5 3 2 75 27 66 31 6
5 28 2 4 5 3 2 75 27 66 31 6 19
5 28 4 5 3 2 75 27 66 31 6 19
5 28 4 5 3 2 75 27 66 31 6 19 4
2 3 4 4 5 5 6 19 27 28 31 66 75
```

要求:

补充编制的内容写在// ******** 333 ******** 与// ******** 666 ******** 之间。不得修改程序的其他部分。

注意:相关文件包括:main.cpp、Integers.h。

程序最后调用writeToFile函数,使用另一组不同的测试数据,将不同的运行结果输出到文件out.dat中。输出函数writeToFile已经编译为obj文件。

```
1  //Integers.h
2  #ifndef INTEGERS
3  #define INTEGERS
4
5  #include <iostream>
6  using namespace std;
7
8  const int MAXELEMENTS =100;
9  //集合最多可拥有的元素个数
10
11 class Integers{
12   int elem[MAXELEMENTS];
13 //用于存放集合元素的数组
14   int counter;
15 //用于记录集合中元素个数的计数器 pub-
16 lic:
17   Integers(): counter(0){}
18 //创建一个空集合
19   Integers(int data[], int size);
20 //利用数组提供的数据创建一个整数集合
21   void add(int element);
22 //添加一个元素到集合中
23   void remove(int element);
24 //删除集合中指定的元素
25   int getCount() const{ return count-
   er;}
26 //返回集合中元素的个数
27   int getElement(int i)const{ return
   elem[i];}
28 //返回集合中指定的元素
29   void sort();
30 //将集合中的整数按由小到大的次序进行排序
31   void show()const;
32 //显示集合中的全部元素
33 };
34 void writeToFile(const char * path);
35 #endif
```

```
1  //main.cpp
2  #include"Integers.h"
3  #include <iomanip>
4
5  Integers::Integers(int data[], int
   size): counter(0){
6    for(int i =0; i <size; i ++) add(da-
   ta[i]);
7  }
8
9  void Integers::add(int element){
10   if(counter <MAXELEMENTS)
11     elem[counter ++] =element;
12 }
13
14 void Integers::remove(int element){
15   int j;
16   for(j =counter -1; j >=0; j --)
17     if(elem[j] ==element) break;
18   for(int i =j; i <counter -1; i ++)
19     elem[i] =elem[i +1];
20   counter --;
21 }
22
23 void Integers::sort(){
24 //******** 333********
25 //******** 666********
26 }
27
28 void Integers::show()const{
29   for(int i =0; i <getCount(); i ++)
30     cout << setw(4) << getElement(i);
31   cout << endl;
32 }
33 int main(){
34   int d[] ={5,28,2,4,5,3,2,75,27,66,31};
35   Integers s(d,11);  s.show();
36   s.add(6);  s.show();
37   s.add(19);  s.show();
38   s.remove(2);  s.show();
39   s.add(4);  s.show();
40   s.sort();  s.show();
41   writeToFile("");
42   return 0;
43 }
```

第 4 套　上机真题

一、程序改错题

请使用 VC6 或使用【答题】菜单打开考生文件夹 proj1 下的工程 proj1，其中在编辑窗口内显示的主程序文件中定义有类 ABC 和主函数 main。程序文本中位于每行// ERROR **** found **** 之后的一行语句有错误，请加以改正。改正后程序的输出结果应该是：

21 23

注意：只修改每个// ERROR **** found **** 下面的一行，不要改动程序中的其他任何内容。

```
1  #include <iostream>
2  using namespace std;
3
4  class ABC {
5  public:
6  // ERROR ********** found**********
7    ABC() {a=0; b=0; c=0;}
8    ABC(int aa, int bb, int cc);
9    void Setab() { ++a, ++b;}
10   int Sum() {return a+b+c;}
11 private:
12   int a,b;
13   const int c;
14 };
15
16 ABC::ABC (int aa, int bb, int cc):c
   (cc) {a=aa; b=bb;}
17
18 int main()
19 {
20   ABC x(1,2,3), y(4,5,6);
21   ABC z,* w=&z;
22   w->Setab();
23 // ERROR ********** found**********
24   int s1 =x.Sum() +y->Sum();
25   cout << s1 <<'';
26 // ERROR ********** found**********
27   int s2 =s1 +w.Sum();
28   cout << s2 <<endl;
29   return 0;
30 }
```

二、简单应用题

请使用 VC6 或使用【答题】菜单打开考生文件夹 proj2 下的工程 proj2，其中在编辑窗口内显示的主程序文件中定义有类 Base 和 Derived，以及主函数 main。程序文本中位于每行"// **** found **** "下面的一行内有一处或多处下画线标记，请在每个下画线标记处填写合适的内容，并删除下画线标记。经修改后运行程序，得到的输出应为：

sum =55。

注意：只在横线处填写适当的代码，不要改动程序中的其他内容。

```
1  #include <iostream>
2  using namespace std;
3  class Base
4  {
5    public:
6      Base(int m1,int m2) {
7        mem1 =m1; mem2 =m2;
8      }
9      int sum(){return mem1 +mem2;}
10   private:
11     int mem1,mem2; //基类的数据成员
12 };
13
14 // 派生类 Derived 从基类 Base 公有继承
15 //************* found**************
16 class Derived:________________
17 {
18 public:
19   //构造函数声明
20   Derived(int m1,int m2, int m3);
21   //sum 函数定义,要求返回 mem1、mem2 和
   mem3 之和
22 //************* found**************
23   int sum(){ return __________ +mem3;}
   private:
24   int mem3;  //派生类本身的数据成员
25 };
26
27 //构造函数的类外定义,要求由 m1 和 m2 分别
   初始化 mem1 和 mem2,由 m3 初始化 mem3
28 //********** found**********
29 __________ Derived(int m1, int m2, int
   m3):
30 //********** found**********
31 __________, mem3(m3){}
32 int main(){
33   Base a(4,6);
34   Derived b(10,15,20);
35   int sum=a.sum() +b.sum();
36   cout << "sum=" << sum << endl;
37   return 0;
38 }
```

三、综合应用题

请使用 VC6 或使用【答题】菜单打开考生文件夹 proj3 下的工程 proj3，其中包含主程序文件 main. cpp 和用户定义的头文件 Array. h，整个程序包含有类 Array 的定义和主函数

main的定义。请把主程序文件中的Array类的成员函数Contrary()的定义补充完整,经补充后运行程序,得到的输出结果应该是:

5 8

5,4,3,2,1

0,0,8.4,5.6,4.5,3.4,2.3,1.2

注意:只允许在"// ******** 333 ******** "和"// ******** 666 ******** "之间填写内容,不允许修改其他任何地方的内容。

```
1  //Array.h
2  #include <iostream>
3  using namespace std;
4
5  template <class Type, int m>
6  class Array { //数组类
7  public:
8    Array(Type b[], int mm) {
9    //构造函数
10     for(int i =0; i <m; i ++)
11       if(i <mm) a[i] =b[i];
12       else a[i] =0;
13   }
14
15   void Contrary();
16 //交换数组a中前后位置对称的元素的值
17
18   int Length() const{ return m; }
19 //返回数组长度
20   Type operator [](int i)const {
21 //下标运算符重载为成员函数
22     if(i <0 || i >=m) {cout <<"下标越
   界!" <<endl; exit(1);}
23     return a[i];
24   }
25 private:
26   Type a[m];
27 };
28 void writeToFile(const char * );
29 //不用考虑此语句的作用
```

```
1  //main.cpp
2  #include "Array.h"
3  //交换数组a中前后位置对称的元素的值
4  template <class Type, int m>
5  void Array <Type,m > ::Contrary()
6  { //补充函数体
7  //******** 333********
8
9  //******** 666********
10 }
11 int main(){
12   int s1[5] ={1,2,3,4,5};
13   double s2[6] ={1.2,2.3,3.4,4.5,5.6,
   8.4};
14   Array <int,5 > d1(s1,5);
15   Array <double,8 > d2(s2,6);
16   int i;
17   d1.Contrary(); d2.Contrary();
18   cout << d1.Length() <<' ' << d2.Length
   () << endl;
19   for(i =0;i <4;i ++)
20       cout << d1[i] << ", ";
21       cout << d1[4] << endl;
22   for(i =0;i <7;i ++)
23       cout << d2[i] << ", ";
24       cout << d2[7] << endl;
25   writeToFile("");
26 //不用考虑此语句的作用
27   return 0;
28 }
```

第5套　上机真题

一、程序改错题

请使用VC6或使用【答题】菜单打开考生文件夹proj1下的工程proj1,此工程中含有一个源程序文件proj1.cpp。其中位于每个注释"//ERROR　**** found ****"之后的一行语句存在错误。请改正这些错误,使程序的输出结果为:

There are 2 object(s).

注意:只修改注释"// ERROR　**** found ****"的下一行语句,不要改动程序中的其他内容。

```
1  // proj1.cpp
2  #include <iostream>
3  using namespace std;
4
5  class MyClass {
6  public:
7  // ERROR ********** found**********
8    MyClass(int i = 0) value = i
9    { count ++; }
10   void Print()
11   { cout << "There are " << count << "
   object(s)." << endl; }
   private:
12   const int value;
13   static int count;
14 };
15 // ERROR ********** found**********
16 static int MyClass::count = 0;
```

```
17  int main()
18  {
19    MyClass obj1, obj2;
20  // ERROR ********** found**********
21    MyClass.Print();
22    return 0;
23  }
```

二、简单应用题

凡是使用过 C 语言标准库函数 strcpy(char * s1, char * s2)的程序员都知道，使用该函数时有一个安全隐患，即当指针 s1 所指向的空间不能容纳字符串 s2 的内容时，将发生内存错误。类 String 的 Strcpy 成员函数能进行简单的动态内存管理，其内存管理策略为：①若已有空间能容纳新字符串，则直接进行字符串复制；②若已有空间不够时，将重新申请一块内存空间（能容纳下新字符串），并将新字符串内容复制到新申请的空间中，释放原字符串空间。

请使用 VC6 或使用【答题】菜单打开考生文件夹 proj2 下的工程 proj2，此工程中含有一个源程序文件 proj2. cpp。其中定义了类 String 和用于测试该类的主函数 main，且成员函数 Strcpy 的部分实现代码也已在该文件中给出，请在标有注释"// TODO:"的行中添加适当的代码，将这个函数补充完整，以实现其功能。

注意：只在指定位置编写适当代码，不要改动程序中的其他内容，也不要删除或移动"// **** found **** "。

```
1   // proj2.cpp
2   #include <iostream>
3   using namespace std;
4
5   class String {
6   private:
7     int size;   // 缓冲区大小
8     char * buf;   // 缓冲区
9   public:
10    String(int bufsize);
11    void Strcpy(char * s);   // 将字符串 s
    复制到 buf 中
12    void Print() const;
13    ~String()
14    { if (buf != NULL) delete [] buf; }
15  };
16  String::String(int bufsize)
17  {
18    size = bufsize;
19    buf = new char[size];
20    * buf = '\0';
21  }
22  void String::Strcpy(char * s)
23  {
24    char * p,* q;
25    int len = strlen(s);
26    if (len+1 > size) { // 缓冲区空间不
    够,需安排更大空间
27      size = len+1;
28      p = q = new char[size];
29  //********** found**********
30    while((* q=* s)!=0){_________}
31  // TODO:添加代码将字符串 s 复制到字符指
    针 q 中
32      delete [] buf;
33      buf = p;
34    }
35
36    else {
37  //********** found**********
38      for(p=buf;_________;p++,s++);
39  // TODO:添加代码将字符串 s 复制到 buf 中
40    }
41  }
42
43  void String::Print() const
44  {
45    cout << size << '\t'<< buf << endl;
46  }
47  int main()
48  {
49    char s[100];
50    String str(32);
51    cin.getline(s, 99);
52    str.Strcpy(s);
53    str.Print();
54    return 0;
55  }
```

三、综合应用题

请使用 VC6 或使用【答题】菜单打开考生目录 proj3 下的工程文件 proj3，该工程中包含一个源程序文件 proj3. cpp，其中定义了用于表示平面坐标系中的点的类 MyPoint 和表示圆形的类 MyCircle；程序应当显示：

(1,2),5,31.4159,78.5398

但程序中有缺失部分，请按照以下提示，把缺失部分补充完整：

(1)在// **1 ** **** found **** 的下方是构造函数的定义，它用参数提供的圆心和半径分别对 cen 和 rad 进行初始化。

(2)在// **2 ** **** found **** 的下方是非成员函数 perimeter 的定义，它返回圆的周长。

(3)在// **3 ** **** found **** 的下方是友元函数 area 的定义，它返回圆的面积。

注意：只在指定位置编写适当代码，不要改动程序中的其他内容，也不要删除或移动" **** found **** "。

```
1  // proj3.cpp
2  #include <iostream>
3  #include <cmath>
4  using namespace std;
5  class MyPoint{ //表示平面坐标系中的点的类
6    double x;
7    double y;
8  public:
9    MyPoint (double x,double y)
10   {this->x=x;this->y=y;}
11   double getX()const{ return x;}
12   double getY()const{ return y;}
13   void show()const
14   { cout<<'('<<x<<','<<y<<')';}
15 };
16 class MyCircle{  //表示圆形的类
17   MyPoint cen;  //圆心
18   double rad;  //半径
19 public:
20   MyCircle(MyPoint,double);
21   MyPoint center()const{ return cen;}
   //返回圆心
22   double radius()const{ return rad;}
   //返回圆半径
23   friend double area(MyCircle);
     //返回圆的面积
24 };
25 //**1** ********** found**********
26 MyCircle::MyCircle(MyPoint p,double
   r):cen(p)_________{}
27 #define PI 3.1415926535
28 double perimeter(MyCircle c)
29 //返回圆c的周长
30 {//**2** ********** found**********
31   return PI* _________;
32 }
33 //**3** ********** found**********
34 double area(_________)
35   //返回圆a的面积
36 {
37   return PI* a.rad* a.rad;
38 }
39 int main( )
40 {
41   MyCircle c(MyPoint(1,2),5.0);
42   c.center().show();
43   cout<<','<<c.radius()<<','<<per-
   imeter(c)<<','<<area(c)<<endl;
44   return 0;
45 }
```

第6套 上机真题

一、程序改错题

请使用VC6或使用【答题】菜单打开考生文件夹proj1下的工程proj1,此工程中含有一个源程序文件proj1.cpp。其中每个注释"// ERROR **** found ****"之后的一行语句存在错误。请改正这些错误,使程序的输出结果为:

smaller
smaller
smaller
largest

注意:只修改注释"// ERROR ********** foundv ********"的下一行语句,不要改动程序中的其他内容。

```
1  // proj1.cpp
2  #include <iostream>
3  using namespace std;
4  const int Size=4;
5  class MyClass
6  {
7  public:
8    MyClass(int x=0):value(x) { }
9    void Set(int x) { value=x; }
10   friend void Judge(MyClass &obj);
11 private:
12   int value;
13 };
14 // ERROR ********** found**********
15 void MyClass::Judge(MyClass &obj)
16 {
17   if(obj.value==Size)
18     cout<<"largest"<<endl;
19   else
20     cout<<"smaller"<<endl;
21 }
22 int main()
23 {
24   MyClass * ptr=new MyClass[Size];
25   for(int i=0;i<Size;i++)
26   {
27 // ERROR ********** found**********
28     (ptr+i).Set(i+1);
29     Judge(* (ptr+i));
30   }
31 // ERROR ********** found**********
32   delete ptr;
33   return 0;
34 }
```

二、简单应用题

请使用VC6或使用【答题】菜单打开考生文件夹proj2下的工程proj2,此工程中含有一个源程序文件proj2.cpp,其中定义了 MyString 类。MyString 是一个用于表示字符串的类,其构造函数负责动态分配一个字符数组,并将形参指向的字符串复制到该数组中;成员函数 reverse 的功能是对字符串进行反转操作,例如,字符串"ABCDE"经过反转操作后,会变为"EDCBA";成员函数 print 的作用是将字符串输出到屏幕上。

请在横线处填写适当的代码并删除横线,以实现 MyString 类的功能。此程序的正确输出结果应为:

Before reverse:

abc

defg

After reverse:

cba

gfed

注意:只在横线处填写适当的代码,不要改动程序中的其他内容,也不要删除或移动"// **** found **** "。

```
1  //proj2.cpp
2  #include <iostream>
3  using namespace std;
4  class MyString {
5  public:
6    MyString(const char*  s)
7    {
8  //********** found**********
9      m_str = new char[__________];
10     strcpy(m_str, s);
11   }
12   ~MyString()
13   {
14 //********** found**********
15     __________;
16   }
17
18   void reverse()
19   {
20     int n = strlen(m_str);
21     for (int i =0; i < n/2; ++i) {
22       int tmp = m_str[i];
23 //********** found**********
24       m_str[i] =_________;
25 //********** found**********
26       ________________;
27     }
28   }
29   void print()
30   {
31     cout << m_str << endl;
32   }
33   // 其他成员...
34 private:
35   char* m_str;
36 };
37 int main(int argc, char * argv[])
38 {
39   MyString str1 ( " abc "), str2 ( " defg");
40   cout << "Before reverse: \n";
41   str1.print();
42   str2.print();
43   str1.reverse();
44   str2.reverse();
45   cout << "After reverse: \n";
46   str1.print();
47   str2.print();
48   return 0;
49 }
```

三、综合应用题

请使用 VC6 或使用【答题】菜单打开考生文件夹 proj3 下的工程文件 proj3。本题创建一个小型字符串类,字符串长度不超过100。程序文件包括 proj3. h、proj3. cpp、writeToFile. obj。补充完成 proj3. h,重载 + 运算符。

要求:

补充编制的内容写在// ********** 333 ********** 与// ********** 666 ******* 之间,不得修改程序的其他部分。

注意:程序最后将结果输出到文件 out. dat 中。输出函数 writeToFile 已经编译为 obj 文件,并且在本程序中调用。

```
1  //proj3.h
2  #include <iostream>
3  #include <iomanip>
4  using namespace std;
5  class MiniString // +运算符重载
6  {public:
7  friend ostream &operator << ( ostream &output, const MiniString &s )
8  //重载流插入运算符
9  {  output << s.sPtr;
10   return output;}
11 friend istream &operator >> ( istream &input, MiniString &s )
12 //重载流提取运算符
13 {  char temp [100] ; // 用于输入的临时数组
14   temp[0] = '\0';
15   input >> setw( 100 ) >> temp;
16     int inLen = strlen(temp);
17 //取输入字符串长度
18   if( inLen ! = 0)
19   {
```

```
20     s.length = inLen;  //赋长度
21     if( s.sPtr! = 0) delete [ ]s.sPtr;
22 //避免内存泄漏
23     s.sPtr = new char [s.length + 1];
24     strcpy( s.sPtr, temp );
25 //如果s不是空指针,则复制内容
26   }
27   else s.sPtr[0] = '\0';
28 //如果s是空指针,则为空字符串
29   return input;
30 }
31 MiniString ( const char * s = ""): length(( s ! = 0 ) ? strlen( s ) : 0 ){ setString( s ); }
32 ~MiniString(){ delete [] sPtr;}
33 //析构函数
34 //************* 333***********
35 //+运算符重载
36 //************* 666***********
37 MiniString(MiniString &s)
38 {
39   length = s.length;
40   sPtr = new char [s.length + 1];
41   strcpy( sPtr, s.sPtr);
42 }
43 private:
44 int length;//字符串长度
45 char * sPtr;//指向字符串起始位置
46 void setString( const char *  string2 )//辅助函数
47 {
48   sPtr = new char [strlen(string2) + 1] ;
49 //分配内存
50   if ( string2 ! = 0 ) strcpy ( sPtr, string2 );
51 //如果string2不是空指针,则复制内容
52   else sPtr [0] = '\0';
53 //如果string2是空指针,则为空字符串
54 }
55 };
```

```
1 //proj3.cpp
2 #include <iostream>
3 #include <iomanip>
4 using namespace std;
5 #include "proj3.h"
6 int main()
7 {
8   MiniString str1 ("Hello! "), str2 (" World ");
9   void writeToFile(char * );
10  MiniString temp = str1 + str2; //使用重载的+运算符
11  cout << temp << "\n";;
12  writeToFile("");
13  return 0;
14 }
```

第7套　上机真题

一、程序改错题

请使用VC6或使用【答题】菜单打开考生文件夹proj1下的工程proj1,其中有矩形类Rectangle、函数show和主函数main的定义。程序中位于每个// ERROR **** found ****下一行的语句有错误,请加以改正。改正后程序的输出结果应该是:

Upper left = (1,8),down right = (5,2),area = 24.

注意:只修改每个// ERROR **** found ****下的那一行,不要改动程序中的其他内容。

```
1 #include <iostream>
2 #include <cmath>
3 using namespace std;
4 class Rectangle{
5   double x1,y1; //左上角坐标
6   double x2,y2; //右下角坐标
7 public:
8 // ERROR ********** found**********
9   Rectangle(double x1, y1; double x2, y2){
10    this->x1 =x1;
11    this->y1 =y1;
12    this->x2 =x2;
13    this->y2 =y2;
14  }
15  double getX1 ()const{ return x1; }
16  double getY1 ()const{ return y1; }
17  double getX2 ()const{ return x2; }
18  double getY2 ()const{ return y2; }
19  double getHeight ( ) const { return fabs(y1 - y2); }
20  double getWidth ()const{ return fabs (x1 - x2); }
21  double area () const { return getHeight()* getWidth(); }
22 };
23 // ERROR ********** found*********
24 void show(Rectangle r)const{
25   cout << "Upper left = (";
26 // ERROR ********** found*********
```

```
27    cout << r.x1 << " , " << r.y1 << "),
  down right = (" << r.x2 << " , " << r.y2;
28    cout << "), area = " << r.area() << "."
  << endl;
29  }
30  int main(){
31    Rectangle r1(1,8,5,2);
32    show(r1);
33    return 0;
34  }
```

二、简单应用题

请使用 VC6 或使用【答题】菜单打开考生文件夹 proj2 下的工程 proj2，此工程中包含一个源程序文件 main.cpp，其中有坐标点类 Point、线段类 Line 和矩形类 Rectangle 的定义，还有 main 函数的定义。程序中两点间的距离的计算是按公式 $d=\sqrt{(x_1-x_2)^2+(y_1-y_2)^2}$ 实现的。请在横线处填写适当的代码，然后删除横线，以实现上述类定义。此程序的正确输出结果应为：

Width:4

Height:6

Diagonal:7.2111

area:24

注意：只在横线处填写适当的代码，不要改动程序中的其他内容，也不要删除或移动“// **** found **** ”。

```
1   #include <iostream>
2   #include <cmath>
3   using namespace std;
4   class Point{ //坐标点类
5   public:
6     const double x,y;
7     Point (double x = 0.0, double y =
  0.0): x(x),y(y){}
8   //********** found**********
9     double distanceTo(_________)const{
10  //到指定点的距离
11      return sqrt((x - p.x)* (x - p.x) +
  (y - p.y)* (y - p.y)) ;
12    }
13  };
14  class Line{ //线段类
15  public:
16    const Point p1,p2; //线段的两个端点
17    Line(Point p1, Point p2): p1(p1),p2
  (p2){}
18  //********** found**********
19    double length() const { return p1.
  _________; } //线段的长度
20  };
21  class Rectangle{ //矩形类
22  public:
23    const Point upper_left;
24    //矩形的左上角坐标
25    const Point down_right;
26    //矩形的右下角坐标
27    Rectangle(Point p1, Point p2): up-
  per_left(p1),down_right(p2){}
28    double width()const{ //矩形水平边长度
29  //********** found**********
30    return Line(upper_left,_________).
  length();
31    }
32    double height()const{ //矩形垂直边长度
33      return Line(upper_left, Point(upper
  _left.x, down_right.y)).length();
34    }
35    double lengthOfDiagonal()const{
36  //矩形对角线长度
37      return Line (upper _ left, down _
  right).length();
38    }
39    double area()const{ //矩形面积
40  //********** found**********
41      return _________;
42    }
43  };
44  int main(){
45    Rectangle r(Point(1.0, 8.0), Point
  (5.0, 2.0));
46    cout << "Width: " << r.width() <<
  endl;
47    cout << "Height: " << r.height() <<
  endl;
48    cout << "Diagonal: " << r.lengthOfDi-
  agonal() << endl;
49    cout << "area: " << r.area() << endl;
      return 0;
50  }
```

三、综合应用题

请使用【答题】菜单命令或直接用 VC6 打开考生文件夹下的工程 proj3，其中声明了一个人员信息类 Person。在 Person 类中数据成员 name、age 和 address 分别存放人员的姓名、年龄和地址。构造函数 Person 用以初始化数据成员。补充编制程序，使其功能完整。在 main 函数中分别创建了两个 Person 类对象 p1 和 p2，并显示两个对象信息，此种情况下程序的输出应为：

Jane25Beijing

Tom22Shanghai

注意：只能在函数 Person 中的 // ********** 333 ****

****** 和// ******** 666 ******** 之间填入若干语句,不要改动程序中的其他内容。

```
1  //proj3.h
2  #include <iostream>
3  #include <string>
4  using namespace std;
5  class Person{
6    public:
7      char name[20];
8      int age;
9      char*  address;
10   public:
11      Person (char *  _name, int _age,
   char* _add=NULL); //构造函数
12   void info_display(); //人员信息显示
13   ~Person(); //析构函数
14 };
15 void writeToFile (const char * path
   ="");
```

```
1  //proj3.cpp
2  #include <iostream>
3  #include <string>
4  #include "proj3.h"
5  using namespace std;
6  Person::Person(char * _name, int _
   age, char*  _add):age(_age)
7  {
8  // 把字符串_name复制到数组name中
9  // 使address指向一个动态空间,把字符串_
   add复制到该数组中。
10 //******** 333********
11 //******** 666********
12 }
13 void Person::info_display()
14 {
15   cout << name << '\t' << age << '\t';
16   if(address!=NULL)
17     cout << address << endl;
18 }
19 Person::~Person()
20 {
21   if(address!=NULL)
22     delete[] address;
23 }
24 void main()
25 {
26   char add[100];
27   strcpy(add, "Beijing");
28   Person p1("Jane",25, add);
29   p1.info_display();
30   strcpy(add, "Shanghai");
31   Person * p2=new Person("Tom", 22,
   add);
32   p2->info_display();
33   delete p2;
34   writeToFile("");
35 }
```

第8套　上机真题

一、程序改错题

请使用VC6或使用【答题】菜单打开考生文件夹proj1下的工程proj1。此工程中包含程序文件main.cpp,其中有类Door("门")和主函数main的定义。程序中位于每个// ERROR ******** found ********之后的一行语句有错误,请加以改正。改正后程序的输出结果应为:

打开503号门...门是锁着的,打不开。

打开503号门的锁...锁开了。

打开503号门...门打开了。

打开503号门...门是开着的,无须再开门。

锁上503号门...先关门...门锁上了。

注意:只修改每个// ERROR **** found **** 下的那一行,不要改动程序中的其他内容。

```
1  #include <iostream>
2  using namespace std;
3  class Door{
4    int num; // 门号
5    bool closed; // true 表示门关着
6    bool locked; // true 表示门锁着
7  public:
8  // ERROR ********* found*********
9    Door(int n):num(n),closed(true),
   lock(true){}
10    bool isClosed () const { return
   closed;}
11 // 门关着时返回true,否则返回false
12   bool isOpened () const { return !
   closed;}
13 // 门开着时返回true,否则返回false
14    bool isLocked () const { return
   locked;}
15 // 门锁着时返回true,否则返回false
16   bool isUnlocked() const{ return !
   locked;}
17 // 门未锁时返回true,否则返回false
18 // ERROR ********* found*********
19   void open()const{ // 开门
```

```
20      cout << endl << "打开" << num << "
号门...";
21      if(! closed)
22        cout << "门是开着的,无须再开门。";
23      else if(locked)
24        cout << "门是锁着的,打不开。";
25      else{
26        closed = false;
27        cout << "门打开了。";
28      }
29    }
30    void close(){  // 关门
31      cout << endl << "关上" << num << "
号门...";
32      if(closed)
33        cout << "门是关着的,无须再关门。";
34      else{
35        closed = true;
36        cout << "门关上了。";
37      }
38    }
39    void lock(){ // 锁门
40      cout << endl << "锁上" << num << "
号门...";
41      if(locked)
42        cout << "门是锁着的,无须再锁门。";
43      else{
44  // ERROR ********* found*********
45        if(closed){
46          cout << "先关门...";
47          closed = true;
48        }
49        locked = true;
50        cout << "门锁上了。";
51      }
52    }
53    void unlock(){  // 开锁
54      cout << endl << "打开" << num << "号门
的锁...";
55      if(! locked)
56        cout << "门没有上锁,无须再开锁。";
57      else{
58        locked = false;
59        cout << "锁开了。";
60      }
61    }
62  };
63  int main(){
64    Door door(503);
65    door.open();
66    door.unlock();
67    door.open();
68    door.open();
69    door.lock();
70    return 0;
71  }
```

二、简单应用题

请使用 VC6 或使用【答题】菜单打开考生文件夹 proj2 下的工程 proj2。此工程中包含一个源程序文件 main.cpp,其中有日期类 Date、人员类 Person 及排序函数 sortByAge 和主函数 main 的定义。请在横线处填写适当的代码并删除横线,以实现该程序。该程序的正确输出结果应为:

排序前:
张三　男　出生日期:1978 年 4 月 20 日
王五　女　出生日期:1965 年 8 月 3 日
杨六　女　出生日期:1965 年 9 月 5 日
李四　男　出生日期:1973 年 5 月 30 日

排序后:
张三　男　出生日期:1978 年 4 月 20 日
李四　男　出生日期:1973 年 5 月 30 日
杨六　女　出生日期:1965 年 9 月 5 日
王五　女　出生日期:1965 年 8 月 3 日

注意:只在横线处填写适当的代码,不要改动程序中的其他内容,也不要删除或移动“// **** found **** ”。

```
1   #include <iostream>
2   using namespace std;
3   class Date{  // 日期类
4     int year,month,day;  // 年、月、日
5   public:
6     Date(int year, int month, int day):
year(year),month(month),day(day){}
7     int getYear()const{ return year; }
8     int getMonth() const { return
month; }
9     int getDay()const{ return day; }
10  };
11  class Person{  // 人员类
12    char name[14];  // 姓名
13    bool is_male;  // 性别,为 true 时表示男性
14    Date birth_date;  // 出生日期
15  public:
16    Person(char * name, bool is_male,
Date birth_date):is_male(is_male),
birth_date(birth_date){
17  //********** found**********
18      strcpy(this->name,________);
19    }
```

```
20    const char * getName()const{ return
name; }
21    bool isMale()const{ return is_male;
22    }
23    Date getBirthdate () const { return
birth_date; }
24    int compareAge (const Person &p)
const{  //比较两个人的年龄,返回正数、0
或负数分别表示大于、等于和小于
25      int n;
26      n=p.birth_date.getYear() - birth
_date.getYear();
27      if(n!=0) return n;
28  //********** found**********
29      _______________
30      if(n!=0) return n;
31      return p.birth_date.getDay() -
birth_date.getDay();
32    }
33    void show(){
34      cout<<endl;
35      cout<<name<<"  //显示姓名
36  //********** found**********
37        <<  ______________  //显示性别
("男"或"女",双引号内不含空格)
38        <<"出生日期:" //显示出生日期
39        <<birth_date.getYear()<<"年"
40        <<birth_date.getMonth()<<"月"
41        <<birth_date.getDay()<<"日";
42    }
43  };
44  void sortByAge(Person ps[], int size)
45  {
46  //对人员数组按年龄的由小到大的顺序排序
47    for(int i=0; i<size-1; i++){  //
采用挑选排序算法
48      int m=i;
49      for(int j=i+1; j<size; j++)
50        if(ps[j].compareAge(ps[m])<0)
51          m=j;
52      if(m>i){
53  //********** found**********
54        Person p=__________
55        ps[m]=ps[i];
56        ps[i]=p;
57      }
58    }
59  }
60
61  int main(){
62    Person staff[]={
63      Person("张三", true, Date(1978, 4, 20)),
64      Person("王五", false, Date(1965,
8,3)),
65      Person("杨六", false, Date(1965,
9,5)),
66      Person("李四", true, Date(1973,5,30))
67    };
68    const int size=sizeof(staff)/si-
zeof(staff[0]);
69    int i;
70    cout<<endl<<"排序前:";
71    for(i=0; i<size; i++) staff[i].
show();
72    sortByAge(staff,size);
73    cout<<endl<<endl<<"排序后:";
74    for(i=0; i<size; i++) staff[i].
show();
75    cout<<endl;
76    return 0;
77  }
```

三、综合应用题

请使用VC6或使用【答题】菜单打开考生文件夹proj3下的工程proj3,其中包含了类Integers和主函数main的定义。一个Integers对象就是一个整数的集合,其中包含0个或多个可重复的整数。成员函数add的作用是将一个元素添加到集合中,成员函数remove的作用是从集合中删除指定的元素(如果集合中存在该元素),成员函数filter的作用是去除集合中的所有负整数。请编写这个filter函数。此程序的正确输出结果应为:

```
5  28  2  -4  5  3  2  -75  27  66  31
5  28  2  -4  5  3  2  -75  27  66  31  6
5  28  2  -4  5  3  2  -75  27  66  31  6  -19
5  28  2  -4  5  3  -75  27  66  31  6  -19
5  28  2  -4  5  3  -75  27  66  31  6  -19  4
5  28  2  5  3  27  66  31  6  4
```

要求:

补充编制的内容写在// ******** 333 ******** 与// ******** 666 ******** 之间,不得修改程序的其他部分。

注意:相关文件包括:main.cpp、Integers.h。

程序最后将调用writeToFile函数,使用另一组不同的测试数据,将不同的运行结果输出到文件out.dat中。输出函数writeToFile已经编译为obj文件。

```
1  //Integevs.h
2  #ifndef INTEGERS
3  #define INTEGERS
4  #include<iostream>
5  using namespace std;
6  const int MAXELEMENTS=100;
```

```
7   //集合最多可拥有的元素个数
8   class Integers{
9     int elem[MAXELEMENTS];
10  //用于存放集合元素的数组
11    int counter;
12  //用于记录集合中元素个数的计数器
13  public:
14    Integers(): counter(0){}
15  //创建一个空集合
16    Integers(int data[], int size);
17  //利用数组提供的数据创建一个整数集合
18    void add(int element);
19  //添加一个元素到集合中
20    void remove(int element);
21  //删除集合中指定的元素
22    int getCount()const{ return count-
23  er;}
24  //返回集合中元素的个数
25    int getElement(int i)const{ return
26  elem[i];}
27  //返回集合中指定的元素
28    void filter();
29  //删除集合中的负整数
30    void show()const;
31  //显示集合中的全部元素
32  };
33  void writeToFile(const char * path);
34  #endif
```

```
1   //main.cpp
2   #include"Integers.h"
3   #include<iomanip>
4   Integers::Integers(int data[], int
    size): counter(0){
5     for(int i=0; i<size; i++) add(da-
    ta[i]);
6   }
7   void Integers::add(int element){
8     if(counter<MAXELEMENTS)
9       elem[counter++]=element;
10  }
11  void Integers::remove(int element){
12    int j;
13    for(j=counter-1; j>=0; j--)
14      if(elem[j]==element) break;
15    for(int i=j; i<counter-1; i++)
    elem[i]=elem[i+1];;
16    counter--;
17  }
18  void Integers::filter(){
19  //******** 333********
20
21
22  //******** 666********
23  }
24
25  void Integers::show()const{
26    for(int i=0; i<getCount(); i++)
27      cout<<setw(4)<<getElement(i);
28    cout<<endl;
29  }
30  int main(){
31    int d[] = {5,28,2,-4,5,3,2,-75,
    27,66,31};
32    Integers s(d,11);  s.show();
33    s.add(6);  s.show();
34    s.add(-19);  s.show();
35    s.remove(2);  s.show();
36    s.add(4);  s.show();
37    s.filter();  s.show();
38    writeToFile("");
39    return 0;
40  }
```

第9套　上机真题

一、程序改错题

请使用 VC6 或使用【答题】菜单打开考生文件夹 proj1 下的工程 proj1,此工程中包含源程序文件 main. cpp,其中有类 Book(“书”)和主函数 main 的定义。程序中位于每个// ERROR **** found **** 之后的一行语句行有错误,请加以改正。改正后程序的输出结果应该是:

书名:C ++语言程序设计　总页数:299
已把“C ++语言程序设计”翻到第 50 页
已把“C ++语言程序设计”翻到第 51 页
已把书合上。

书是合上的。

已把“C ++语言程序设计”翻到第 1 页

注意:只修改每个// ERROR **** found **** 下的一行,不要改动程序中的其他内容。

```
1   #include<iostream>
2   using namespace std;
3   class Book{
4     char * title;
5     int num_pages;  //页数
6     int cur_page;  //当前打开页面的页码,
    0 表示书未打开
```

```
7  public:
8    Book(const char * theTitle, int pages):num_pages(pages)
9    {
10 // ERROR ********** found**********
11     title=new char[strlen(theTitle)];
12     strcpy(title,theTitle);
13     cout << endl << "书名:" << title
14       << "总页数:" << num_pages;
15   }
16   ~Book(){ delete []title; }
17 // ERROR ********** found**********
18   bool isOpen()const{ return num_pages!=0;}  //书打开时返回true,否则返回false
19   int numOfPages()const{ return num_pages;}  //返回书的页数
20   int currentPage()const{ return cur_page;}  //返回打开页面的页码
21   void openAtPage(int page_no){
22   //把书翻到指定页
23     cout << endl;
24     if(page_no < 1 || page_no > num_pages){
25       cout << "无法翻到第 " << cur_page << " 页。";
26       close();
27     }
28     else{
29       cur_page = page_no;
30       cout << "已把“" << title << "”翻到第 " << cur_page << " 页";
31     }
32   }
33   void openAtPrevPage(){ openAtPage(cur_page-1); } //把书翻到上一页
34   void openAtNextPage(){ openAtPage(cur_page+1); } //把书翻到下一页
35
36   void close(){  //把书合上
37     cout << endl;
38     if(! isOpen())
39       cout << "书是合上的。";
40     else{
41 // ERROR ********** found**********
41       num_pages = 0;
42       cout << "已把书合上。";
43     }
44     cout << endl;
45   }
46 };
48 int main(){
49   Book book("C++语言程序设计", 299);
50   book.openAtPage(50);
51   book.openAtNextPage();
52   book.close();
53   book.close();
54   book.openAtNextPage();
55   return 0;
56 }
```

二、简单应用题

请使用VC6或使用【答题】菜单打开考生文件夹proj2下的工程proj2。此工程中包含一个源程序文件main.cpp,其中有类AutoMobile(“汽车”)及其派生类Car(“小轿车”)、Truck(“卡车”)的定义,以及主函数main的定义。请在横线处填写适当的代码,然后删除横线,以实现上述类定义。此程序的正确输出结果应为:

车牌号:冀ABC1234 品牌:ForLand 类别:卡车 当前档位:0 最大载重量:1

车牌号:冀ABC1234 品牌:ForLand 类别:卡车 当前档位:2 最大载重量:1

车牌号:沪XYZ5678 品牌:QQ 类别:小轿车 当前档位:0 座位数:5

车牌号:沪XYZ5678 品牌:QQ 类别:小轿车 当前档位:-1 座位数:5

注意:只在横线处填写适当的代码,不要改动程序中的其他内容,也不要删除或移动“// **** found **** ”。

```
1  #include <iostream>
2  #include <iomanip>
3  #include <cmath>
4  using namespace std;
5
6  class AutoMobile{ //“汽车”类
7    char * brand;  //汽车品牌
8    char * number;  //车牌号
9    int speed;  //档位:1、2、3、4、5,空档:0,倒档:-1
10 public:
11   AutoMobile(const char * the_brand, const char * the_number): speed(0){
12 //********** found**********
13     ________________;
14     strcpy(brand, the_brand);
15     number = new char[strlen(the_number)+1];
16 //********** found**********
17     ________________;
18   }
19   ~AutoMobile(){ delete[] brand; delete[] number; }
```

```
20    const char * theBrand () const { return brand; }  //返回品牌名称
21    const char * theNumber () const { return number; }  //返回车牌号
22    int currentSpeed () const { return speed;}  //返回当前档位
23  . void changeGearTo(int the_speed){
24  //换到指定档位
25    if(speed >= -1 && speed <=5)
26      speed=the_speed;
27    }
28    virtual const char * category () const=0;  //类别:卡车、小轿车等
29    virtual void show()const{
30      cout << "车牌号:" << theNumber()
31        << " 品牌:" << theBrand()
32  //********** found**********
33        << " 类别:" << __________
34        << " 当前档位:" << currentSpeed();
35  
36    }
37  };
38  class Car: public AutoMobile{
39    //"小汽车"类
40    int seats; //座位数
41  public:
42    Car(const char * the_brand, const char * the_number, int the_seats): AutoMobile(the_brand, the_number), seats(the_seats){}
43    int numberOfSeat () const { return seats; }  //返回座位数
44    const char * category() const{ return "小轿车"; }  //返回汽车类别
45    void show()const{
46      AutoMobile::show();
47      cout << " 座位数:" << numberOfSeat() << endl;
48    }
49  };
50  class Truck: public AutoMobile{  //"卡车"类
51    int max_load; //最大载重量
52  public:
53    Truck(const char * the_brand, const char * the_number, int the_max_load): AutoMobile(the_brand, the_number), max_load(the_max_load){}
54    int maxLoad()const{ return max_load; }  //返回最大载重量
55    const char * category()const
56  { return "卡车"; }  //返回汽车类别
57    void show()const{
58      // 调用基类的 show()函数
59  //********** found**********
60      __________
61      cout << " 最大载重量:" << maxLoad() << endl;
62    }
63  };
64  int main(){
65    Truck truck ( " ForLand "," 冀ABC1234",12);
66    truck.show();
67    truck.changeGearTo(2);
68    truck.show();
69    Car car("QQ","沪 XYZ5678",5);
70    car.show();
71    car.changeGearTo(-1);
72    car.show();
73    cout << endl;
74    return 0;
75  }
```

三、综合应用题

请使用VC6或使用【答题】菜单打开考生文件夹proj3下的工程prog3,其中声明的MyString类是一个用于表示字符串的类。成员函数endsWith的功能是判断此字符串是否以指定的后缀结束,其参数s用于指定后缀字符串。如果参数s表示的字符串是MyString对象表示的字符串的后缀,则返回true;否则返回false。注意,如果参数s是空字符串或等于MyString对象表示的字符串,则结果为true。

例如,字符串"cde"是字符串"abcde"的后缀,而字符串"bde"不是字符串"abcde"的后缀。请编写成员函数endsWith。在main函数中给出了一组测试数据,此种情况下程序的输出应为:

```
s1 = abcde
s2 = cde
s3 = bde
s4 =
s5 = abcde
s6 = abcdef
s1 endsWith s2:true
s1 endsWith s3:false
s1 endsWith s4:true
s1 endsWith s5:true
s1 endsWith s6:false
```

要求:

补充编制的内容写在// ******** 333 ******** 与// ******** 666 ******** 之间。不得修改程序的其他部分。

注意:程序最后将结果输出到文件 out. dat 中,输出函数 writeToFile 已经编译为 obj 文件,并且在本程序中调用。

```
1  //Mystring.h
2  #include <iostream>
3  #include <string.h>
4  using namespace std;
5  class MyString {
6  public:
7    MyString(const char* s)
8    {
9      size = strlen(s);
10     str = new char[size + 1];
11     strcpy(str, s);
12   }
13   ~MyString() { delete [] str; }
14   bool endsWith(const char* s) const;
15 private:
16   char* str;
17   int size;
18 };
19 void writeToFile(const char * );
```

```
1  //main.cpp
2  #include "MyString.h"
3  bool MyString::endsWith(const char*
   s) const
4  {
5  //******** 333********
6
7  //******** 666********
8  }
9  int main()
10 {
11   char s1[] = "abcde";
12   char s2[] = "cde";
13   char s3[] = "bde";
14   char s4[] = "";
15   char s5[] = "abcde";
16   char s6[] = "abcdef";
17   MyString str(s1);
18   cout << "s1 = " << s1 << endl
19      << "s2 = " << s2 << endl
20      << "s3 = " << s3 << endl
21      << "s4 = " << s4 << endl
22      << "s5 = " << s5 << endl
23      << "s6 = " << s6 << endl;
24   cout << boolalpha
25      << "s1 endsWith s2 : " << str.end-
   sWith(s2) << endl
26      << "s1 endsWith s3 : " << str.end-
   sWith(s3) << endl
27      << "s1 endsWith s4 : " << str.end-
   sWith(s4) << endl
28      << "s1 endsWith s5 : " << str.end-
   sWith(s5) << endl
29      << "s1 endsWith s6 : " << str.end-
   sWith(s6) << endl;
30   writeToFile("");
31   return 0;
32 }
```

第10套 上机真题

一、程序改错题

请使用 VC6 或使用【答题】菜单打开考生文件夹 proj1 下的工程 proj1,此工程中含有一个源程序文件 proj1. cpp。其中位于每个注释"// ERROR **** found **** "之后的一行语句存在错误。请改正这些错误,使程序的输出结果为:

The value of member objects is 8

注意:只修改注释"// ERROR **** found **** "的下一行语句,不要改动程序中的其他内容。

```
1  //proj1.cpp
2  #include <iostream>
3  using namespace std;
4  class Member
5  {
6  public:
7    Member(int x) { val=x; }
8    int GetData() { return val; }
9  private:
10 // ERROR ******** found********
11   int val=0;
12 };
13 class MyClass
14 {
15 public:
16 // ERROR ******** found********
17   MyClass(int x) { data=x; }
18   void Print()
19 // ERROR ******** found********
20   { cout <<"The value of member object
   is " <<data.val <<endl; }
21 private:
22   Member data;
23 };
24 int main()
25 {
26   MyClass obj(8);
```

```
27    obj.Print();
28    return 0;
29  }
```

二、简单应用题

请使用VC6或使用【答题】菜单打开考生文件夹proj2下的工程proj2,此工程中含有一个源程序文件proj2.cpp,请编写一个函数int huiwen(int n),用于求解所有不超过200的n值,其中n的平方是具有对称性质的回文数(回文数是指一个数从左向右读与从右向左读是一样的,例如:34543和1234321都是回文数)。求解的基本思想是:首先将n的平方分解成数字保存在数组中,然后将分解后的数字倒过来再组成新的整数,比较该整数是否与n的平方相等。

注意:请勿修改主函数main和其他函数中的任何内容,只在横线处编写适当代码,也不要删除或移动"//****found****"。

```
1   //proj2.cpp
2   #include <iostream>
3   using namespace std;
4   int huiwen(int n)
5   {
6     int arr[16],sqr,rqs=0,k=1;
7     sqr=n*n;
8     for(int i=1;sqr!=0;i++)
9     {
10  //******** found********
11      ________________;
12      sqr/=10;
13    }
14    for(;i>1;i--)
15    {
16      rqs+=arr[i-1]*k;
17  //******** found********
18    ________________;
19    }
20  //******** found********
21    if(__________)
22      return n;
23    else
24      return 0;
25  }
26  int main()
27  {
28    int count=0;
29    cout<<"The number are: "<<endl;
30    for(int i=10;i<200;i++)
31      if(huiwen(i)) cout<<++count<<'
    \t'<<i<<'\t'<<i*i<<endl;
32    return 0;
33  }
```

三、综合应用题

请使用VC6或使用【答题】菜单打开考生文件夹proj3下的工程proj3,其中声明的Matrix是一个用于表示矩阵的类。operator+的功能是实现两个矩阵的加法运算。例如,若有两个3行3列的矩阵

$$A=\begin{bmatrix}1&3&2\\1&0&0\\1&2&2\end{bmatrix},B=\begin{bmatrix}0&0&5\\7&5&0\\2&1&1\end{bmatrix}$$

则A与B相加的和为

$$C=\begin{bmatrix}1+0&3+0&2+5\\1+7&0+5&0+0\\1+2&2+1&2+1\end{bmatrix}=\begin{bmatrix}1&3&7\\8&5&0\\3&3&3\end{bmatrix}$$

请编写operator+函数。

要求:

补充编制的内容写在// **********333**********与// **********666**********之间,不得修改程序的其他部分。

注意:程序最后将结果输出到文件out.dat中。输出函数writeToFile已经编译为obj文件,并且在本程序中调用。

```
1   //Matvix.h
2   #include <iostream>
3   #include <iomanip>
4   using namespace std;
5
6   const int M = 18;
7   const int N = 18;
8
9   class Matrix {
10    int array[M][N];
11  public:
12    Matrix() { }
13    int getElement(int i, int j)const{
    return array[i][j]; }
14    void setElement(int i, int j, int
    value){ array[i][j]=value; }
15    void show(const char * s)const
16    {
17      cout<<endl<<s;
18      for (int i = 0; i < M; i++){
19        cout<<endl;
20      for (int j = 0; j < N; j++)
21        cout<<setw(4)<<array[i][j];
22      }
23    }
24  };
25  void readFromFile (const char *,
    Matrix&);
26  void writeToFile (char *, const
    Matrix&);
```

```
1  //main.cpp
2  #include<fstream>
3  #include "Matrix.h"
4
5  void readFromFile (const char * filename, Matrix& m)
6  {
7    ifstream infile(filename);
8    if (! infile) {
9      cerr << "无法读取输入数据文件! \n";
10     return;
11   }
12   int d;
13   for (int i = 0; i < M; i ++)
14     for (int j = 0; j < N; j ++){
15       infile >> d;
16       m.setElement(i, j, d);
17     }
18 }
19 Matrix operator + (const Matrix& m1, const Matrix& m2)
20 {
21 //******** 333********
22
23
24 //******** 666********
25 }
26 int main()
27 {
29   Matrix m1,m2, sum;
30   readFromFile("", m1);
31   readFromFile("", m2);
32   sum = m1 + m2;
33   m1.show("Matrix m1:");
34   m2.show("Matrix m2:");
35   sum.show("Matrix sum=m1+m2:");
36   writeToFile("",sum);
37   return 0;
38 }
```

4.2　参考答案

第1套　上机真题答案(参考本书第8套上机试题答案)
第2套　上机真题答案(参考本书第15套上机试题答案)
第3套　上机真题答案(参考本书第17套上机试题答案)
第4套　上机真题答案(参考本书第23套上机试题答案)
第5套　上机真题答案(参考本书第29套上机试题答案)
第6套　上机真题答案(参考本书第36套上机试题答案)
第7套　上机真题答案(参考本书第37套上机试题答案)
第8套　上机真题答案(参考本书第40套上机试题答案)
第9套　上机真题答案(参考本书第45套上机试题答案)
第10套　上机真题答案(参考本书第47套上机试题答案)

反侵权盗版声明